Speisewasser und Speisewasserpflege

im neuzeitlichen Dampfkraftbetrieb

Von

R. Stumper

Vorsteher der chem.-metallogr. Versuchsanstalt
der Vereinigten Hüttenwerke Burbach-Eich-Düdelingen
Abteilung Belval, Esch (Luxemburg)

Mit 84 Textabbildungen

Berlin
Verlag von Julius Springer
1931

ISBN-13: 978-3-642-98182-1   e-ISBN-13: 978-3-642-98993-3

DOI: 10.1007/978-3-642-98993-3

Softcover reprint of the hardcover 1st edition 1931

Meiner lieben Gattin

zugeeignet

Vorwort.

Die Entwicklung des Dampfkesselwesens in den letzten drei Jahrzehnten läßt sich am eindruckvollsten an Hand einiger Zahlen nachweisen. Wir entnehmen hierfür der Aufstellung von H. Webster[1] die folgenden Angaben:

	1905	1925	1930
Mittlere Heizfläche m²	232	1114	1610
Heizfläche des größten Einzelkessels m²	560	2690	3600
Heizfläche des größten Doppelendenkessels m²	560	2840	4860
Betriebsdruck at	15,75	24,5 bis 84	24,5 bis 100
Höchste Dampftemperatur °C	330	380 bis 400	450
Höchste Heizflächenbelastung kg/m² · h	24,4	39 bis 75,5	240
Höchste Verdampfleistung t/h	13,6	136	226
Größte Höhe des Kessels m	5,8	16,76	21,34

Der moderne Dampfkessel ist, wie man sieht, in jeder Beziehung ins Riesenhafte gewachsen. Die Anforderungen, die an den Werkstoff und das Speisewasser gestellt werden, haben dieser Entwicklung Schritt gehalten. Nun trat aber durch die beschleunigte Entwicklung ein Mißverhältnis zwischen den Bedürfnissen der Technik und dem Stand wissenschaftlicher Forschung ein und dieses Mißverhältnis ist zur Stunde noch nicht überbrückt. Man hat neuerdings die Notwendigkeit planmäßiger Forschung auf den Gebieten der Werkstoffe und der Speisewässer eingesehen und auch bereits den Weg zur praktischen Durchführung eines Untersuchungsprogrammes geebnet. In Deutschland sind in dieser Beziehung führend: die Vereinigung der Großkesselbesitzer, der Verein deutscher Ingenieure, der Verein deutscher Eisenhüttenleute, der Verband der Dampfkesselüberwachungsvereine und der Verein deutscher Chemiker. Aber es scheint, daß man noch weit fruchtbarere Arbeit leisten könnte, wenn man die unvermeidliche Zersplitterung durch eine gesunde Gemeinschaftsarbeit ersetzen würde. Vielleicht wäre es sogar angebracht, den Rahmen dieser Gemeinschaftsarbeit über nationale — letzten Endes doch bloß scheinbare — Gegensätze hinaus auszudehnen und fruchtbringende Forschungsarbeit europäischer Denkensart anzubahnen.

Die Aufgaben, die das Speisewasser dem Wissenschaftler und dem Techniker stellt, sind keineswegs einseitig chemischer Art. Chemie, Maschinenbau, Werkstoffkunde und Thermodynamik durchdringen sich gegenseitig in unserem Gebiet. Dementsprechend erhält es seine Hauptanregungen von vier Seiten her und wirkt auch anregend nach diesen vier Seiten hin. Die gegenseitigen Wechselbeziehungen dieser Disziplinen führen zu den folgenden Hauptaufgaben:

1. Anpassung der Kesselbauart an das Speisewasser: Schaffung unempfindlicher Kesseltypen.

---

[1] Z. V. d. I. **74**, 738 (1930).

2. Anpassung der Baustoffe an das Speisewasser: Herstellung wärmebeständiger, alterungsunempfindlicher und korrosionssicherer Werkstoffe.

3. Anpassung des Speisewassers an die neuen Betriebsbedingungen: Verbesserung der Wasserbehandlung.

Von diesen drei Hauptaufgaben, die dem Dampfkesselwesen von der Wasserseite her gestellt werden, behandelt die vorliegende Schrift fast ausschließlich die dritte. Sie bezweckt ein doppeltes: Zunächst die Darstellung des augenblicklichen Standes unserer Kenntnisse der Speisewasserfrage unter besonderer Berücksichtigung der wichtigeren technischen Ergebnisse. Gegenüber den früheren Schriften des Verfassers: „Die Chemie der Bau- und Betriebsstoffe des Dampfkesselwesens" (Berlin: Julius Springer 1928) und „Die physikalische Chemie der Kesselsteinbildung" (Stuttgart: F. Enke 1930) ist die vorliegende mehr technisch denn theoretisch-wissenschaftlich gerichtet. Sie wendet sich vornehmlich an die Betriebsleute, denen sie ein Leitfaden für das Verständnis der in der Praxis vorkommenden Wasserfragen sein soll. Allerdings werden einige brennende Fragen, nämlich das Spucken und Schäumen, die Rolle der Kolloidchemie, die Entkieselung und die Verzunderung der Überhitzerrohre durch reinen und unreinen Dampf etwas theoretischer als die anderen Abschnitte des Werkchens behandelt, doch dergestalt, daß auch sie dem Maschineningenieur ohne Schwierigkeiten zugänglich sind. Die beiden letzten Kapitel richten sich allerdings vornehmlich an den Chemiker.

Zweitens soll die Schrift der Forschung eine Anregung sein. Zu diesem Zweck wird allenthalben im Text auf die zur Zeit noch offenen Fragen hingewiesen. Die entsprechenden Hinweise sind dabei unbewußt und bewußt von der Einstellung des Verfassers beeinflußt. Diese Einstellung beruht auf der Erkenntnis, daß ein Herauslösen der Speisewasserfrage aus dem Gesamtkomplex des Dampfkesselwesens immer etwas Willkürliches, Gezwungenes ist, und daß zur Beherrschung der einschlägigen Probleme diese von höherer Warte aus, das heißt unter Einbeziehung der anderen Gebiete, namentlich aber desjenigen der Werkstoffe, betrachtet werden müssen. Wenn daher hier und dort Mängel aufgedeckt werden, bitte ich um Nachsicht und um anregende Richtigstellung. Die eigenen Forschungen des Verfassers nehmen, dem oben angegebenen Charakter entsprechend, nur soweit Platz ein, als es notwendig erschien, und auch hier werden bloß die Hauptergebnisse kurz angegeben.

Der Tatsache entsprechend, daß wir ein Grenzgebiet vorliegen haben, in das sich Maschineningenieur und Chemiker teilen müssen, wendet sich das Büchlein auch an beide Kreise, die gerade auf diesem Gebiete eine günstige und geeignete Gelegenheit haben, gegenseitig voneinander zu lernen. Sollten die nachfolgenden Zeilen etwas zur gegenseitigen Befruchtung von Chemie und Maschinenwesen beitragen, so hätten sie ihren Hauptzweck erfüllt.

Esch (Luxemburg), im Dezember 1930.

Der Verfasser.

Inhaltsverzeichnis.

Erster Teil.

Das Wasser.

Zweiter Teil.
Die Wasserpflege.

Das Wasser.

I. Die Bedeutung des Wassers in der Dampftechnik.

Chemisch reines Wasser kommt in der Natur nicht vor. Selbst das reinste natürliche Wasser, das Regenwasser, ist mit Luft, d. h. nach Maßgabe ihrer Partialdrücke und Löslichkeitsziffern, mit Sauerstoff, Stickstoff und Kohlensäure gesättigt. Es enthält außerdem Staub und andere Verunreinigungen. Die anderen Wässer, sowohl Quell- wie Oberflächenwasser, enthalten je nach dem Weg, den sie von der Wolke bis zur Entnahmestelle durchlaufen haben, in wechselnden Mengenverhältnissen Beimengungen verschiedenster Art. Obwohl die Geamtmenge dieser Verunreinigungen in der Regel kaum 0,1 Gewichtsprozent überschreitet, sind es diese geringen Beimengungen, und nur sie allein, die die Eigenart und die Güte des Wassers und damit sein Verhalten im Dampfkessel und im Kraftwerk bestimmen. Man muß sich dabei stets vergegenwärtigen, daß im Dampfkessel die Beimengungen des Wassers — mit Ausnahme der Gase — sich proportional der Verdampfung anreichern und dann zu erheblichen Störungen und oftmals zu regelrechten Gefahren Anlaß geben. Der moderne Dampfkessel ist ins Riesenhafte gewachsen. Abgesehen davon, daß der gebräuchliche Betriebsdruck von 15—20 at auf 35—40 at gestiegen ist, finden wir heute Kesseleinheiten, die stündlich 150 (ja sogar bis 226) Tonnen Dampf erzeugen. Bei einem Verschmutzungsgrad des Wassers von 0,1 % würden in einem solchen Kessel sich täglich 3,6 Tonnen Verunreinigungen anreichern, was einer Verringerung des Nutzinhaltes des Kessels um 10 % und darüber gleichkommen kann. In diesem Zusammenhang muß auf eine Tatsache von grundsätzlicher Bedeutung hingewiesen werden: die durch die Wasserbeschaffenheit bedingten Schäden und Störungen des Dampfkessels sind ausnahmslos eine Folge der Beschaffenheit des Kesselinhaltes, das Speisewasser selbst ist nur mittelbar daran mitschuldig. Obwohl dies eine Selbstverständlichkeit ist, wird sie dennoch bei der Beurteilung von Kesselschäden und von Speisewässern gar oft vernachlässigt. Die grundsätzliche Bedeutung dieses Gesichtspunktes erhellt aus folgendem:

Die Konzentration der in den Rohwässern vorhandenen schädlichen Verunreinigungen ist im allgemeinen so klein, daß dem Rohwasser als solchem keine schädliche Rolle zukommt. Durch den Verdampfungsprozeß wird die Konzentration der schädlichen Stoffe erhöht und damit steigen auch ihre nachteiligen Wirkungen. Es gibt nun praktische

Grenzwerte, über die die Konzentration der schadenbringenden Verunreinigungen nicht hinausgehen soll. Eine wesentliche Aufgabe der Speisewasseraufbereitung besteht in nichts anderem, wie angemessene Vorsorgen zu treffen, daß im Kessel die zulässigen Höchstwerte nicht überschritten werden. Nun ist die Lage dieser Grenzwerte von Stoff zu Stoff verschieden, ferner vom Kesseldruck, von der Belastung, von der Bauart, von der Art der Feuerung und schließlich noch von der Gegenwart und Konzentration der anderen Beimengungen des Wassers abhängig, so daß man sich ohne weiteres eine Vorstellung von der Mannigfaltigkeit und dem verwickelten Wechselspiel der Probleme des Speisewassers und seiner Aufbereitung machen kann. Ein ähnliches gilt, wenn auch in weit geringerem Ausmaße, für die anderen Wässer der Kraftwerke.

Man kann die Einflüsse der Verunreinigungen nach ihren Wirkungen grundsätzlich in drei Gruppen einteilen[1], je nachdem sie

1. die Wirtschaftlichkeit der Dampferzeugung beeinträchtigen,

2. die Sicherheit des Kesselbetriebes durch mittelbare oder unmittelbare Beschädigungen des Baustoffes verringern und

3. die Güte des erzeugten Dampfes vermindern.

Zu den ersten beiden Gruppen gehören die Kesselsteinbildner und die chemisch agressiven Beimengungen des Speisewassers. In die dritte Gruppe fallen die gelösten Gase und die Stoffe und Stoffmischungen, die den Siedevorgang unregelmäßig und stoßend gestalten. Diese Einteilung ist, wie alle vereinfachenden Einteilungen, unbefriedigend: die drei Gruppen von Verunreinigungen überschneiden sich teilweise gegenseitig in ihren Wirkungen. Die Kesselsteinbildner kann man beispielsweise in alle drei Gruppen unterbringen, da ein Steinbelag sowohl die Wirtschaftlichkeit wie die Betriebssicherheit der Anlage beeinträchtigt, ferner unter Umständen Siedeverzug und damit eine Verunreinigung des Dampfes herbeiführt. Dasselbe gilt für die korrosiven Verunreinigungen. Die obige Einteilung vermittelt daher nur eine grobe Übersicht über die tatsächlichen Verhältnisse und vereitelt eine säuberliche Einordnung der einzelnen Verunreinigungen in die eine oder die andere Gruppe.

Welches sind nun im besonderen die wichtigsten Schäden und Störungen, zu denen ein ungeeignetes oder ungenügend aufbereitetes Wasser im Dampfkesselbetrieb Anlaß gibt? Wir befolgen im nachstehenden die Reihenfolge:

A. Kesselsteinbildung;

B. Schlammbildung;

C. Korrosion;

D. Laugensprödigkeit;

E. Spucken und Schäumen des Kesselinhaltes.

Es werden in jeder Gruppe sowohl die wichtigsten Ursachen der entsprechenden Erscheinungen — nach dem augenblicklichen Stand unserer Kenntnisse — wie auch ihre Auswirkungen im Kesselbetrieb kurz geschildert.

---

[1] Otte, W.: Z. bayr. Revisionsver. 31, 241 (1927).

A. Der Kesselstein.

1. Die verschiedenen Arten von Kesselsteinen.

Der Kesselstein besteht aus den unter den jeweils gegebenen Temperatur- und Druckverhältnissen im Kesselwasser unlöslich werdenden Stoffen. Es sind dies die folgenden Stoffarten:

Gips . . . . $CaSO_4$ Magnesiumhydrat $Mg(OH)_2$ Kalziumsilikat $Ca\,SiO_3$
Kalziumkarbonat. $CaCO_3$ Magnesiumkarbonat $MgCO_3$ Magnesiumsilikat $MgSiO_3$

Daneben kommen im Kesselstein die eingeschlossenen organischen Beimengungen und auch die durch das Anrosten des Kesselbleches gebildeten Eisenoxyde vor. Speisewässer, die gleichzeitig Humusstoffe und Eisenbikarbonat enthalten, lassen im Kessel mineralische und organische Eisenverbindungen ausfallen, die bei geringer Härte des Wassers pulverförmig sind, bei höherer Härte außerdem den Kesselstein durchsetzen. Die oben angeführten Kesselsteinbildner kommen sowohl als Mischung wie auch einzeln, allerdings in mehr oder weniger verunreinigtem Zustande, als alleinige Bestandteile des Steines vor. Die chemische Eigenart des Kesselsteines hängt natürlich in allererster Linie von der chemischen Beschaffenheit des Speisewassers ab, jedoch auch von den Verdampfbedingungen. Eine der vornehmsten Aufgaben der wissenschaftlichen Dampfkesselchemie ist es, die Zusammensetzung des Kesselsteines unter Berücksichtigung der jeweils gegebenen Betriebsverhältnisse, aus der Zusammensetzung des Speisewassers vorauszusehen. Die Lösung dieser Aufgabe bedeutet auch die restlose Lösung des Problems der Wasseraufbereitung, jedoch sind wir hiervon noch sehr weit entfernt. Einen Ansatz zur Lösung dieses Problems hat Verfasser versucht[1], indem er die Abhängigkeit der Zusammensetzung des aus natürlichen Wässern durch einfachen Kochvorgang ausfallenden Stoffgemisches: Kalziumkarbonat + basisches Magnesiumkarbonat, von verschiedenen Veränderlichen untersucht hat. Den wichtigsten Einfluß hat, wie diese Versuche ergaben, der Gehalt an Bikarbonationen, d. h. die vorübergehende Härte.

Bis zum heutigen Tage liegt ebenfalls noch keine eingehende planmäßige Untersuchung über die verschiedenen Kesselsteintypen vor. Auch die Vorschläge von H. Walde[2] und des Verfassers[3] sind noch keineswegs zufriedenstellend.

Eine Einteilung der verschiedenen Kesselsteinarten ist selbstverständlich von verschiedenen Gesichtspunkten aus möglich: Walde wählte die chemische Zusammensetzung, während Verfasser die Kesselsteine nach dem Gefügeaufbau ordnet. Eine Einteilung nach Dichte und Wärmeleitzahl versuchten Eberle und Holzhauser[4].

Je nach der chemischen Zusammensetzung kann man die folgenden Kesselsteintypen unterscheiden:

---

[1] Stumper, R.: Wärme 40, 717 (1928) (Sonderheft Speisewasserpflege).
[2] Walde, H.: Wiss. Veröff. Siemenskonzern 6, 151 (1927).
[3] Stumper, R.: Arch. Wärmewirtsch. 8, 271 (1927).
[4] Eberle und Holzhauser, Arch. Wärmewirtch. 9, 170 (1928). Nach diesen Forschern ist die chemische Zusammensetzung der Kesselsteine als solche für das Verhalten im Kessel belanglos; von Wichtigkeit ist bloß die Dichte, in-

1. Reine Gipskesselsteine $CaSO_4$-Gehalt nicht unter 90%. Harter, fester und dichter Stein, mit senkrecht zur Schicht verlaufenden Kristallen. Abb. 1 zeigt das Bruchgefüge eines solchen Kesselsteines mit rund 93% $CaSO_4$.

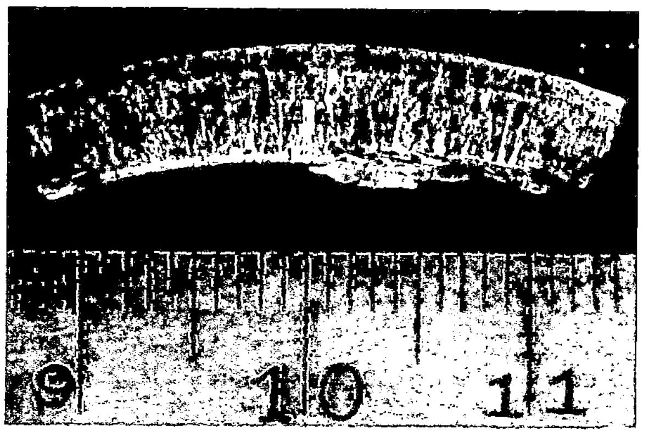

Abb. 1. Reiner Gipskesselstein (Transkristallines Bruchgefüge).

2. Vorwiegender Gipstypus: $CaSO_4$-Gehalt kleiner als 90%, jedoch größer als 50%. Harter, ebenfalls sehr dichter Stein, Bruch ohne erkennbare Richtung der Kristalle.

3. Reine Karbonatsteine: $CaCO_3$-Gehalt nicht unter 90%. Die physikalische Beschaffenheit dieser Steinart ist sehr verschieden: zwischen pulverförmigem, weichem Belag und hartem, mörtelartigem Stein gibt es alle Übergangsformen. Abb. 2 zeigt den Steinbelag in einem Kondensatorrohr von harter, steinartiger Beschaffenheit und senkrecht zur Wandung gerichteten Kristallen. Auf Abb. 3 dagegen ist ein schwammartiger, mürber $CaCO_3$-Steinansatz aus dem horizontalen Vorwärmer eines Abhitzekessels zu sehen.

4. Mischkesselsteine: Gemische von Gips und Kal-

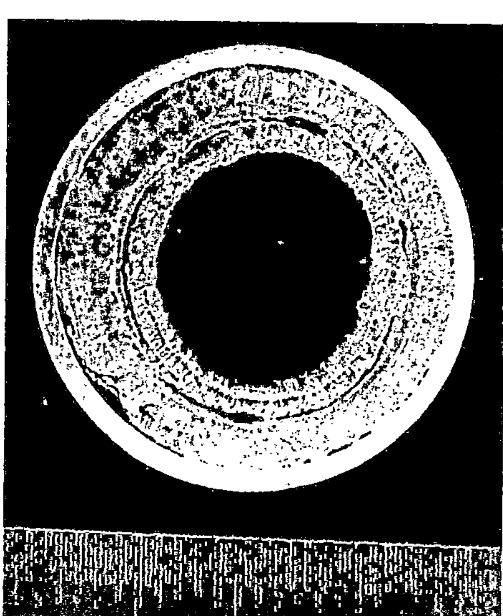

Abb. 2. Harter, reiner Karbonatstein (Kondensatorrohr).

sonderheit die Porosität, indem mit steigender Porosität die Wärmeleitzahl abnimmt und damit die Gefahr der Wärmestauung zunimmt. Diese Ansicht ist aber noch durch weitere Forschungen zu überprüfen und zu ergänzen.

zium- bzw. Magnesiumkarbonat. Je nach Überwiegen der einen oder der anderen Bestandteile ist der Stein härter oder weicher.

5. Silikatkesselsteine: Als solche kann man die Steine mit einem SiO_2-Gehalt von mehr als 20% bezeichnen, was einem Kalziumsilikatgehalt von 39% und einem Magnesiumsilikatgehalt von 33% entspricht. Eisenhaltige und korrosive Wässer bilden auch Eisensilikate in Gegenwart von Kieselsäure. Die Silikatkesselsteine sind ausnahmslos sehr hart und feinporig, sie sind wegen ihrer geringen Wärmeleitzahl im modernen Kesselbetrieb außerordentlich gefährlich.

6. Kesselschlamm: Wenn die Steinbildner pulverförmig im Kessel ausfallen, spricht man von Schlammbildung. Dieser Schlamm ist durchweg durch einen hohen Gehalt an Kalziumkarbonat gekennzeichnet, enthält aber oft beträchtliche Anteile an Kieselsäure und organischen

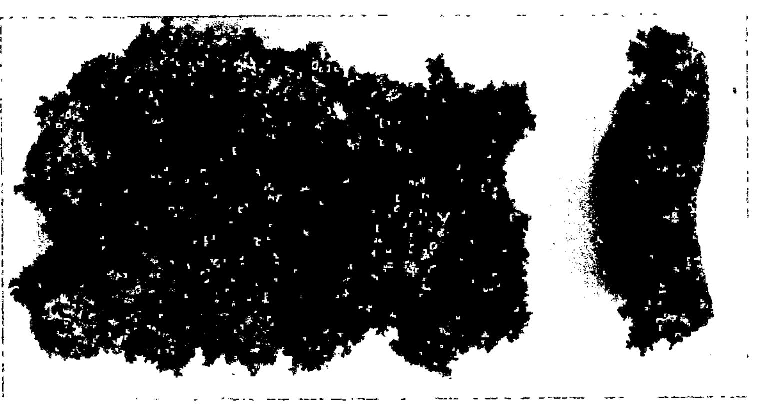

Abb. 3. Schwammartiger, weicher Karbonatkesselstein (Vorwärmer von Abhitzekessel).

Beimengungen. Von allen mineralischen Ablagerungen ist der Schlamm am wenigsten gefährlich, auch läßt er sich durch besondere Entschlammungsvorrichtungen während des Betriebes entfernen. Diese Vorteile brachten es mit sich, daß man in den letzten Jahren Wege und Mittel gesucht und auch gefunden hat, um die Resthärte im Kesselwasser als Schlamm und nicht als Stein auszufällen. Diese sogenannten Korrektivverfahren bestehen in einer über die bekannten Reinigungsverfahren hinausgehenden Behandlung des Kesselinhaltes selbst. Enthält der Schlamm größere Mengen Gips, so kann er unter Umständen festbrennen und sekundäre Steinkrusten oder Steinklumpen bilden.

Unter Anlehnung an die Kristallisationsvorgänge beim Erstarren von Schmelzen kann man die Kesselsteine je nach ihrem Gefügeaufbau in folgender Weise unterteilen:

1. Transkristallisierte Kesselsteine. In diesen Steinbelagen sind die Kristalle senkrecht zur Kessel- oder Rohrwandung gerichtet. Man findet sie sowohl bei Gipssteinen wie bei Kalziumkarbonat- und Silikatsteinen. Die Kristalle stellen beim Weiterwachsen von der Wan-

dung aus ihre Längsachse parallel zum Wärmefluß (siehe Abb. 1 u. 2). In dieser Richtung ist die Wärmedurchlässigkeit der Kristalle größer (etwa 20%) als in der Richtung der Querachse, so daß die Kristalle sich bei dieser Kesselsteinbildung derart einstellen, daß sie dem Wärmefluß den geringsten Widerstand darbieten. Diese Orientierung der Kristalle im Kesselstein berechtigt also zur Annahme, daß die transkristallisierten Steine hauptsächlich in den Perioden starken Wärmedurchganges, also nur während des Betriebes entstehen. Abb. 4 zeigt das Schliffbild eines solchen Gipskesselsteines ($V = 100 \times$).

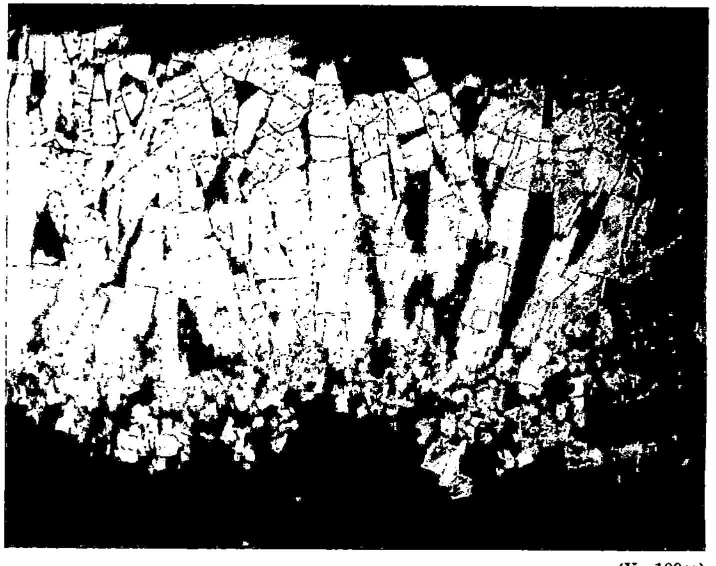

($V = 100 \times$)

Abb. 4. Schliffbild eines transkristallisierten Gipskesselsteines.

2. Haufwerkkesselsteine. Diese Steinart ist durch einen Gefügeaufbau aus unregelmäßig durcheinander verfilzten Kristallen gekennzeichnet. Man kann annehmen, daß sie sich vornehmlich in den Perioden geringen Wärmedurchganges bilden oder auch bei gestörtem Kristallisationsvorgang während des Betriebes, was z. B. in Gegenwart von organischen Stoffen der Fall ist. Die Wärmeleitzahl dieser Kesselsteine ist, bei gleicher Zusammensetzung, geringer als diejenige der transkristallisierten Steine.

3. Geschichtete Kesselsteine. Der Kesselbetrieb ist ein ausgesprochen periodischer Betrieb. Er ist dauernd mehr oder weniger großen und starken Schwankungen unterworfen. Diese Verhältnisse spiegeln sich natürlich in der Ausbildungsform des Steinbelages wider, der deshalb sehr oft geschichtet ist. Jede Schicht erlaubt grundsätzlich gewisse Rückschlüsse auf die während ihrer Entstehung vorherrschend gewesenen Betriebsverhältnisse, ähnlich wie die Jahresringe der Baumstämme Anhaltspunkte über die klimatischen Verhältnisse der entsprechenden Jahre abgeben.

2. Die physikalisch-chemischen Vorgänge bei der Kesselsteinbildung.

Die Kesselsteinbildung ist ein verwickelter physikalisch-chemischer Vorgang, den wir noch lange nicht in allen Einzelheiten kennen, geschweige denn beherrschen. Es würde hier zu weit führen, unsere heutigen Ansichten über die Theorie der Kesselsteinbildung darzustellen. Eine kurze elementare Zusammenfassung mag daher genügen[1].

Zur Kesselsteinbildung geben Anlaß:

1. Chemische Umsetzungen: a) Zersetzung der löslichen Bikarbonate des Kalziums und des Magnesiums in unlösliche Monokarbonate. Durch einfaches Erwärmen der natürlichen Wässer werden die Bikarbonate in einfache Karbonate überführt, wobei die unlöslichen Karbonate $CaCO_3$ und $MgCO_3$ ausfallen:

$$Ca(H CO_3)_2 \rightleftarrows CaCO_3 + H_2O + CO_2$$

$$Mg(H CO_3)_2 \rightleftarrows MgCO_3 + H_2O + CO_2.$$

Das schwachlösliche Magnesiumkarbonat erleidet durch Wechselwirkung mit dem Wasser eine hydrolytische Spaltung, wobei das unlösliche Magnesiumhydrat entsteht:

$$Mg CO_3 + 2 H_2O \rightleftarrows Mg(OH)_2 + H_2 CO_3.$$

b) Entstehung von unlöslichen Silikaten durch Einwirkung der gelösten Kieselsäure auf Kalk-, Magnesia- oder Eisensalze, z. B.:

$$Na_2 SiO_3 + CaSO_4 = Na_2 SO_4 + CaSiO_3.$$

c) Wechselwirkung zwischen Kalziumkarbonat des Kesselschlammes und gelösten Sulfaten (Natriumsulfat):

$$CaCO_3 + Na_2SO_4 \rightleftarrows CaSO_4 + Na_2CO_3.$$

Diese Reaktion ist umkehrbar; sie tritt erst oberhalb einer bestimmten Temperatur ein, deren Lage durch den Gehalt des Kesselwassers an Natriumsulfat und an Soda bestimmt wird.

2. Physikalische Vorgänge: Infolge der Salzanreicherung im Kessel kommt es zu dem Augenblick, wo die Löslichkeit des Gipses überschritten und dieser ausgeschieden wird. Hierbei ist es von großer Bedeutung, festzuhalten, daß die Löslichkeit des Gipses mit steigender Temperatur fällt. Die Ausscheidung des Gipses erfolgt daher, abgesehen von der eben angegebenen Reaktion des sulfathaltigen Kesselwassers mit Kalziumkarbonat, auf dem rein physikalischen Wege der Löslichkeitsüberschreitung.

Im Kessel sind Gips und Kalziumkarbonat neben den Silikaten die wichtigsten Steinbildner. Es ist von Wichtigkeit, die Gleichgewichtsbeziehungen bei gleichzeitigem Vorhandensein von Gips und Kalziumkarbonat in Lösung und festem Bodenkörper kennenzulernen. Zu

---

[1] Einen kurzen Überblick über den jetzigen Stand unserer theoretischen Kenntnisse von den Vorgängen der Kesselsteinbildung gewährt die Schrift des Verfassers: Die physikalische Chemie der Kesselsteinbildung und ihrer Verhütung. (Sammlung chem. u. chem.-techn. Vorträge. Herausgeber Prof. W. Herz, Breslau.) Stuttgart: F. Enke 1930.

diesem Zweck dient die nebenstehende, nach dem Hallschen Original[1] umgerechnete und erweiterte Abb. 5, die uns gleichzeitig über die Einflüsse von überschüssigem Sulfat (Glaubersalz) oder Karbonat (Soda) Aufschluß erteilt.

Die Linie I zeigt die Löslichkeit des Gipses in reiner Lösung in Abhängigkeit von der Temperatur. Linienzug II ist die Löslichkeitstemperaturkurve des Gipses in Gegenwart von 3 g/l Glaubersalz (Na_2SO_4) in der Lösung. Linie III gibt die Temperaturabhängigkeit der Löslichkeit des Kalziumkarbonates in reiner Lösung und Linie IV jene in einer 0,25 g/l starken Sodalösung wieder. Die Löslichkeitsziffern sind in Milliäquivalenten angegeben (= Molekular- bzw. Iongewicht in Milligramm, geteilt durch die Wertigkeit). Zu ihrer Umrechnung in Milligramm je Liter bzw. in Gramm je Kubikmeter braucht man nur die entsprechenden Zahlenwerte für den Gips mit 68 und für das Kalziumkarbonat mit 50 zu multiplizieren.

Die Löslichkeit des Gipses nimmt, wie die Abb. 5 u. 15 lehren, stark mit steigender Temperatur ab. Ferner tritt durch die Gegenwart von Na_2SO_4 eine Gleichgewichtsverschiebung in folgendem Sinne ein (Gesetz der Löslichkeitsverminderung durch Gegenwart gleichartiger Ionen.):

1. Die Löslichkeit des Gipses wird erniedrigt;

2. die Sättigungstemperatur des Gipses wird ebenfalls erniedrigt und

3. die Menge des ausgeschiedenen Gipses wird erhöht.

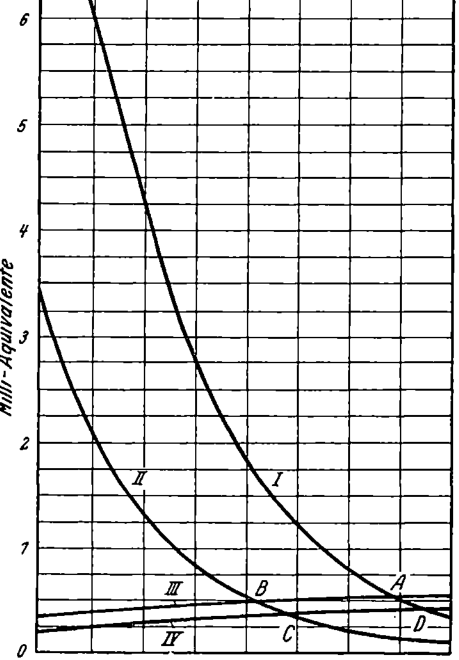

Abb. 5. Gleichgewichtsdiagramm von Gips ($CaSO_4$) und Kalziumkarbonat ($CaCO_3$) in wässeriger Lösung.

Kurve *I*: Löslichkeit von $CaSO_4$ in reinem Wasser.
Kurve *II*: Löslichkeit von $CaSO_4$ in einer Lösung von 3 g Natriumsulfat (Na_2SO_4) je Liter.
Kurve *III*: Löslichkeit von $CaCO_3$ in reinem Wasser. Kurve *IV*: Löslichkeit von $CaCO_3$ in einer Lösung von 0,25 g Soda je Liter.
(Nach dem Hallschen Schaubild umgerechnet und erweitert.)
Bemerkung: Für das Verständnis der Kesselsteinbildung ist der Punkt *A* und seine Verschiebung nach *D*, *B* oder *C* von grundlegender Bedeutung.

Die Löslichkeit des Kalziumkarbonates nimmt, im Gegensatz zu derjenigen des Gipses mit steigender Temperatur schwach aber deutlich zu. Die Gegenwart von Soda verringert die Löslichkeit (Linie IV) des Kalziumkarbonats.

---

[1] Hall, R. E., u. Mitarbeiter: Mining and Metallurgical Investigations. Bulletin Nr 24 (1927) Pittsburgh.

Welche Gesetzmäßigkeiten bestimmen nunmehr die gleichzeitige Anwesenheit von Kalziumsulfat- und Kalziumkarbonat? Der feste Bodenkörper, der sich mit einer gesättigten Lösung von $CaSO_4$ im Gleichgewicht befindet, ist das Kalziumsulfat, und jener der sich im Gleichgewicht mit einer gesättigten Lösung von $CaCO_3$ befindet, ist Kalziumkarbonat. Beide Löslichkeitskurven schneiden sich im Punkt A der Abb. 5, wo also der im Gleichgewicht befindliche Bodenkörper aus $CaCO_3$ und $CaSO_4$ besteht. Eine Erhöhung der Sulfatkonzentration bewirkt, wie die Abb. 5 zeigt, eine Verschiebung des Schnittpunktes A nach links, d. h. nach niedrigeren Temperaturen (Schnittpunkt B). Eine Erhöhung der Karbonatkonzentration ruft das Umgekehrte, nämlich eine Verschiebung des Schnittpunktes nach höheren Temperaturen, hervor (Schnittpunkt D).

Diese physikalisch-chemischen Überlegungen, die auf der Lehre der Ionengleichgewichte aufgebaut und auch in Einklang mit der Gibbschen Phasenregel sind, haben eine ganz hervorragende Bedeutung für den neuzeitlichen Kesselbetrieb.

Salze, deren Löslichkeit mit steigender Temperatur abnimmt, scheiden sich aus der Lösung vorwiegend an den heißesten Stellen ab, während Salze, deren Löslichkeit mit steigender Temperatur zunimmt, an kälteren Orten ausfallen. Der Gips — und auch das Kalzium- und Magnesiumsilikat — lagert sich deshalb vorwiegend an den heißen Kesselwänden ab. Das Kalziumkarbonat entsteht dagegen an kälteren Stellen des Wasserkörpers, und zwar etwa in der Mitte der Wassermasse selbst. Auf diese Weise wird verständlich gemacht, warum der Gips sich fast stets als steinartige Kruste an den Kessel- und Rohrwänden vorfindet, das Kalziumkarbonat dagegen als lockerer Schlamm im Kesselwasser.

Aus der Abb. 5 ist zu ersehen, daß es im Kessel nur dann zur Ausbildung eines festen Gipsbelages kommt, wenn die Betriebstemperatur höher liegt als der Schnittpunkt der beiden Löslichkeitskurven des Gipses und des Kalziumkarbonates. Ist die Betriebstemperatur niedriger als dieser Schnittpunkt, so ist das Kalziumkarbonat der beständige Bodenkörper und das eventuell vorhandene Kalziumsulfat wird durch Einwirkung des CO_3-haltigen Kesselwassers in Karbonat umgewandelt. Da letzteres als verhältnismäßig ungefährlicher Schlamm auszufallen bestrebt ist, so besteht das Wesen der Kesselsteinverhütung darin, den Betriebsdruck in das Gebiet der Beständigkeit von Kalziumkarbonat und der Unbeständigkeit von Kalziumsulfat zu bringen. Bedenkt man jetzt, daß erhöhte Sulfatkonzentrationen die Gleichgewichtstemperatur (= Schnittpunkt beider Kurven) nach niedrigeren Werten und erhöhte Karbonatkonzentration nach höheren Werten verschieben, so sieht man ohne weiteres ein, daß man es durch Einhalten passender Sodakonzentrationen in der Hand hat, die Gleichgewichtstemperatur so weit nach oben zu drücken, daß selbst die höchsten für den gegebenen Kessel vorkommenden Betriebstemperaturen sich stets im Gebiet der $CaCO_3$-Beständigkeit befinden. Aus der Abbildung ist zu entnehmen, daß diese Sodakonzentration von der Betriebstemperatur (Dampfdruck) und von der Sulfatkonzentration abhängig ist. Physikalisch-chemische Berechnungen erlauben, die jeweils notwendigen Karbonatkonzentrationen zu ermitteln (siehe S. 124). Die folgerichtige Durchführung dieser Überlegungen hat in den letzten Jahren zu einer ganz neuen Art der Kesselspeisewasserpflege geführt, die im Abschnitt „Korrektivverfahren" näher gekennzeichnet werden[1].

Für die Ausfällung der Silikate und der Magnesia im Kessel gelten ähnliche physikalisch-chemische Gesetzmäßigkeiten wie die eben dargestellten, jedoch sind sie noch nicht näher erforscht, und vor allem sind ihre Wechselwirkungen untereinander noch nicht klargestellt.

Was jetzt die physikalische Beschaffenheit der Kesselsteine anbetrifft, so gilt hierüber die Anschauung, daß die Abscheidungen im Kessel um so härter, steinartiger werden und um so fester anhaften, je mehr Gips und Kieselsäure im Wasser vorhanden sind, dagegen um so weicher, schlammartiger werden, je mehr Bikarbonate vorhanden sind, d. h. je größer die vorübergehende Härte des Wassers ist. Ferner begünstigt die Gegenwart von Kolloiden (z. B. Humusstoffe) und von Ätznatron und Soda die Schlammbildung.

3. Die Bedeutung des Kesselsteines.

In diesem Abschnitt soll die Bedeutung des größten Störenfriedes und Unheilstifters des Dampfkesselbetriebes, nämlich des Kesselsteines, eingehender erläutert werden. Ein Rundgang durch die Kesselanlagen lehrt uns stets wieder, wie wenig Beachtung noch immer viele Betriebsleiter der Kesselsteinfrage entgegenbringen, und mit welch falschen Vorurteilen dieses Problem oft angefaßt wird.

Man glaube nicht, daß dieser Frage — im Gesamtkomplex der chemischen Technologie betrachtet — im Verhältnis zu anderen Gegenwartsaufgaben der chemisch-technischen Betätigung eine verschwindend kleine Rolle zukommt. Gewiß, eine wirtschaftliche Rolle wie z. B. der Kohlenveredlung, der Ammoniaksynthese u. a. kommt ihr keineswegs zu. Aber: was der Bedeutung des vorliegenden Problems an Größe fehlt, gewinnt sie an Ausdehnung reichlich wieder. Überall wo Dampfkraft erzeugt wird, sei es in der kleinsten Lokomobile einer Dorfdreschmaschine, sei es im Großkraftwerk oder auch dem modernen Riesendampfer oder ferner in den Zentralheizungen der Wolkenkratzer, da treibt auch der Kesselstein sein Unwesen.

Die Einflüsse des Kesselsteines im Dampfkraftbetrieb sind mannigfaltig in Art und Auswirkung, obschon sie sich im wesentlichen um die beiden Punkte Wirtschaftlichkeit und Betriebssicherheit drehen.

---

[1] Durch eine neue Arbeit von Frear und Johnston (J. Americ. Chem. Soc. 51 2028. (1929) ist die theoretische Begründung der Hallschen Anschauungen über die Kesselsteinbildung zwar in gewissen Grenzen hinfällig geworden, praktisch dürften seine Folgerungen jedoch noch immer aufrecht zu halten sein. Frear und Johnson weisen nämlich nach, daß die Löslichkeit des Kalziumkarbonats, bei gleichbleibendem Kohlensäure-Partialdruck, mit steigender Temperatur abnimmt.

a) Verminderung der Wirtschaftlichkeit.

Wir bezahlen unsere Gleichgültigkeit gegenüber der Kesselsteinfrage jährlich mit Millionen Mark aus unseren Brennstoffvorräten. Trägt man den durch Kesselsteinbelag hervorgerufenen Mehrverbrauch an Brennstoff nur mit 1% in die Rechnung ein, so ergibt sich für die Weltwirtschaft ein jährlicher Verlust an Kohlen im Wert von etwa 50 Millionen Reichsmark. Für eine Dampfkraftzentrale mit einem täglichen Kohlenverbrauch von 1000 Tonnen errechnet sich dieser Verlust unter den gleichen Annahmen zu 40 000 RM. je Jahr. Die volks- und privatwirtschaftliche Bedeutung der Kesselsteinfrage ist also keineswegs unbedeutend.

Man begegnet oft, besonders in Propagandaflugblättern über Geheimmittel für Kesselsteinverhütung, der Ansicht, daß der Kesselstein einen Mehrverbrauch an Brennstoff von 25—50% bedingt. Wenn auch eine Verschlechterung des Wärmedurchganges unvermeidlich ist, so beträgt der Verlust doch stets nur wenige Prozent der Verdampfleistung. Auch muß man bedenken, daß in den Wasserrohrkesseln bei innerem Steinbelag der vorderen Rohrreihen der Wärmedurchgang verringert, gleichzeitig aber die Temperatur der Feuerungsgase entsprechend erhöht wird. Wenn dann in den ersten Rohrreihen tatsächlich die Wärmeausnutzung geringer wird, so haben die entsprechend heißeren Feuerungsgase genügend Zeit, den Mehrbetrag ihres Wärmeinhaltes an die nächstfolgenden Rohrreihen abzugeben. Auf diese Weise wird es verständlich, weshalb Verlustzahlen von 25—50% übertrieben und tendenziös aufgebauscht sind. Abb. 6 zeigt die nach einwandfreien Versuchen ermittelten Ziffern für den Brennstoffmehrverbrauch eines Versuchskessels in Abhängigkeit von der Kesselsteindicke. Die Zahlen beweisen aber die immerhin recht beträchtliche wirtschaftliche Bedeutung des Kesselsteines.

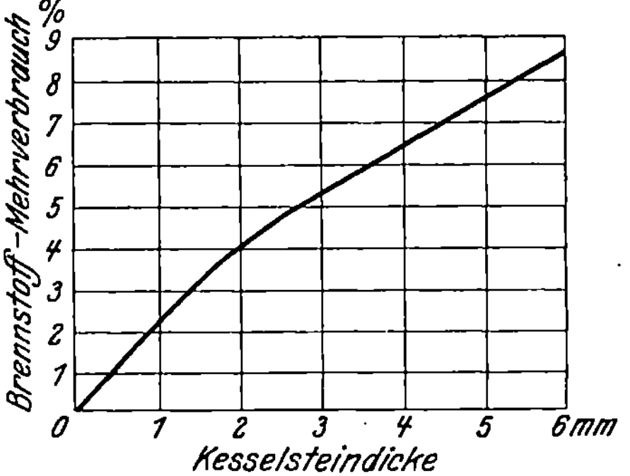

Abb. 6. Ein Fluß des Kesselsteinbelages von steigender Stärke auf den Brennstoff-Mehrverbrauch.

b) Erhöhung der Blechtemperatur.

Die große Bedeutung des Kesselsteines liegt darin, daß seine wärmestauende Wirkung zu erheblichen und gefährlichen Temperatursteigerungen der Kesselbleche führt. Bedenkt man, daß heute das Bestreben des Kesselbaues dahin geht, die Strahlung im Feuerungsraum in gesteigertem Maße auszunutzen, so wird sofort klar, daß hierdurch gleichzeitig die Gefahr des Aufplatzens von Siederohren infolge Kesselsteinbelages wesentlich erhöht wird. Wärmeübergangszahlen von 150 000 kcal/m²h an solchen Siederohren sind noch als mittelmäßig zu bezeichnen, hat man ja schon, allerdings in der vorderen Meridianlinie von

Siederohren solche von 300000 kcal/m²h gemessen. Daß in solchen Rohren Steinbeläge in nur papierdünner Beschaffenheit bereits gefährlich werden, gehört zu den gesicherten Ergebnissen des modernen Dampfkesselwesens. Diese besondere Gefährlichkeit wird, — abgesehen von der gesteigerten Gefahr des Hochdruckbetriebs, — weiterhin da-

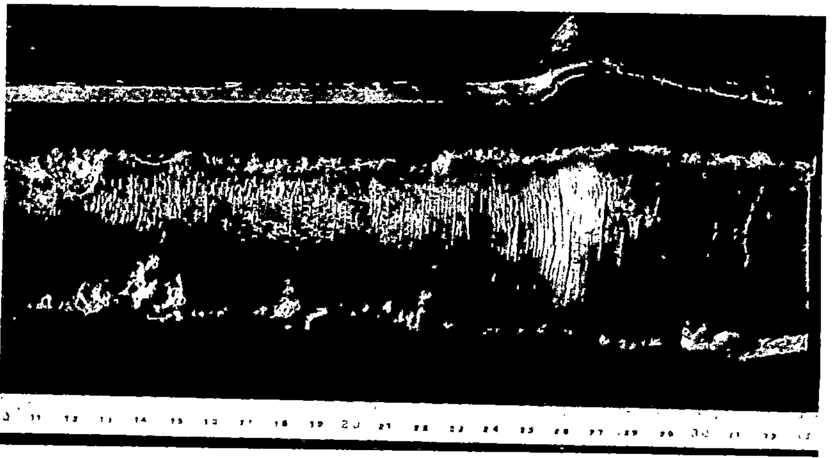

Abb. 7. Ausgebeultes Siederohr mit Querrissen (Wärmestauungen).

durch vermehrt, daß gerade in den ersten, der Strahlung am meisten ausgesetzten Rohrreihen, meist auch die schlecht leitenden Steine abgelagert werden. Es kommt sogar vor, daß in solchen hochbeanspruchten Rohren der Kesselstein sich ausschließlich an der, der Feuerung zugewendeten Vorderseite des Rohres ablagert, während die entgegengesetzte Seite steinfrei bleibt. In diesem Falle wird die Vorderseite des Rohres thermisch und mechanisch stark in Mitleidenschaft gezogen, was zu einer Häufung von Querrissen in diesem Rohrteil führen kann. Ein Beispiel dieser Art ist auf Abb. 7 wiedergegeben (Wasserrohrkessel mit Kohlenstaubfeuerung, 20 ata).

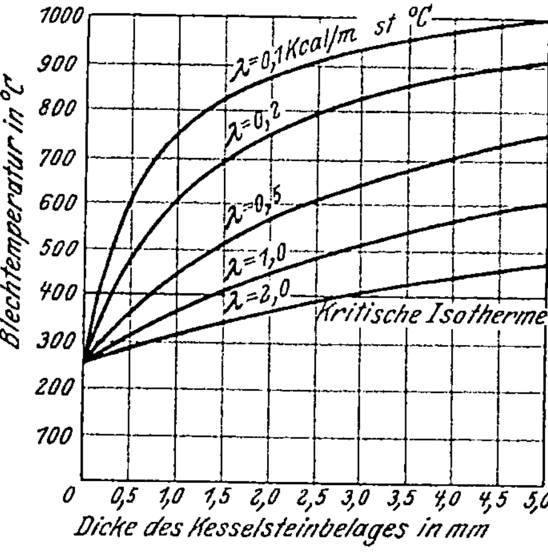

Abb. 8. Einfluß des Kesselsteinbelages auf die Blechtemperatur.

Wie sich die mittleren Blechtemperaturen unter dem Einfluß des Kesselsteines gestalten, ist der Abb. 8 zu entnehmen. Die Kurven stellen die mittleren Blechtemperaturen dar, wie sie sich unter dem wärmestauenden Einfluß von Kesselsteinen verschiedener Wärmleitfähigkeit und verschiedener Dicke ausbilden. Der Berechnung dieses Schaubildes liegen folgende Annahmen zugrunde:

Temperatur des Feuerungsraumes = 1100°
Temperatur des Kesselwassers . · . = 200° (15 atü)
Blechdicke . . . . = 5 mm
Wärmeleitzahl des Bleches . . . = 50 kcal/m h °C
Übertragene Wärmemenge . . . = 150 000 kcal/m² h

im Normalzustande, d. h. ohne Kesselsteinbelag.

Es sei an dieser Stelle darauf hingewiesen, daß die verschiedenen Arten von Kesselblechablagerungen auch ver-

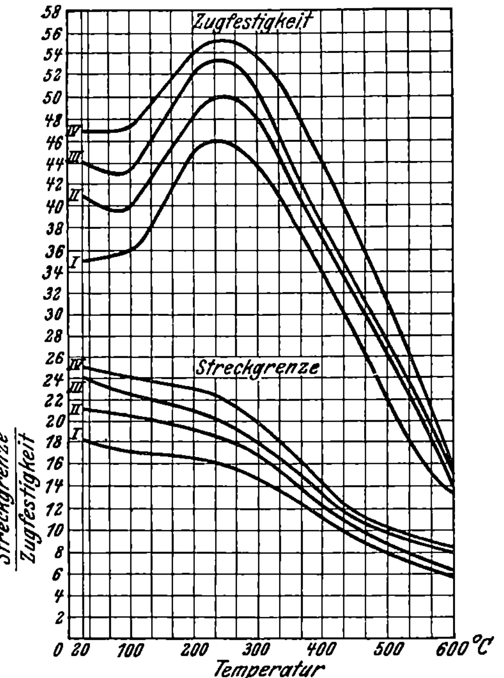

Abb. 9. Festigkeitseigenschaften der (in kg/mm²) 4 Kesselblechqualitäten bei wachsender Temperatur.

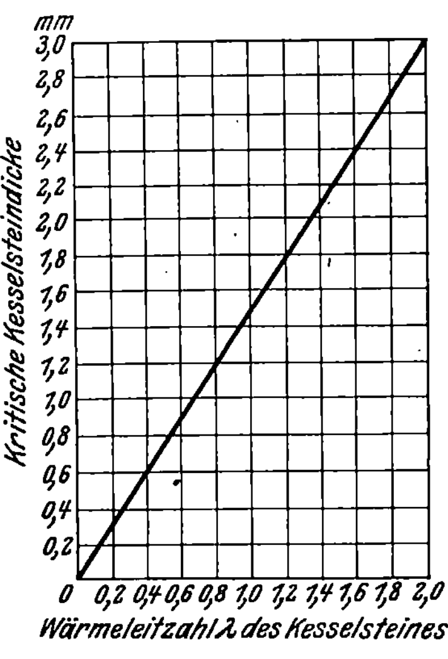

Abb. 10. Abhängigkeit der kritischen Kesselsteindicke von der Wärmeleitzahl desselben.

schiedene Wärmeleitzahlen aufzeigen, was nachstehende Zahlen erkennen lassen:

Wärmeleitzahl λ
Art des Kesselblechbelages: Öl . . . . 0,1 kcal/m h °C
Silikate . . . . . 0,2—0,5 ,,
Gips, Kalziumkarbonat 0,5—2 ,,

In der vorstehenden Abbildung ist die Temperatur von 400° als kritische Temperatur bezeichnet. Das ist damit begründet, daß bei dieser Temperatur, gemäß der Abb. 9, die Festigkeitswerte der vier üblichen Kesselblechsorten unter die entsprechenden Festigkeitswerte bei gewöhnlicher Temperatur (20°) zu fallen beginnen. Eigentlich verschiebt diese kritische Temperatur sich von einer Stahlsorte zur anderen, so daß man richtiger von einer kritischen Isotherme sprechen müßte. Aus den beiden vorhergehenden Abbildungen läßt sich ferner jene Kesselsteindicke ableiten, bei der unter den angegebenen Betriebsverhältnissen die kritische Blechtemperatur erreicht wird. Diesen Wert bezeichnet man zweckmäßig als kritische Kesselsteindicke. Auf Abb. 10 ist die Abhängigkeit dieser kritischen Kesselsteindicke (D_k) von der Wärmeleitzahl des Steines graphisch aufgetragen: man erhält eine einfache lineare Funktion, die sich für den vorliegenden Fall durch die Gleichung $D_k = 1,5\ \lambda$ ausdrücken läßt.

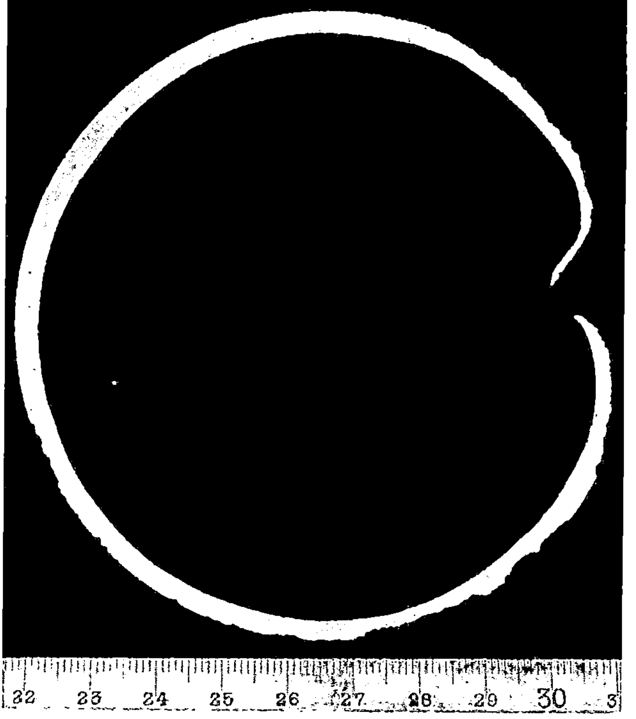

Abb. 11. Angerostetes Heizrohr. (Korrosion unterhalb dem Steinbelag.)

c) Anfressungen der Kesselbleche unterhalb von Steinbelägen.

Eine Folgeerscheinung der durch den Kesselstein hervorgerufenen Erhöhung der Blechtemperatur ist die verstärkte Korrosion der Bleche an diesen Stellen. Wenn wir heute auch die näheren Ursachen dieses verstärkten Rostangriffes noch nicht kennen — im wesentlichen dreht sich die Streitfrage darum, zu wissen, ob der Angriff durch das Kesselwasser selbst erfolgt oder durch den Dampf oder auch durch sauerstoffübertragende Stoffe des Kesselsteines sei es mittelbar über Dampf, über Wasser oder unmittelbar —, so ist an der Tatsache selbst nicht zu zweifeln. Diese Angriffe können mitunter das Blech gänzlich durchlöchern. Abb. 11 zeigt den Querschnitt eines solchen durchgefressenen Heizrohres eines kombinierten Flammrohr-Heizrohrkessels mit einem nur 1 mm dicken Steinbelag (93% $CaSO_4$).

d) Abplatzen von Steinkrusten während des Betriebes.

Es kann vorkommen, daß durch irgendwelche Einflüsse, z.B. plötzliche Temperaturschwankungen u. ä., während des Betriebes größere Steinschalen sich von dem Kesselblech ablösen. Wenn die darunterliegende Blechwand eine genügend hohe Temperatur hatte, kommt es zum Zerknall des Kessels oder des Rohres. War die Temperatur des Bleches nicht so hoch, so tritt immerhin eine starke Dampfentwicklung an den plötzlich benetzten Blechflächen auf, was ein Überkochen des Kesselinhaltes mit seinen üblen Folgeerscheinungen herbeizuführen vermag.

e) Beschädigung der Bleche beim Entfernen des Kesselsteines.

Kessel mit mehr oder weniger starkem Steinbelag müssen periodisch stillgesetzt werden, um die Steinkrusten zu entfernen. Abgesehen davon, daß hierdurch ein unwirtschaftlicher diskontinuierlicher Betrieb geschaffen wird, leiden die Kesselbleche unter den Einwirkungen der mechanischen Steinentfernung. Beim Abhauen des Steines verletzt man die Bleche örtlich: es entstehen Kerbe und, infolge der Kaltverformung, Alterungserscheinungen, welche die Sprödigkeit dieser verletzten Stellen noch weiterhin steigern, so daß an diesen Stellen im Betrieb Risse und Brüche auftreten können.

Die Kesselsteinentfernung erfolgt oftmals auf chemischem Wege (Säurebehandlung u. a.), wovon aus leicht einzusehenden Gründen energisch abzuraten ist.

B. Der Kesselschlamm.

Von den beiden im Kessel auftretenden Ausfällungen mineralischer Natur, Kesselstein und Kesselschlamm, ist letzterer offenbar die weniger gefährliche Form. Es sind, wie in dem vorhergehenden Abschnitt dargelegt wurde, besonders die Karbonate, die zur Schlammbildung neigen. Wegen ihrer geringeren Gefährlichkeit trachtet man im neuzeitlichen Kesselbetrieb danach, die Ausscheidung der Resthärte im Kessel als Schlamm zu begünstigen, was zu einer besonderen Art der Kesselwasserbehandlung geführt hat. Immerhin darf die Schlammbildung in den Kesseln keine solchen Ausmaße annehmen, daß größere Schlammassen sich örtlich anhäufen und auf diese Weise schließlich doch Wärmestauungen in den Blechen hervorrufen oder zum mindesten dem Wasserumlauf einen erhöhten Widerstand entgegensetzen. Abb 12. zeigt den durch einen Schlammstopfen hervorgerufenen Aufreißer eines Siederohres. Diese Übelstände bekämpft man mit periodischer oder dauernder Entschlammung, wobei für entsprechende Ausnutzung der mit dem Schlammwasser abgeführten Wärme zu sorgen ist.

Bevor wir zu den anderen, durch mangelhafte Beschaffenheit des Speisewassers hervorgerufenen Schäden und Störungen des Dampfkesselbetriebes übergehen, sei noch darauf hingewiesen, daß das Kühlwasser der Oberflächenkondensatoren ebenfalls Kesselstein ablagern kann (siehe Abb. 2). Dabei ist zu beachten, daß hier weniger die Betriebssicherheit gefährdet wird, als die Wirtschaftlichkeit. Dies leuchtet ohne weiteres ein, da das Wärmegefälle im Kondensator viel geringer ist als im Dampfkessel. Das gleiche gilt für Verdampferanlagen (Herstellung von Destillat als Zusatzwasser zum Speisewasserkreislauf), deren Leistung erfahrungsgemäß infolge Steinablagerung an den Heizflächen unter Umständen schon in 2—3 Wochen um 50% zurückgehen kann.

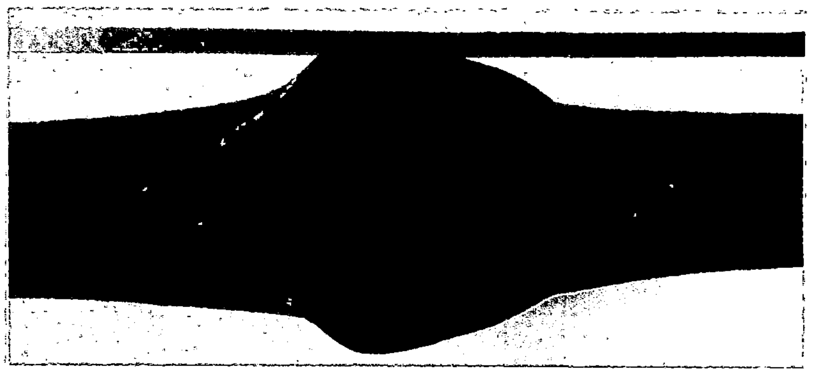

Abb. 12. Aufgeplatztes Siederohr. (Ursache: gestörter Wasserumlauf infolge Schlammpfropfens.)

C. Die Korrosion der Baustoffe.

Faßt man die Korrosionsfrage im Dampfkesselbetrieb zunächst etwas weiter, so sind folgende Teilfragen zu unterscheiden:

1. Verzunderung der metallischen Baustoffe unter dem unmittelbaren Einfluß der Flamme und der Rauchgase. Hierher gehören der Verschleiß der Roststäbe, die Anfressungen der Außenseite von Kesselblechen, Überhitzerrohren usw.

2. Eigentliche Korrosion der in ständiger Berührung mit Speise- oder Kesselwasser stehenden Kesselteile (Speiseleitungen, Vorwärmer, Kessel).

3. Anfressungen der metallischen Werkstoffe durch reinen oder unreinen Dampf (Überhitzer, Turbinenschaufeln usw.).

4. Anfressungen der mit Kondenswasser in Berührung kommenden Werkstoffe (Kondensatoren, Leitungen usw.).

Als mittelbare und unmittelbare Wirkungen des Kesselinhaltes interessieren uns hier die drei letzten Erscheinungen, und zwar besonders die Abrostungen im Kessel selbst, weil sie in erster Linie eine Gefahr für den Betrieb bedeuten.

Ohne hier auf die Theorie des Rostvorganges einzugehen, sei bloß erwähnt, daß die neuzeitlichen Anschauungen sich von einer einseitigen Erklärungsweise abgewendet haben. Eine vollständig sein wollende theoretische Erfassung des Korrosionsmechanismus (in Gegenwart von tropfbar flüssigen Elektrolyten) darf nicht einseitig auf rein chemischer oder rein elektrochemischer oder rein kolloidchemischer Betrachtungsweise fußen, sondern muß allen drei Erscheinungsarten Rechnung tragen. Nach dieser Auffassung ist jeder Korrosionsvorgang begrifflich wie sachlich zu trennen in:

a) die primären elektrolytischen Vorgänge (Betätigung des elektrolytischen Lösungspotentiales);

b) die sekundären chemischen, kolloidchemischen und elektrochemischen Prozesse.

Auf die im Dampfkessel obwaltenden Verhältnisse übertragen, gewinnt diese Auffassung dadurch an Wert, weil gerade hier die sekundären Vorgänge in den Vordergrund treten und oftmals die primären elektrochemischen Prozesse verschleiern. Auf diese Grundlage ist die Theorie der Korrosionen im Dampfkessel aufzubauen.

Was die Systematik der Kesselabrostungen anbelangt, so seien dem jetzigen Stand unserer Kenntnisse gemäß folgende Erscheinungsformen der Korrosion der Kesselbleche durch den Kesselinhalt angeführt:

1. **Anfressungen durch freie Säuren.** Diese Anfressungen entstehen in Gegenwart von freien Säuren im Kesselwasser. Sie sind durch eine über die ganze mit Wasser bedeckte Blechfläche verteilte, mehr oder weniger gleichmäßige Auflösung des Eisens gekennzeichnet. Sie kommen bei der Speisung von unbehandelten Grubenwässern vor oder auch in der chemischen Industrie, bei Unachtsamkeiten der Betriebsüberwachung.

2. **Anfressungen durch gelöste Gase** (Sauerstoff, Kohlensäure). Als wichtige Merkmale der Gaskorrosionen sind die Rostpusteln und die narbenförmigen Vertiefungen anzusehen. Hierbei überdecken sich die Einflüsse der gelösten Gase mit den Temperatur- und Elektrolyteinwirkungen.

3. **Anfressungen durch hydrolytisch gespaltene Salze.** Die Magnesiumsalze, besonders das Magnesiumchlorid, weniger das Magnesiumsulfat, unterliegen in wässeriger Lösung einer hydrolytischen Spaltung, gemäß welcher sie in Magnesiumhydroxyd und die entsprechende freie Säure zersetzt werden. Die Hydrolyse des Magnesiumchlorids verläuft nach der Reaktion

$$Mg\,Cl_2 + 2H_2O = Mg\,(OH)_2 + 2H\,Cl.$$

Mit steigender Temperatur nimmt der Hydrolysegrad dieser Salze stark zu, weshalb die Magnesiumsalze im Dampfkessel starke Anfressungen hervorrufen. Infolge der gesteigerten Verdampftemperaturen im neuzeitlichen Dampfkesselwesen muß man dieser Korrosionsart eine besondere Achtung schenken.

4. **Anfressungen durch Wärmestauungen.** Diese Korrosionen treten unterhalb wärmeisolierender Ablagerungen (Stein und Schlamm) auf. Sie werden begünstigt durch die Gegenwart von thermisch zersetzbaren Stoffen, sei es hydrolysierte Salze oder Sauerstoff entwickelnde Stoffe, wie Nitrate, Humate u. a. Auch ist zu beachten, daß in den Porenräumen der Ablagerungen sich chemische Kreisprozesse ausbilden können, wie z. B. die Einwirkung angereicherter Eisensalze:

$$FeCl_2 + H_2O \longrightarrow 2HCl + \underline{Fe(OH)_2}_{\text{Rost}}$$
$$\underline{FeCl_2} \longleftarrow \frac{Fe}{Blech} + 2HCl.$$

Die Wechselwirkung zwischen Kesselblech, Magnesiumchlorid, Eisenchlorid und Magnesiumhydrat führt ebenfalls zu einem solchen Kreisprozeß:

$$\frac{Fe}{Blech} + MgCl_2 + 2H_2O \longrightarrow FeCl_2 + Mg(OH)_2 + H_2$$
$$\frac{Fe(OH)_2}{(Rost)} + MgCl_2 \longleftarrow FeCl_2 + \frac{Mg(OH)_2}{(Steinbelag)}.$$

Ob nun diese Anfressungen durch mittelbaren oder unmittelbaren Einfluß des Kesselwassers, ferner mit oder ohne aktive Mitwirkung des Steinbelages hervorgerufen werden, ist einstweilen noch eine offene Frage[1].

5. **Anfressungen durch Lokalströme.** Befinden sich unterhalb des Wasserspiegels Eisenteile in metallischer Verbindung mit Metallen, Legierungen oder anderen elektromotorisch wirksamen Stoffen, deren elektrolytisches Potential edler ist als das des Eisens, so bilden sich galvanische Elemente aus, in denen das Eisen zur lösenden Anode und dementsprechend besonders rasch zerstört wird. Im Dampfkesselbetrieb (Kessel, Kondensatoren, Pumpen usw.) sind derartige galvanische Ketten keine Seltenheit. Am bekanntesten sind die Verbindungen mit Kupferlegierungen, jedoch gehören auch diejenigen mit nichtrostenden Chromnickelstählen hierzu.

6. **Anfressungen durch Potentialdifferenzen auf kleinstem Raum.** Auf den heterogenen Gefügeaufbau der Baustoffe übertragen, führen diese Lokalströme zu Anfressungen auf kleinstem Raum. Von Wichtigkeit ist in dieser Beziehung die Graphitisierung des Gußeisens (Rauchgasvorwärmer), die auf der galvanischen Kette Graphit-Eisen des Gefüges beruht. Auch die sulfidischen Schlackeneinschlüsse gehen mit dem anliegenden Eisen galvanische Ketten ein, in denen das Eisen die lösende Anode ist.

7. **Anfressungen durch Kaltbearbeitung.** Über die Streckgrenze hinaus beanspruchtes Eisen hat ein höheres Lösungspotential als unbeanspruchtes Eisen. Diese Zonen erleiden daher auch einen stärkeren Rostangriff als die angrenzenden, nicht über die Streckgrenze hinaus beanspruchten Zonen. Man findet solche Anfressungen vornehmlich in den Krempen.

8. **Anfressungen durch Dampfspaltung.** Im Hochdruck- und Hochleistungskessel, insonderheit den Steigrohren der Steilrohrkessel, treten bei mangelhaftem Wasserumlauf Dampfspaltungen der auf den Rohrwandungen haftenden Dampfschicht ein. Hierdurch kann eine direkte Oxydation des Baustoffes erfolgen, wobei die Reaktion:

$$3Fe + 4H_2O \rightleftarrows Fe_3O_4 + 4H_2$$

---

[1] Vgl. Stumper, R.: Korrosion u. Metallschutz **5**, 230 (1929).

vermutlich eine Hauptrolle spielt. Eine eigentliche vorherige Dampfspaltung (Dissoziation) tritt allerdings nicht ein, sondern es ist eine Oxydation des Eisens durch Wasserdampf. (Vgl. hierzu den folgenden Abschnitt.) Es ist nicht ausgeschlossen, daß unterhalb den Kesselsteinbelägen eine direkte Oxydation der Kesselbleche durch Wasserdampf eintritt.

D. Die Verzunderung der Überhitzerrohre durch reinen oder unreinen Dampf.

Infolge der durch den Hochdruckbetrieb bedingten erhöhten Dampftemperaturen ist die Werkstofffrage der Überhitzerrohre und Dampfleitungen zu einem lebenswichtigen Problem des modernen Kesselwesens ausgereift. Die bisher zulässige Höchstgrenze der Dampftemperatur wird mit $450°$ angegeben. Höhere Temperaturen sind wohl nur versuchsweise anzutreffen. Wegen der im Überhitzerrohr auftretenden Temperaturen ist die Frage der hitzebeständigen Stoffe für diese Kesselteile bedeutungsvoller als für die Dampfleitungsrohre. In den letzten zwei Jahren haben denn auch verschiedene Forscher sich mit diesem Fragenkomplex beschäftigt, und es lohnt sich, über die bisher getätigten Ergebnisse eine kurze Übersicht zu geben.

Verfasser[1] berichtet 1928 über einen Fall von Zerstörung einiger Überhitzerrohre eines mit Hochofengas beheizten Babcock und Wilcox-Wasserrohrkessels (13 atü). Anschließend daran wird auf die theoretische Seite des Angriffes des Wasserdampfes auf Eisen bei höherer Temperatur eingegangen.

Für die drei in Frage kommenden Reaktionen:

$$\mathrm{Fe} + \mathrm{H_2O} \rightleftharpoons \mathrm{FeO} + \mathrm{H_2}$$
$$2\,\mathrm{Fe} + 3\,\mathrm{H_2O} \rightleftharpoons \mathrm{Fe_2O_3} + 3\,\mathrm{H_2} \text{ und}$$
$$3\,\mathrm{Fe} + 4\,\mathrm{H_2O} \rightleftharpoons \mathrm{Fe_3O_4} + 4\,\mathrm{H_2}.$$

gilt die Gleichgewichtsbeziehung, daß das Verhältnis der Partialdrücke von Wasserdampf und Wasserstoff bei einer gegebenen Temperatur eine Konstante ist. Von Preuner[2] sind für die nachstehenden Temperaturen folgende Konstanten gefunden worden:

Temperatur	$900°$	$1025°$	$1150°$
$\dfrac{(\mathrm{H_2O})}{(\mathrm{H_2})}$	0,69	0,78	0,86

Die Oxydation des Eisens durch Wasserdampf fällt mithin mit wachsender Temperatur. In den Überhitzerrohren kann die Oxydation nicht zum Gleichgewicht kommen, da der Wasserdampf beständig die gasförmigen Reaktionsprodukte fortjagt und so die Reaktion dauernd unterhält.

Für das sich entwickelnde Hochdruckwesen wird es von Wert sein, zu ermitteln, welchen Einfluß die neuen Betriebsbedingungen auf die Oxydation der Überhitzerrohre durch Wasserdampf haben werden. Die

---

[1] Stumper, R.: Korrosion und Metallsch. 4, 220 (1928).
[2] Preuner: Z. physik. Chem. 47, 385 (1904).

erhöhte Verdampfungs- bzw. Überhitzungstemperaturen bedingen theoretisch eine Verringerung dieser Oxydationsvorgänge. Jedoch ist mit der Zunahme der Durchflußgeschwindigkeit des Dampfes in den Überhitzerrohren auch eine Zunahme der Oxydation verbunden. Dagegen ist aus dem Le Chatelierschen Gesetz vom beweglichen Gleichgewicht abzuleiten, daß die Gleichgewichtslage der Oxydation des Eisens durch den Wasserdampf vom Druck unabhängig ist. Bei gleicher Überhitzungstemperatur ist also der Angriff der Überhitzerrohre im Hochdruckkessel nicht stärker als bei gewöhnlichem Druck, natürlich gleiche Durchströmungsgeschwindigkeit vorausgesetzt. Als Beispiel dieser Zerstörung diene die Abb. 13, auf der zwei Querschnitte durch ein aufgerissenes

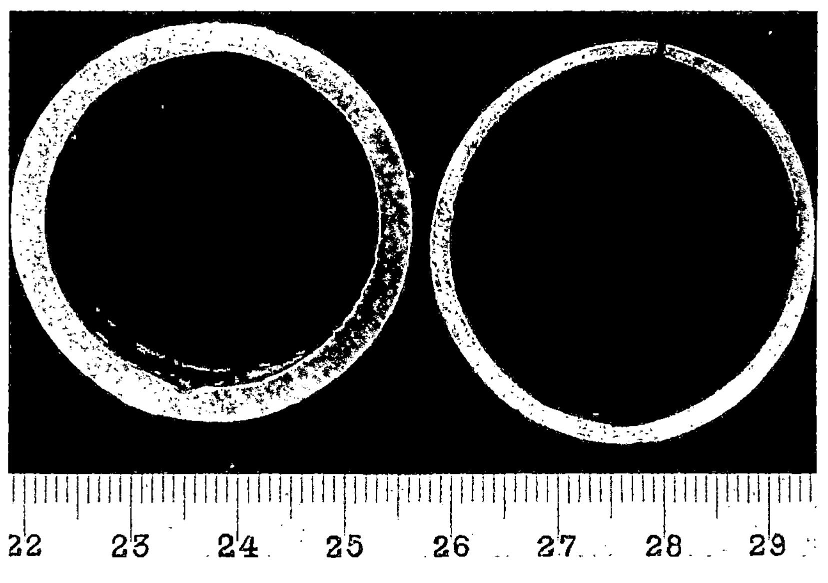

Abb. 13. Verzundertes Überhitzerrohr.

Rohr wiedergegeben sind. Die Wandung des zerstörten Rohres b ist gegenüber der Wandung desselben Rohres a, jedoch in der Nähe der Einwalzstelle, um die Hälfte vermindert; dagegen hat sich im Innern eine sehr harte, fest anhaftende schwarze Oxydschicht ausgebildet. Die chemische Zusammensetzung dieses Oxydationsproduktes war die folgende:

$$FeO = 71{,}50\%$$
$$Fe_2O_3 = 26{,}34\%$$

woraus sich die molekulare Zusammensetzung Fe_8O_9 oder

$$6\,FeO \cdot Fe_2O_3 \quad \text{oder} \quad 5\,FeO \cdot Fe_3O_4$$

errechnen läßt. Reines Fe_3O_4 liegt also nicht vor. Die metallographische Untersuchung wies auf ein einphasiges System hin, so daß vermutlich eine feste Lösung beider Oxydarten vorliegt. Nach neueren Untersuchungen von P. P. Fedotjeff und T. N. Petrenko[1] verläuft die Reaktion des Wasserdampfes auf Eisen über FeO, wobei eine lückenlose Reihe von Mischkristallen von FeO bis Fe_3O_4 entsteht. Das Endprodukt der Reaktion (bis zu 570°) ist Fe_3O_4.

Es wird eine reizvolle Aufgabe für die zukünftige Forschung sein, den Einfluß der verschiedenen im Dampf vorkommenden Verunreinigungen auf die angegebenen Oxydationsvorgänge klarzustellen. Eine reaktionsbeschleunigende Rolle wird jedenfalls den gasförmigen Beimengungen Sauerstoff und Kohlensäure zukommen. Der Sattdampf enthält in der Regel auch Wasserstoff von der Korrosion der Kesselbleche und der Einwirkung des Ferrohydrates auf das Wasser herrührend. Sein Partialdruck im Dampf ist aber zu gering, um einen merklichen oxydationsverzögernden Einfluß ausüben zu können. Theoretisch ließe sich zwar die zerstörende Wirkung des Wasserdampfes auf die Überhitzerrohre vollständig verhindern, wenn man künstlich den Wasserstoffgehalt des Dampfes so hoch brächte, daß das Verhältnis $\dfrac{(H_2O)}{(H_2)}$ dauernd etwas höher wäre, als es dem Gleichgewichte bei der entsprechenden Überhitzungstemperatur entspräche. Praktisch wird dieser Weg aber nicht auszuführen sein. Der Ausweg liegt daher ausschließlich in der Verwendung angriffsbeständiger Werkstoffe, die durch geeignete Versuche aufzufinden sind.

Von den neueren Untersuchungen über die vorliegende Frage seien die nachfolgenden erwähnt.

In Amerika[2] wurden unmittelbare Oxydationsversuche an kohlenstoffarmem Eisen und an Chromstahl vorgenommen. Rohre aus diesen Werkstoffen wurden elektrisch auf 650° erhitzt und mit gesättigtem und überhitztem Dampf von verschiedenen Drücken bis herauf zu 32 atü beschickt. Man fand, daß die Reaktion zwischen Dampf und Metall, je nach der Zusammensetzung des letzteren, dem Zustand der Oberfläche, der Oberflächentemperatur der Dampffeuchtigkeit und der Durchflußgeschwindigkeit verschieden verläuft. Es wurde folgendes festgestellt:

1. Die Zersetzung des Metalles nimmt mit der Temperatur zu.

2. Sie nimmt ab mit zunehmender Dicke der auf dem Metall befindlichen Oxydschicht. Doch ist kein Anzeichen dafür vorhanden, daß die Oxydschicht so dick werden kann, daß sie für den Wasserdampf undurchdringlich wird und das Metall vor weiterer Zersetzung schützt.

3. Der Dampfdruck hat praktisch keinen Einfluß auf die Größe der Zersetzung. Dieses Ergebnis kann man übrigens, wie S. 19 dargelegt wurde, rein theoretisch ableiten.

4. Kohlenstoffarme Stähle zersetzen sich unter den gegebenen Versuchsbedingungen schneller als die Chromstähle.

5. Die Durchflußgeschwindigkeit des Wasserdampfes scheint eigentümlicherweise den unerwarteten Einfluß zu haben, daß die Oxydation mit steigender Durchflußgeschwindigkeit kleiner wird.

Über die Korrosion durch überhitzten Dampf, mit besonderer Be-

[1] Fedotjeff, P.P. u. Petrenko, T. N.: Z. anorg. Chem. **157**, 155 (1926).
[2] Power **70**, 258 (1929).

rücksichtigung des Sauerstoffgehaltes, berichtet I. K. Rummel[1]. Seine Ergebnisse gipfeln in den folgenden Schlußfolgerungen: Der Angriff des Eisens durch sauerstofffreien Wasserdampf ist bis zu einer Dampftemperatur von 425° C und einer Temperatur des Überhitzerrohres von 510° zu vernachlässigen. Spezialstähle halten höhere Temperaturen aus. Der Sauerstoff erhöht sehr stark den Angriff der Rohre durch Wasserdampf. Während die Alkalität des Kesselwassers praktisch keine Rolle auf den Angriff des Eisens durch reinen Wasserdampf auszuüben scheint, wird hierdurch der Einfluß des Sauerstoffes bei diesem Angriff abgebremst.

Münzinger[2] veröffentlicht in den AEG.-Mitteilungen von 1930 Versuche über den Angriff von Überhitzern durch reinen Wasserdampf. Bei diesen Versuchen wurde ein schraubenförmig gewundener Eisendraht in einem elektrisch beheizten Quarzrohr einem Wasserdampfstrom von 1 m/sec Geschwindigkeit ausgesetzt und die infolge der Oxydation veränderliche Dicke an der Änderung des elektrischen Widerstandes gemessen. Die Messungen ergaben, daß der Angriff von Wasserdampf auf Eisen bei 600° in doppelter Weise größer ist als bei 500°. Zunächst ist er an und für sich viel heftiger, und dann bildet sich eine Schutzschicht, wenn diese überhaupt eintritt, viel langsamer.

Bei 500° scheint eine Grenze zu liegen, bei deren Überschreiten Überhitzerrohre aus Siemens-Martins-Stahl durch reinen Waserdampf schnell von innen zerstört werden.

Man erkennt aus obigen Erörterungen, daß die Frage des Angriffes von Überhitzerrohren durch den Wasserdampf in reger Entwicklung begriffen ist. Wenn es auch noch verfrüht ist, ein abschließendes Urteil abzugeben — vor allem müßte der Einfluß der Verunreinigungen des Dampfes eingehender untersucht werden — darf schon jetzt behauptet werden, daß einfache Kohlenstoffstähle nicht als Werkstoffe für die Überhitzer der Hochleistungs- und Hochdruckkessel geeignet sind, sondern daß sie hierfür entweder mit einem Schutzüberzug überdeckt werden, oder daß besondere legierte korrosionsbeständige Stähle zur Verwendung kommen müssen. Auch hat die kommende Forschung das Mißverhältnis zwischen den theoretischen Erwägungen und den praktischen Befunden (Einfluß der Temperatur, der Durchflußgeschwindigkeit) zu klären. Da die Feuerbeständigkeit der Überhitzer vor allem eine Frage des Baustoffes ist, sind einige Angaben über die neueren Überhitzer-Baustoffe hier am Platze[3].

Gewöhnliche weiche Kohlenstoffstähle sind für Dampftemperaturen bis zu 400—450° brauchbar. Die obere Grenze liegt bei 450°, jedoch ist es ratsam, auch schon bei Dampftemperaturen von etwa 400—420° an das Material durch Schutzüberzüge widerstandsfähiger zu machen. Man darf ferner nicht vergessen, daß die Wandtemperaturen der Überhitzerrohre durch Flugaschenanlagerungen höher zu liegen kommen. Schutzüberzüge mit Aluminium sind also zur Erhöhung der Lebensdauer der Über-

---

[1] Rummel, I. K.: Iron Age New York **1929**, 525.
[2] Münzinger: AEG-Mitt. **1930**, Januarheft (Beiheft das Kraftwerk S. 26).
[3] Hartmann, O. H.: Wärme **53**, 525 (1930).

hitzer schon bei Dampftemperaturen von 400° an zu empfehlen. Als Schutzverfahren kommen in Frage: Alitieren, Alumetieren, Kalorisieren, die eine Oberflächenschicht von Aluminium auf dem Stahl schaffen. Parkerisieren ist eine Oberflächenbehandlung mit Eisenphosphaten.

Neuerdings geht man aber immer mehr dazu über, die Verlängerung der Lebensdauer von Überhitzerrohren bei höchster Dampftemperatur durch die Verwendung von hochhitzebeständigen Spezialstählen zu erreichen. Es spielen hierbei drei Fragen eine Rolle: Einerseits erhöhte Verzunderungsbeständigkeit, anderseits günstige mechanische Eigenschaften und dann eine Preislage in wirtschaftlichen Grenzen.

Die Firma Fr. Krupp, Essen, hat den Spezialstahl F. K. 345 herausgebracht, der eine erheblich höhere Warmstreckgrenze besitzen soll als gewöhnlicher Kohlenstoffstahl. Allerdings muß dieser Stahl vergütet werden.

Die Vereinigten Stahlwerke in Düsseldorf stellen den zunderbeständigen Sonderstahl H Z K 8 her, der bis zu 800° zunderbeständig sein soll. Er ist ein Elektrostahl, enthält neben viel Chrom geringe Mengen Vanadium und Aluminium und ist ohne Vergütung zu gebrauchen.

Ein korrosionsbeständiger Kupfer-Molydänstahl ($0,4\%$ Cu und $0,4\%$ Mo) mit erhöhter Warmstreckgrenze wird von den Mitteldeutschen Stahlwerken, Riesa, empfohlen.

Wie weit sich diese Stähle in der Praxis bewährt haben, ist bisher noch nicht näher bekannt. Zur Ergänzung sei noch erwähnt, daß man in den Vereinigten Staaten folgende Stahlsorten für die Überhitzerrohre herangezogen hat:

Chrom-Molybdän-Stahl:

0,20—0,25% C	0,8—1,1% Cr	0,04% max. P.
0,4—0,6% Mn	0,15—0,25% Mo	0,045% S.

Chrom-Vanadium-Stahl:

0,17—0,22% C	0,85—1,1% Cr	0,03% max. P
0,1—0,2% Si	0,15—0,20% V	0,035% S.
0,65—0,75% Mn		

Chrom-Nickel-Stahl:

0,2 max. C	17,0—20,0% Cr	0,025% max. S
0,5 max. Si	7,0—10,0% Ni	0,025% max. P
0,5 max. Mn		

Man sieht, daß die Werkstoffrage der Überhitzer in intensiver Weiterentwicklung begriffen ist.

E. Die Laugensprödigkeit[1].

Zu den verbreitetsten und mit Recht sehr gefürchteten Kesselschäden gehören die Nietlochrisse und die Nietsprödigkeit. Während in Deutschland die sich mit diesen Schäden befassenden Fachleute, besonders

---

[1] Siehe hierzu: Neumann: Wärme 51, 626 (1928). Berl, E. und Mitarbeiter: Forschungsheft Nr 295, VdI. (1928). Arch. Wärmewirtsch. 9, 165 (1928). Forschungsarbeiten VdI. Heft 330 (1930).

Bach, Baumann und ihre Mitarbeiter, die Ursache nur in Werkstoff-, und zwar in Bearbeitungsfehlern — zu hohe Nietdrücke — suchen, hat der Amerikaner S. W. Parr chemische Vorgänge hierfür verantwortlich gemacht. Die Ursache der Nietlochrisse soll nach den Untersuchungen Parrs in der Einwirkung von Natronlauge auf die Kesselbleche liegen, wobei sich spröde Eisen-Wasserstoff-Legierungen bilden sollen. Das wichtigste Kennzeichen der durch Laugensprödigkeit hervorgerufenen Risse ist der interkristalline Verlauf der Risse im Stahl. In den letzten Jahren ist eine Einigung der Anschauungen erfolgt, wonach die Laugensprödigkeit des Kesselwerkstoffes nur dann und nur dort auftritt, wenn und wo der Werkstoff über die Streckgrenze hinaus beansprucht worden ist und diese Zonen einer konzentrierten Ätznatronlauge von mehr als 300 g/l NaOH ausgesetzt worden sind. Die Möglichkeit von Anreicherungen an Ätznatron in den Nietspalten bis zu diesen Konzentrationen ist tatsächlich versuchsweise nachgewiesen worden.

Die Bekämpfung der Laugensprödigkeit ist auf verschiedenen Wegen möglich: Zunächst saubere Nietarbeit, wobei die Nietdrücke 8000 kg/cm³ nicht übersteigen dürfen. Sodann Wahl eines gegen Laugensprödigkeit weniger empfindlichen Werkstoffes, z. B. Kruppsches Izett-Flußeisen oder schwach legierte Stähle. Eine sehr wichtige Schutzmaßnahme besteht darin, im Kesselwasser eine bestimmte Konzentration an Glaubersalz einzuhalten. Neuerdings wird als Schutzreagenz Natriumphosphat vorgeschlagen.

Es scheint nun, nach ganz neuen Versuchen des Amerikaners Straub, eines Mitarbeiters Parrs, wiederum ein Umschwung zugunsten einer rein chemischen Theorie der Laugensprödigkeit eintreten zu wollen. Jedenfalls ist das letzte Wort über diese Frage noch immer nicht ausgesprochen.

Die neueste europäische Arbeit über Laugenangriff des Eisens stammt von E. Berl und F. van Taack[1]. Ihre wichtigsten bisherigen Versuchsergebnisse, die früheren von Berl, Staudinger und Plagge[2] miteinbezogen, lassen sich folgendermaßen zusammenfassen:

1. Natronlaugen geringer Konzentrationen können Eisen weniger angreifen als destilliertes Wasser. Bei 310° (= 100 atü) liegt das Minimum bei 0,8 g/l NaOH. Bei über 5 g/l beginnt die Lauge wieder stärker angreifend zu wirken.

2. Natriumsulfat (Na_2SO_4, Glaubersalz) übt mit steigender Konzentration einen Rostschutz gegen den Angriff von Wasser aus.

3. Der Zusatz von Na_2SO_4 zu Laugen hebt bis zu 50 g/l NaOH die sonst starke Korrosion des Ätznatrons völlig auf. Gegenüber den amerikanischen Vorschriften zum Einhalten eines bestimmten Sulfat-Lauge-Schutzverhältnisses ist nach Berl diese Maßnahme insofern überflüssig, als schon geringe Na_2SO_4-Mengen einen völligen Schutz ergeben. Allerdings ist bei Gehalten oberhalb 50 g/l NaOH der Schutz nicht mehr vollständig, sondern wächst mit steigender Sulfatmenge.

---

[1] Berl, E., u. F. van Taack: Forschungsarbeiten auf dem Gebiete des Ingenieurwesens, H. 330 (1930). VDI-Verlag.

[2] Berl, E., Staudinger u. Plagge: Ebenda, H. 295 (Bach-Festschrift) 1928.

4. Bei 310° (= 100 atü) ist die Reihenfolge zunehmender Angriffslust für die entsprechenden reinen Salzlösungen folgende: Natriumsulfat, Natriumchlorid, Natriumnitrat, Ätznatron und Natriumphosphat (Na_2HPO_4). Die Annahme verstärkter Hydrolyse und Reaktion der Säure mit dem Eisen bzw. dem Eisenhydroxyd soll diese Erscheinungen erklären.

5. Auf die Laugenkorrosion wirkt der Zusatz von andern Salzen, je nach der Zusammensetzung des letzteren, verschieden:

a) Chloride verstärken die Laugenkorrosion nur in geringem Maße. Natriumchlorid wirkt erst bei höheren Konzentrationen schädlich.

b) Nitrate und Phosphate üben wie das Sulfat eine Schutzwirkung gegenüber dem Laugenangriff aus.

6. Chromate und Bichromate, die bei Zimmertemperatur das Eisen passivieren und somit rostbeständiger machen, greifen mit steigender Temperatur das Eisen an. (Dasselbe gilt ja auch für die konzentrierten Laugen.)

7. In Übereinstimmung mit den alltäglichen Betriebserfahrungen, ferner auch mit den Untersuchungen von Boßhardt, Bauer u. a., bewirkt das Chlormagnesium bereits in großer Verdünnung eine außerordentlich starke Korrosion des Eisens. Das Magnesiumsulfat ist viel unschädlicher und gibt erst bei 370° einen stärkeren Angriff.

8. Natriumsulfatzusätze vermindern den Angriff des Chlormagnesiums und zwar steigt die Schutzwirkung mit steigender Sulfatmenge.

9. In Übereinstimmung mit den Untersuchungen des Verfassers[1] stellen Berl und van Taack fest, daß gleichkonzentrierte Lösungen von Magnesiumsulfat + Chlornatrium dieselbe Korrosionswirkung hervorrufen wie gleichkonzentrierte Lösungen von Magnesiumchlorid + Natriumsulfat, eine Tatsache, die immer noch nicht von den Kesselfachleuten genügend beachtet wird.

10. Nitrate üben bis zu einer gewissen Konzentration eine Schutzwirkung auf den Laugenangriff und auch auf den Chlormagnesiumangriff aus. Bei hoher Nitratkonzentration tritt keine Schutzwirkung mehr ein.

11. Den Angriff des Eisens durch Chlormagnesium vermindert der Zusatz von Chromat. Bichromat ist dagegen nicht angriffshemmend.

12. Die kaustische Sprödigkeit wird durch Natriumsulfat abgebremst. Im Gegensatz zur Schutzwirkung gegen den Angriff schwacher Laugen, aber analog dem Schutz gegen starke Laugen ist der Schutz von der Sulfatkonzentration abhängig. Auch die Chromate wirken sprödigkeitsaufhebend, jedoch werden sie infolge der Oxydation des Wasserstoffes verbraucht.

13. Chlormagnesium ruft bei 310° ebenfalls Sprödigkeitserscheinungen des Eisens hervor, die sowohl durch Sulfate wie Chromate abgebremst werden.

14. Geeignete Vorbehandlungen des Eisens vermögen Schutzwirkungen gegenüber der Korrosion und der Laugensprödigkeit hervorzurufen. Hierzu gehören galvanische Vernicklung, Schaffung von

---

[1] Die Chemie der Bau- und Betriebsstoffe des Dampfkesselwesens, S. 99. Berlin: Julius Springer.

Oxydschutzschichten durch Behandlung des Eisens bei 310° mit Wasser, Natriumsulfat oder Lauge. Die hierbei gewonnenen Deckschichten halten dem Angriff von Chlormagnesium nicht stand.

15. Die Laugensprödigkeit ist eine Folge der Wasserstoffaufnahme des Eisens, wobei zwei Vorgänge gegeneinander arbeiten: Bedeckung der Metalloberfläche mit einer (röntgenographisch nachgewiesenen) Oxydschicht und Lösung des Wasserstoffes im Eisen. Die Schutzschicht wird von den starken Laugen ständig verletzt (evtl. unter Bildung von Ferraten gelöst), jedoch von Sulfaten wieder erzeugt, wobei die Schutzwirkung konzentrationsabhängig ist.

Die Arbeiten Berls bedeuten zweifelsohne einen merklichen Fortschritt unserer Kenntnisse von der alkalischen und der Säurensprödigkeit sowie von den Korrosionserscheinungen des Eisens unter Hochdruckverhältnissen überhaupt, jedoch ist das Gebiet erst knapp angeschnitten. So bleiben z. B. noch zu untersuchen: Angriff von Kalziumsalzen (insonderheit Kalziumchlorid), Humussäuren, Humaten, sowohl in reinen Lösungen wie in Mischungen mit den bereits untersuchten Stoffen und den andern im Dampfkesselbetrieb vorkommenden Verbindungen.

F. Spucken und Schäumen des Kesselinhaltes.

Die Ausbildung der Hochleistungskessel mit verhältnismäßig kleinem Dampfraum und rascher Verdampfung hat einen früher nicht so sehr auffälligen Mißstand, nämlich das Spucken und Schäumen des Kesselinhaltes, in den Vordergrund des Interesses gerückt. Die Auswirkungen dieser Erscheinungen sind nicht nur unliebsame Verstopfungen der Überhitzer, sondern auch die mit starker Leistungsverminderung verbundene Verschmutzung der Turbinenschaufeln und die gefährlichen Wasserschläge.

Über die Ursachen dieses gestörten Verdampfungsvorganges sind wir noch ziemlich im Unklaren, was zum Teil darauf zurückzuführen ist, daß verschiedene Vorgänge mit demselben Sammelnamen und umgekehrt ein und derselbe Vorgang mit verschiedenen Namen bezeichnet werden, was natürlich eine unerwünschte Verwirrung zur Folge haben muß. Es ist eines der vielen Verdienste der Vereinigung der Großkesselbesitzer das Studium dieses Fragenkomplexes in die Wege geleitet zu haben, wobei bisher schon recht erfreuliche Ergebnisse zutage gefördert wurden.

Um etwas Klarheit über die Natur des Spuckens und Schäumens zu gewinnen, vergegenwärtige man sich den Verdampfungsvorgang an Hand der nebenstehenden Abb. 14.

Es gibt für jeden Kessel einen bestimmten Normalnässegrad des Sattdampfes. Wieweit dieser Nässegrad von den Betriebsverhältnissen und der Kesselbauart abhängt, ist noch nicht näher bekannt, müßte aber zu allererst planmäßig ermittelt werden, bevor man zu den verwickelteren Verdampfungsvorgängen beim Spucken und Schäumen übergeht. Bei Steilrohrkesseln liegt dieser Normalnässegrad zwischen 1 und 3%; er nimmt mit steigender Verschmutzung des Kesselinhaltes zu.

Unter Umständen wallt der Kesselinhalt plötzlich heftig auf, wobei der Dampf ganze Wasserpakete mit sich reißt. Diesen Vorgang bezeichnet man mit Spucken oder Überkochen. Hierdurch steigt natürlich der Nässegrad des Dampfes plötzlich, aber nur für kurze Zeit, sehr gewaltig, was auf der Abb. 14 durch die mittlere Kurve schematisch dargestellt ist.

Wenn der Kesselinhalt schäumt, so äußert sich dies in einem andauernden, höheren Nässegrad, als es dem Normalzustand entspricht, ohne dabei die Werte beim Spuckvorgang zu erreichen. Dieser Vorgang ist auf dem dritten Abschnitt der Abb. 14 angedeutet. Beide, Spucken und Schäumen, können auch gleichzeitig vorkommen, was ebenfalls auf dem dritten Abschnitt der Abbildung schematisch veranschaulicht ist.

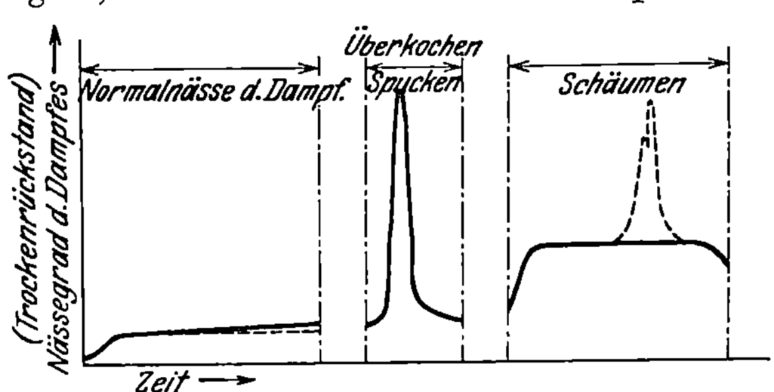

Abb. 14. Schematische Darstellung des Spuckens und Schäumens.

Eine wichtige Frage hierbei ist die Ermittlung des Zusammenhanges zwischen beiden Vorgängen. Wieweit unsere Kenntnisse über das Spucken und Schäumen bis jetzt gediehen sind, darüber geben die nachstehenden, von Dipl.-Ing. Knodel der Vereinigung der Großkesselbesitzer[1] aufgestellten Gesichtspunkte Aufschluß:

1. Je verwickelter die Bauart des Kessels, und je größer die Widerstände für Wasser und Dampf im Kessel, um so größer ist die Neigung zu Störungen.

2. Steilrohrkessel neigen bedeutend mehr zu Störungen als Schrägrohrkessel.

3. Die Größe der Ausdampffläche spielt eine erhebliche Rolle.

4. Schäumen tritt ein, wo eine genügend hohe Konzentration von Salzen und Schwebestoffen im Kesselwasser vorhanden ist.

5. Spucken ist lediglich abhängig von der Belastung.

Von den Bestandteilen im Wasser sollen die Natriumsalze sowie die Schwebestoffe die gefährlichsten sein.

7. Die Salzkonzentration im Kesselwasser hat auf den Feuchtigkeitsinhalt im Dampf wesentlichen Einfluß.

8. Der Amerikaner Stabler hat Schäumungskoeffizienten, ausgedrückt durch den Gehalt an gelösten Alkalisalzen, aufgestellt, die betrugen:

	g/l Alkalisalze
für Flammrohrkessel . . .	17
„ Sektionalkessel	8—10
„ Wasserrohrkessel . . .	5—7
„ Stirlingkessel	4—5
„ Lokomotivkessel . . .	2,5—3,5

Diese Werte stimmen mit den in Deutschland gefundenen und im Buche „Speisewasserpflege" enthaltenen Werte gut überein.

---

[1] Mitt. V.G.B. Nr 15. Siehe auch Splittgerber: Vom Wasser 2 (1928).

9. Durch örtliche Überhitzungen analog dem bekannten Siedeverzug, sowie durch Abplatzen von Steinschalen an stark beheizten Stellen können Aufwallungen entstehen.

10. Von erheblichem Einfluß ist weiter die Belastung des Kessels.

11. Der Einfluß einer schwankenden Belastung drückte sich darin aus, daß bei sonst vollkommen gleichen Betriebsverhältnissen in dem Falle konstanter Belastung eine Salzkonzentration von 23 g/l noch keine Störungen auftreten ließ, während bei schwankender Belastung sich eine Konzentration von 3,9 g/l als die oberste Grenze erwies.

12. Hochdruckkessel sollen unter sonst gleichen Bedingungen wie Niederdruckkessel weniger zum Schäumen neigen, da das Dampfvolumen kleiner ist.

13. Durch Untersuchung des Dampfes sollen die beim Schäumen und Spucken auftretenden Erscheinungen leicht kontrollierbar sein.

14. Als Mittel zur Verhütung der Störungen wird eine Erniedrigung der Salzkonzentration durch häufiges Abschlämmen, sowie die Zugabe einer Mischung von Stärke mit 15% Rizinusöl (!) empfohlen.

II. Die Verunreinigungen des Speisewassers und ihre Einflüsse im Dampfkesselbetrieb.

Nachdem wir die wichtigsten Schäden und Gefahren, welche die Verwendung eines ungeeigneten oder mangelhaft aufbereiteten Speisewassers im Dampfkesselbetrieb mit sich bringt, kennengelernt haben, wollen wir uns den einzelnen Verunreinigungen des Wassers und ihren Einflüssen zuwenden.

Die neuzeitlichen Anschauungen über die Beschaffenheit der Kesselspeisewässer gipfeln in der Erkenntnis, daß bei der Beurteilung eines Wassers nicht mehr, wie ehedem der Begriff der Härte die ausschlaggebende Rolle spielt, sondern daß darüber hinaus die anderen Beimengungen des Wassers weitestgehend zu berücksichtigen sind. Eine hervorstechende Auswirkung dieses neuen Standpunktes tritt bei dem Vergleich der einzelnen Enthärtungsverfahren im Hinblick auf die jeweilig vorliegende Verwendungszwecke zutage: bei der Wahl eines Verfahrens tritt oft die erreichbare Resthärte vor den Mengen und Mengenverhältnissen der anderen Verunreinigungen zurück. Eine andere Auswirkung der neuen Standpunkte, und zwar eine Auswirkung von grundsätzlicher Bedeutung für die weitere Entwicklung der Speisewasserfragen, ist die Notwendigkeit, den gesamten Wasserfluß innerhalb einer Kraftanlage in den Kreis der Betrachtungen zu ziehen. Die Beurteilungen des Teilflusses vom Rohwasser zum Kessel erweist sich immer mehr als ungenügend, während betriebstechnische, chemische und wärmewirtschaftliche Gründe verlangen, den Kreislauf des Wassers mit seinen Abzweigungen, seinen Teilkreisläufen und deren Überschneidungen in seiner Gesamtheit zu beherrschen. Die praktische Bedeutung dieses Gesichtspunktes leuchtet sofort ein, wenn man sich vergegenwärtigt, daß es im neuzeitlichen Kraftwerk gilt, den Wasserfluß an die chemischen Besonderheiten der einzelnen Wässer und an die einzelnen Sonderzwecke auf wirtschaftliche Weise anzupassen. Beim Durchblättern der Fachzeitschriften fallen einem die verschiedenartigsten und oftmals unverständlichen und sogar unzweckmäßigen Gestaltungen der Wasserflüsse in den Kraftwerken auf, so daß es zur lohnenden Aufgabe der neuzeitlichen Wasserpflege geworden ist, die Speisewasserfrage nicht einseitig vom chemischen Standpunkt aus zu beurteilen, sondern im Zusammenhang mit den baulichen, wärmetechnischen, wirtschaftlichen und organisatorischen Fragen. Diese Betrachtungsweise steckt allerdings jetzt noch in den Kinderschuhen —, daß aber das Versäumte in Kürze nachgeholt wird, dafür sprechen schon allerlei Anzeichen in den Fachberichten[1] und vor allem die durch den eignen Entwicklungsvorgang bedingte Notwendigkeit.

Ganz allgemein ausgedrückt, lassen sich die an das Speisewasser zu stellenden Anforderungen dahin zusammenfassen, daß das Wasser frei von jedweden schädlichen und störenden Beimengungen sein muß. Was gilt nun als schädliche oder störende Verunreinigung? Wo liegen die zulässigen Grenzwerte an dieser oder jener Verunreinigung, für diese oder jene Kesselbauart und unter diesen oder jenen Betriebsverhältnissen?

Verunreinigungen des Wassers.

<table>
<tr><td rowspan="2">1. Grob-
dispersoide</td><td colspan="2">2. Kolloide</td><td colspan="2">3. Molekulardispersoide</td></tr>
<tr><td>Organisch</td><td>Mineralisch</td><td>Salze bzw. Ionen</td><td>Gase</td></tr>
<tr>
<td>Schwimmstoffe $S<s$
Schwebestoffe $S=s$
Sinkstoffe $S>s$

Organisch | Mineralisch</td>
<td>Humine
Humate
Öle
Fette</td>
<td></td>
<td>Kieselsäure SiO_2

Kationen: Anionen:
$Ca^{\cdot\cdot}$ $HCO_3{}'$
$Mg^{\cdot\cdot}$ $SO_4{}''$
$Na^{\cdot}$ Cl'
$(Fe^{\cdot\cdot})$ $NO_3{}'$
$(Al^{\cdot\cdot\cdot})$

entsprechend den Salzen
Kalziumbikarbonat:
$Ca(HCO_3)_2$
Magnesiumbikarbonat:
$Mg(HCO_3)_2$
Kalziumsulfat:
$CaSO_4$
Magnesiumchlorid
$MgCl_2$
Natriumnitrat:
$NaNO_3$
usw.</td>
<td>Kohlensäure CO_2
Sauerstoff O_2
Stickstoff N_2</td>
</tr>
</table>

---

[1] Vgl. Stender, W.: Schaltbilder im Wärmekraftbetrieb Berlin, 1928.

Diese Fragen sind erst in ihren großen Zügen klargestellt, und es wird noch viel Arbeit kosten, bis sie in zufriedenstellender Weise gelöst sein werden. Offene Aussprache in den Ausschüssen der einzelnen Fachvereinigungen ist zunächst die Vorbedingung zum Sammeln der Unterlagen und weiterhin dann die vorurteilslose Gemeinschaftsarbeit aller in Frage kommenden Fachausschüsse. Und der Weg bis zu einer solchen Einigung — zunächst in Deutschland selbst und dann zwischen den einzelnen Ländern auf dem Wege internationaler Zusammenkünfte — ist noch recht weit.

Ausgehend von der Erwägung, daß die früher übliche Einteilung der Wasserverunreinigungen in: Kesselsteinbildner, Korrosionsförderer und belanglose Beimengungen nicht mehr zeitgemäß und sogar irreleitend ist, dürfte eine der Kolloidchemie entnommene Einteilungsweise wohl die Gewähr bieten, frei von allen betriebstechnischen, chemischen und anderen Vorurteilungen zu sein. Außerdem bringt diese Betrachtungsweise neue Anregungen mit sich. Hiernach wären die Beimengungen des Speisewassers in folgende drei Gruppen einzuteilen:

1. Grobdispersoide Verunreinigungen.
2. Kolloidale Verunreinigungen.
3. Molekular- und iondisperse Verunreinigungen.

Eine jede dieser drei Gruppen muß man zur näheren Kennzeichnung ihrer Einwirkungen im Kesselbetrieb noch weiter unterteilen. Die Tabelle auf der vorhergehenden Seite gibt einen Überblick über die nach kolloidchemischem Grundsatz eingeteilten Beimengungen des Wassers.

A. Grobdispersoide.

Die grobdispersen Verunreinigungen des Wassers umfassen die gemeinhin unter dem Namen Schwebestoffe oder mechanische Verunreinigungen bekannten Beimengungen. Je nach ihrem spezifischen Gewicht S muß man sie, wenn s das spezifische Gewicht des Wassers bedeutet, unterteilen in:

a) Schwimmstoffe $: S < s;$
b) Schwebestoffe $: S = s$
c) Sinkstoffe . . $: S > s.$

Physikalisch sind die Grobdispersoide durch ihre Teilchengröße gekennzeichnet- es sind jene Verunreinigungen, die von dem üblichen Filterpapier zurückgehalten werden (Teilchengröße $> 0,1\,\mu$).

Je nach ihrer chemischen Beschaffenheit unterscheidet man organische und mineralische Grobdispersoide. Die Sinkstoffe sind hauptsächlich mineralischer und die Schwimmstoffe hauptsächlich organischer Natur. Letztere sind im allgemeinen pflanzlichen Ursprungs. Die Oberflächenwässer enthalten stets viel mehr Grobdispersoide als die Grundwässer, da letztere von den Erdschichten, durch die sie sich ihren Weg gebahnt haben, filtriert worden sind.

Die Einflüsse der grobdispersen Verunreinigungen im Kesselbetrieb sind mannigfaltig: die organischen Grobdispersoide fördern das Schäumen des Kesselinhaltes und verursachen so die hierbei auftretenden Störungen. Die mineralischen Grobdispersoide verschlammen den Kessel, gestalten den Siedevorgang unruhig, wodurch das Spucken des Kesselinhaltes begünstigt wird.

Diese beiden Einflüsse verdanken die Grobdispersoide lediglich ihrer physikalischen Beschaffenheit, vor allem ihrer Teilchengröße. Aber auch die chemische Eigenart der Grobdispersoide wird im Kessel in mannigfaltiger Weise wirksam.

Pflanzenüberreste unterliegen im Kessel einem beschleunigten oxydativen Abbau, der ersten Phase des Inkohlungsvorganges, wobei saure Humusstoffe entstehen. Gelangen organische Stoffe mit in den Kesselstein, so erniedrigen sie dessen Wärmeleitfähigkeit, erhöhen somit die Blechtemperatur und gefährden dadurch die Bleche. Ferner können die organischen Beimengungen des Kesselsteines unter Freiwerden von Säuren oder auch von sauerstoffreichen Verbindungen zersetzt werden und Anfressungen der Bleche unterhalb des Steinbelages hervorrufen. Tatsache ist jedenfalls, daß die gefürchteten Anfressungen unterhalb von Kesselsteinen durch die Gegenwart von organischen Grobdispersoiden und ihren Zersetzungsprodukten im Kesselwasser beschleunigt werden. Infolge der erhöhten Betriebstemperaturen im neuzeitlichen Kesselwesen treten diese Anfressungen hier auch in Abwesenheit von Steinbelagen auf, wobei zu bemerken ist, daß in beiden Fällen diese Anfressungen durch Nitrate und Chloride und selbstverständlich auch durch Sauerstoff beschleunigt werden. Es geht aus diesen Erörterungen hervor, daß unter Umständen selbst entgastes Speisewasser die Kesselbleche angreift.

Der Kesselbetrieb verlangt unter allen Umständen ein Speisewasser, das frei von allen Grobdispersoiden ist. Die Oberflächenwässer werden im allgemeinen vor ihrer Verwendung oder vor ihrer Aufbereitung geklärt, sei es in Absitzbehältern, sei es in Filteranlagen. Auch die enthärteten Wasser müssen nach ihrer chemischen Behandlung ein Filter durchlaufen, wo die grobdispersen Enthärtungsprodukte $Ca\,CO_3$, $Mg\,CO_3$ und $Mg\,(OH)_2$ zurückgehalten werden.

B. Kolloide.

Die kolloidalen Verunreinigungen des Wassers sind jene Beimengungen, die durch die gewöhnlichen Papierfilter hindurchgehen, aber von den sogenannten Ultrafiltern zurückgehalten werden. Diese Filter sind dünne Membranen, die beim Eintrocknen von Kollodium (das ist eine Auflösung von denitrierter Nitrozellulose in Äther) zurückbleiben. Je nach dem Verdünnungsgrad der Nitrozellulose im Äther erhält man Ultrafilter von verschiedener Porengröße. Die Teilchengröße der Kolloide bewegt sich etwa zwischen 1 $m\mu$ und 500 $m\mu$ (1 $m\mu = 10^{-6}$ mm). Sie sind ferner dadurch gekennzeichnet, daß sie weder diffundieren noch dialysieren. Sie haben gerade in den letzten Jahren eine sehr große Bedeutung für den Dampfkesselbetrieb gewonnen, denn sehr wichtige Fragen der Speisewasserpflege, z. B. das Verhalten und die Entfernung der

Kieselsäure, das Schäumen des Kesselinhaltes und die Reaktionsverzögerung der Enthärtungsumsetzungen, sind vorwiegend kolloidchemischer Art.

Aus obiger Begriffsbestimmung der Kolloide ist zu entnehmen, daß das Kolloidsein keineswegs an bestimmte Stoffe gebunden ist, sondern daß es sich um einen allgemeinen Zustand der Materie handelt, in den grundsätzlich alle Stoffe übergeführt werden können. Es gibt nun natürliche und künstliche Kolloide. Auch im Wasser findet man beide Gruppen vor. Zu den natürlichen kolloidalen Verunreinigungen des Wassers gehören in erster Linie die Zersetzungsstoffe der pflanzlichen Überreste, die Humusstoffe. Künstlich erzeugte Kolloide sind im Speisewasser (während einer bestimmten Zeitstufe) sämtliche ausfallenden Enthärtungsprodukte, die während ihrer Entstehung ein Stadium kolloidaler Teilchengröße durchlaufen, bevor sie als grobdisperser Schlamm ausfallen. Die kolloidalen Verunreinigungen des Wassers entstehen sowohl in der Natur als auch künstlich auf zweierlei Weise: entweder von den grobdispersen Stoffen her durch einen Aufteilungsvorgang, oder von den molekulardispersen Stoffen her durch einen Kondensationsvorgang.

Die Kolloide sind neben den Schwimm- und Schwebestoffen die Hauptschuldigen für die Schaumbildung im Kessel. Diese Erscheinung wird hervorgerufen, wenn der Konzentrationsunterschied zwischen der Oberfläche der wäßrigen Lösung und der Lösung selbst bestimmte Werte annimmt und wenn die Oberflächenspannung der Lösung vermindert wird. Besonders stark schaumbildend sind Lösungen in deren Oberfläche Stoffe in kolloidalem Zerteilungsgrad vorhanden sind. Der sich bildende Schaum wird weiterhin stabilisiert, wenn der Flüssigkeitsspiegel durch Schwimmstoffe verschmutzt ist, denn durch die zwischengelagerten festen Stoffe wird die Kohäsion der Schaumblasen erhöht. Bei den kolloidalen Lösungen unterscheidet man Emulsoide, das sind kolloidale Verteilungen von Flüssigkeiten in Wasser (z. B. Öl in Wasser); Suspensoide, d. h. kolloidale Verteilungen fester Stoffe (z. B. Magnesiumhydrat in Wasser) und endlich hydratisierte Kolloide, bei denen die einzelnen kolloidalen Teilchen mit einer Hülle von adsorbierten Wassermolekülen umgeben sind. Typische hydratisierte Kolloide sind die Seifen.

Von diesen drei Gruppen sind die suspensoiden und vor allem die hydratisierten Kolloide diejenigen, welche die Schaumbildung am stärksten begünstigen und deren Schäume auch am beständigsten sind. Bedenkt man jetzt, daß alle, aus der molekulardispersen Lösung ausfallenden Stoffe, also im Kessel die Stoffe $CaCO_3$, $Mg(OH)_2$, $CaSO_4$ usw. ein Stadium von kolloidaler Teilchengröße durchlaufen, so sieht man, daß grundsätzlich jeder im Kessel ausfallende Stoff vorübergehend schaumbildend wirken kann. Ein moderner Kesselbetrieb muß also auch im Hinblick auf die Schaumbildung darauf bedacht sein, eine möglichst weitgehende Enthärtung des Speisewassers dauernd einzuhalten, damit ein Ausfällen von festen Stoffen, besonders von dem zur Bildung von kolloidalen Komplexteilchen neigenden Magnesiumhydrat im Kessel vermieden wird.

Die Kolloidchemie gibt uns ferner Anhaltspunkte über den Einfluß der im Kesselwasser gelösten Stoffe auf den Ausflockungsverlauf der unlöslich werdenden Verbindungen. Gewisse Kolloide halten die im Kessel ausfallenden Härtebildner in feinstem Verteilungsgrad und wirken somit schaumfördernd. Dagegen wirken die Neutralsalze, z. B. Kochsalz NaCl und Glaubersalz Na_2SO_4 aussalzend, d. h. sie bringen die Teilchengröße der Kolloide ins Gebiet der Grobdispersoide und verringern entsprechend die Schaumbildung.

Hiermit berühren wir die chemische Seite der so ungemein verwickelten Frage der Schaumbildung. Während die vorhergehende Darstellung sich hauptsächlich in physikalischen Gedankengängen bewegt (Teilchengröße, Konzentrationsverschiedenheit der Oberfläche und der Lösung, Oberflächenspannung), hat sie die chemische Beschaffenheit der freien Oberfläche vernachlässigt. Es unterliegt aber keinem Zweifel, daß in der Oberflächenschicht der Lösungen auch die chemische Natur der gelösten Stoffe eine wichtige Rolle bei dem Schäumen spielen muß. Diese Seite des Problems ist bislang noch nicht eingehend behandelt worden.

Im Zusammenhang hiermit verdienen die Arbeiten des Amerikaners I. Langmuir unsere volle Aufmerksamkeit. Es ist sonderbar, daß diese Arbeiten bisher keinen Eingang in die Kreise der Kesselfachleute gefunden haben, obwohl sie für das theoretische Verständnis der Schäumungsvorgänge und auch der Wirkung kolloidaler Stoffe auf die Entstehung der Niederschläge im Kessel und im Wasserreiniger von geradezu grundlegender Bedeutung sind. Aus diesem Grunde sollen sie hier kurz erwähnt werden, in der Hoffnung, die Wasser- und Kesselfachleute zum eingehenden versuchsmäßigen Studium der Theorien Langmuirs anzuregen.

Langmuir beschäftigt sich mit dem Feinbau der Oberflächenschichten von reinen (flüssigen) Stoffen, sodann von Lösungen, um dann zu den Grenzflächen in kolloidalen Systemen überzugehen. In der freien Oberfläche der reinen Flüssigkeiten wirken auf die Moleküle der Oberflächenschicht zwei verschiedene Kräfte ein; die Anziehungskräfte der Moleküle der Flüssigkeit wirken nur einseitig auf die Oberfläche ein. Hierdurch entsteht die Oberflächenspannung. Langmuir weist nun nach, daß außer diesen rein physikalischen Anziehungskräften auch chemische, und zwar Valenzkräfte wirksam werden, wodurch die Moleküle der Oberflächenschicht eine bestimmte Orientierung erfahren. In den Lösungen werden die Valenzkräfte behindert und deshalb erleiden die Orientierung und die Oberflächenspannung je nach der chemischen Natur der gelösten Stoffe gewisse Veränderungen. Dieselben Erscheinungen treten in den Grenzflächen der festen oder flüssigen kolloidalen Teilchen auf. Es stellt sich hier die Frage, von welcher Größenordnung die kleinsten, wirksamen Mengen der in diesen Grenzflächen auftretenden Stoffe sind. Langmuir ermittelt die Dicke dieser Oberflächenschichten zu rund 10^{-7} cm, was der molekularen Größenordnung entspricht. Hieraus ist zu folgern, daß schon sehr geringe Mengen von Fremdstoffen genügen, um die Oberflächenspannung und ihre Folgeerscheinungen zu beeinflussen. Auf diese Weise wird die Rolle der

Stabilisatoren (Schutzstoffe) von kolloidalen Lösungen ins rechte Licht gerückt.

Auf die Verhältnisse im Dampfkesselbetrieb übertragen, besagen diese Befunde, daß zur Stabilisierung des kolloidalen Zustandes, sei es im Kessel selbst oder im Wasserreiniger, sehr geringe Mengen von solchen oberflächenaktiven Stoffen genügen. Diese Stabilisierung kann günstige, aber auch unerwünschte Erscheinungen hervorrufen. Günstig sind sie in gewissem Maße, wenn die bei der Enthärtung der im Kessel ausfallenden Härtebildner und kolloidalen Zustande gehalten werden und auf diese Weise eine erhöhte Löslichkeit der betreffenden Steinbildner vortäuschen. Ungünstig sind sie, indem sie im Kessel die Schaumbildung hervorrufen und unterhalten. Wenn es auch der neueren Forschung vorbehalten ist, genaue versuchsmäßige Unterlagen zu schaffen, um den Wert der Langmuirschen Anschauungen sowie der kolloidchemischen Betrachtungen überhaupt für den Dampfkesselbetrieb klarzustellen, so scheint es jedenfalls jetzt schon sichergestellt, daß die Verwendung kolloidchemischer Kesselsteinverhüter ein zweischneidiges Schwert ist, das nur mit Vorsicht zu handhaben ist. Jedenfalls ist aus diesen Erörterungen theoretisch abzuleiten, daß es keine sogenannten Universalkesselsteinverhütungsmittel gibt, sondern daß die Anwendung solcher Mittel von Fall zu Fall durch Fachleute geprüft werden muß. Diese Forderung wird übrigens von vielen Betriebsleuten geteilt und -ist auch das wichtigste Ergebnis einer sehr interessanten und umfangreichen Untersuchung von P. Escourrou[1].

Die Kieselsäure ist in letzter Zeit, wie schon erwähnt, zu dem gefürchtesten Kesselsteinbildner geworden. Die Silikatkesselsteine zeichnen sich durch ihre geringe Wärmeleitzahl aus ($\lambda = 0,1 - 0,2$ kcal/$_{mh^{o}\,c}$). Nach den Erfahrungen der Vereinigung der Großkesselbesitzer, die Verfasser vollauf bestätigen kann, steht es fest, daß bei Silikatgehalten des Kesselsteines von mehr als 40% (entsprechend einem SiO_2-Gehalt von mehr als 20%) bereits bei Steinstärken von 0,5 mm und weniger mit Ausbeulungen und Aufreißern der Siederohre zu rechnen ist, ein Befund, der ohne weiteres aus dem Abschnitt A des ersten Kapitels (S. 13) hervorgeht.

Die Bedeutung der Silikatkesselsteine hat heutzutage aus folgenden Gründen besonders stark zugenommen:

1. Die üblichen Reinigungsverfahren beseitigen die Kieselsäure aus dem Speisewasser in recht ungenügender Weise. Selbst die Behandlung des Speisewassers mit Aluminiumsalzen, die zur Entfernung der kolloidalen Beimengungen sonst mit Erfolg angewendet wird, beseitigt bloß etwa 20% der vorhandenen Kieselsäure. Diese gelangt mithin zum allergrößten Teil in den Kessel, wo sie sich bis über 1000 mg/l im Kesselinhalt anreichern kann.

2. Die Kieselsäure fällt unter gewöhnlichen Umständen nicht als solche im Kessel aus, sondern sie bildet mit der Resthärte des Kesselwassers unlösliche Kalzium- und Magnesiumsilikate. In anfressenden oder eisenhaltigen Kesselwässern bildet sie Eisensilikate.

---

[1] Escourrou, P.: Chimie et Industrie **23**, 273 (1930).

3. Die moderne Speisewasserpflege verlangt und erreicht auch ein weitgehend enthärtetes Speisewasser. Demzufolge muß der prozentuale Anteil der Kieselsäure in dem ohne besondere Behandlungsverfahren nicht ganz zu vermeidenden Kesselstein ansteigen, so daß die gefährlichen Silikatgehalte von über 40% im Kesselstein überaus leicht auftreten.

4. Kieselsäure kann unter Umständen als Gallerte ausfallen, die zu noch höheren Wärmestauungen Anlaß gibt als Kalzium- oder Magnesiumsilikat.

Die Bedingungen für das Ausfällen dieser kolloidalen SiO_2-Gallerten scheinen zu sein: sehr niedrige Resthärte des Kesselinhaltes verbunden mit geringer Alkalität oder auch sehr hoher Salzkonzentration. Der Säuregrad (pH) des Kesselwassers und auch des Speisewassers spielt offenbar eine sehr große Rolle hierbei.

5. Der kieselsäurereiche Kesselstein bildet sich vornehmlich in den heißesten Rohren der Kessel, ein Umstand, der für die Betriebssicherheit der neuzeitlichen Strahlungskessel sehr stark ins Gewicht fällt.

6. Der Übergang zum Hochdruckwesen verschärft weiterhin die Gefahr der Silikatkesselsteine, deren Ausbildung durch die gesteigerte Temperatur begünstigt wird.

In dem Schrifttum führt man allgemein die Kieselsäure unter den kolloidalen Beimengungen der Wässer. Diese Einreihung ist jedoch nicht richtig, denn weitaus der größte Teil der Kieselsäure befindet sich, nach eignen Untersuchungen, in den natürlichen Wässern in echter Lösung, d. h. in molekulardispersem Zustand. Als Beleg seien nachstehend einige Versuchsergebnisse angeführt. Eine Reihe natürlicher Wässer wurde durch ein einfaches und durch ein doppeltes Ultrafilter filtriert und der SiO_2-Gehalt vor und nach dem Filtrieren gewichtsanalytisch ermittelt. Wenn die Kieselsäure in kolloidaler Lösung vorhanden ist, muß sie restlos vom Ultrafilter zurückbehalten werden, was aber, wie nachfolgende Zahlentafel beweist, durchaus nicht der Fall ist:

Ultrafiltration von Wässern.

Wasserprobe . . . . .Nr.	1	2	3	4	
SiO_2-Gehalt des Rohwassers . .	6,4	17,4	17,8	151	mg/l
SiO_2-Gehalt des ultrafiltrierten Wassers					
a) einfaches Filter	5,8	15,8	17,8	146,4	„
b) doppeltes Filter	5,0	—	17,4	140,4	„

Die Frage, in welcher Bindungsart die Kieselsäure im Wasser vorliegt, ist nach den neueren Anschauungen über die Konstitution der wäßrigen Lösungen belanglos. Wenn daher angegeben wird, die Kieselsäure käme im Wasser als freie Kieselsäure H_2SiO_3, als Natriumsilikat Na_2SiO_3 oder auch als Silikobikarbonat, z. B. $Ca{<}^{HCO_3}_{HSiO_3}$ vor, so ist dies eine rein hypothetische Behauptung, denn je nach den Mengenverhältnissen der anderen Ionen ($H^{\cdot}$, $Na^{\cdot}$, $Ca^{\cdot\cdot}$, Mg'', OH' HCO_3', SO_4'', Cl') und je nach den Eindampfungsbedingungen fällt die Kieselsäure einmal als Natriumsilikat und ein andermal als Erdalkalisilikat oder als Polykieselsäure $(SiO_2)_x$ aus.

Wenn trotz den oben angegebenen Befunden die Kieselsäure in der Rubrik der kolloidalen Verunreinigungen des Wassers weitergeführt wird, so liegt das daran, daß sie durch den Einfluß verschiedener, noch nicht näher bekannter Umstände leicht zu kolloidalen Polykieselsäuren $(SiO_2)_x$ kondensiert wird und auch daß sie beim Ausfällen kolloidale Gallerten bildet.

Die Entkieselung des Wassers und die Verhütung von Silikatkesselsteinen ist also zur lebenswichtigen Frage für den modernen Dampfkesselbetrieb, insbesondere die Hochdruck-, Hochleistungs- und Strahlungskessel, geworden. Diese Frage ist um so bedeutungsvoller, als das Problem der Enthärtung heutzutage grundsätzlich gelöst ist, d. h. die Enthärtung im Dauerbetrieb bis auf 1° und darunter glatt durchzuführen ist.

Wenn aber zur Entfernung der Kieselsäure aus dem Speisewasser rein kolloidchemische Mittel — ein solches stellt beispielsweise die Behandlung mit Aluminiumsalzen dar — vorgeschlagen werden und sogar behauptet wird, die Kieselsäure sei nur mit kolloidchemischen Mitteln zu beseitigen, so ist dies, nach den obigen theoretischen und versuchsmäßigen Angaben, offenbar falsch, was übrigens die Praxis (unvollständige Entfernung durch Tonerdehydrat) bestätigt.

Am meisten Aussicht auf Erfolg haben nach den vorstehenden Erwägungen solche Entkieselungsverfahren, welche die Eigenart der gelösten Kieselsäure, also ihre chemischen und kolloidalen Eigenschaften, weitestgehend berücksichtigen. Dies wird etwa auf folgender Grundlage zu erreichen sein.

1. Kondensation der Kieselsäure zu kolloidaler Polykieselsäure auf Grund der schematischen Reaktion:

$$m(HSiO_3') \longrightarrow (SiO_2)_x + nH_2O$$

und Beseitigung der Polykieselsäure auf kolloidchemischem Wege, z. B. Ausflockung, Filtern und anderes.

Zur Ausführung dieses Entkieselungsverfahrens fehlen aber bis jetzt noch die planmäßigen Untersuchungen über Kondensationsmittel. Zu diesen scheinen zu gehören: Säuren, Salze, Temperatur usw.

2. Ausfällung der Kieselsäure als unlösliche Silikate, z. B. Eisen-, Kalzium- oder Magnesiumsilikat.

Dieser Weg ist durch eine gewisse Löslichkeit der entstehenden Silikate nur bis zu einem bestimmten Grade durchführbar, und zwar liegt dieser Entkieselungsgrad nach den Untersuchungen von Berl, Splittgerber und anderen oberhalb der für Kesselspeisung zulässigen Grenze. Um trotzdem den Entkieselungsgrad bis auf den zulässigen Grenzwert von etwa 1—2 mg/l SiO_2 zu bringen, müßte man ganz unzuträgliche Mengen an überschüssigen Fällmitteln — also Kalk- und Magnesiasalzen — zufügen. Um auf dem Wege der chemischen Ausfällung ein praktisch durchführbares Entkieselungsverfahren zu erzielen, ist eine solche auszuwählen, dessen Silikat eine sehr niedrige Löslichkeit aufweist. Eisensilikat scheint hierfür das gegebene Mittel zu sein.

3. Eine Verbindung chemischer und kolloidchemischer Verfahren.

Die Behandlung der Wässer mit gewissen Aluminaten ist, nach den Untersuchungen des Verfassers, ein solches Verfahren, mit dem es tattächlich gelingt, den SiO_2-Gehalt von Wässern, die auch nur 6 mg/l SiO_2 enthalten, auf 1—2 mg/l herunterzudrücken.

Ein drittes kolloidchemisches Problem der Kesselspeisewässer ist die Beeinflussung der Ausfällung der Härtebildner im Reiniger und im Kessel. Durch Schutzwirkung gewisser Kolloide, z. B. Humusstoffe, können diese Vorgänge verlangsamt werden, indem die ausfallenden Stoffe in kolloidalem Zustande gehalten werden und eine erhöhte Löslichkeit der betreffenden Stoffe vortäuschen. Auch dieses Gebiet ist noch Neuland für Theorie und Praxis.

C. Molekulardispersoide.

Unter den molekulardispersen Begleitstoffen des Wassers sind die in echter Lösung vorhandenen Salze und Gase zu verstehen. Die Salze sind, nach den Anschauungen der physikalischen Chemie, in entsprechende positiv und negativ geladene Ionen gespaltet, z. B.

Natriumchlorid NaCl im : Na˙ und Cl′
Kalziumsulfat $CaSO_4$ in : Ca˙˙ und SO_4''
Magnesiumbikarbonat $Mg(HCO_3)_2$ in : Mg˙˙ und 2 HCO'_3 usw.

Nach der klassischen Dissoziationslehre von Arhenius und Ostwald nimmt der Dissoziationsgrad der Elektrolyte mit steigender Verdünnung zu, um bei unendlicher Verdünnung gleich 1 (= 100%) zu werden. Für die natürlichen Wässer kann man für die meisten Salze mit vollständiger Dissoziation rechnen. Eine Ausnahme machen die Magnesiumsalze. Die neuere Dissoziationslehre von Debye und Hückel nimmt bei allen Elektrolyten eine vollständige Dissoziation an. Die scheinbaren Abweichungen von dieser Regel bei den starken Elektrolyten beruhen auf elektrostatischen Anziehungskräften der freien Ionen; die mit einer Ionenwolke umgeben sind. Es erübrigt sich hier auf die Folgerungen der Dissoziationstheorie einzugehen; auch die Folgeerscheinungen der Dissoziation: Hydrolyse, Ionengleichgewichte usw. seien hier bloß erwähnt. Daß sie für die moderne Dampfkesselchemie von grundlegender Bedeutung sind, hat Verfasser an anderer Stelle[1] eingehend dargetan.

Es ist irreleitend, einfachhin von im Wasser gelösten Salzen zu sprechen; man muß Ionen unterscheiden, die sich je nach den Umständen zusammenpaaren und entsprechende Salze bilden. Die bei der chemischen Analyse ermittelten Säure- und Basenradikale darf man nicht in der Reihenfolge abnehmender Löslichkeit der entsprechenden Paare zu hypothetischen Salzen zusammenbringen, wie dies immer noch geschieht, sondern sie müssen als entsprechende positive und negative Ionen (Kationen und Anionen) angeführt werden. Dann erst darf man auf Grund der im Kessel obwaltenden Bedingungen Rückschlüsse auf die

---

[1] Stumper, R.: Die Chemie der Bau- und Betriebsstoffe des Dampfkesselwesens. Berlin: Julius Springer, 1928. — Ders.: Die physikalische Chemie der Kesselsteinbildung und Verhütung. (Sammlung chemischer und chemischtechnischer Vorträge.) Stuttgart: F. Enke, 1930.

möglichen Salzkombinationen ziehen. Auf diese Weise gelangt man zu einer neuzeitlichen, richtigen Kenntnis vom Wesen der Wässer. Unter Berücksichtigung der Mengenverhältnisse der vorhandenen Ionen kann man dann auch wichtige Richtlinien für die Beurteilung ihres Verhaltens im Kessel und für Reinigung ableiten.

Im vorletzten Kapitel der vorliegenden Schrift wird der Versuch gemacht, auf Grund dieser Beurteilungsweise eine neuzeitliche Einteilung der Kesselspeisewässer, ihrer Eignung für den Kesselbetrieb und einer passenden Reinigung derselben aufzustellen.

1. Gase.

Die natürlichen Wässer enthalten stets in wechselnden Mengen die Bestandteile der Luft, Sauerstoff, Stickstoff und Kohlensäure, die sich nach dem Henry-Daltonschen Gesetz proportional ihrem jeweiligen Partialdruck lösen. Bei der kalten Enthärtung des Rohwassers werden die Gase, mit Ausnahme der Kohlensäure bei den alkalischen Verfahren nicht beseitigt; das Wasser wird im Gegenteil noch oft etwas an Sauerstoff angereichert. Die Untersuchungen von Splittgerber[1] zeigen, daß die Löslichkeit des Sauerstoffes in gereinigtem, alkalischem Kesselspeisewasser rund 20% höher als in gewöhnlichem Wasser ist. Die Kondensat- und Destillatwässer werden zwar praktisch gasfrei gewonnen, haben aber im Betrieb fast stets ausgiebig Gelegenheit sich wieder mit Luft zu sättigen.

Die wichtigsten in Frage kommenden Gase sind Sauerstoff und Kohlensäure. Der Stickstoff kann als völlig harmloser Stoff für den Dampfkesselbetrieb vernachlässigt werden. Seine einzige Rolle besteht darin, daß er als ständiger Begleiter des Luftsauerstoffes den Partialdruck und damit auch die gelöste Menge dieses schädlichen Gases herabsetzt.

Die Löslichkeit der Gase wird durch ihre Absorptionskoeffizienten bestimmt. Hierunter versteht man das von der Raumeinheit Flüssigkeit bei $0°$ und 760 mm gelöste Gasvolumen. Der Absorptionskoeffizient sinkt mit steigender Temperatur, ist dagegen von den in den natürlichen Wässern vorkommenden Salzkonzentrationen praktisch unabhängig.

In der nachstehenden Tabelle ist die Löslichkeit der drei Gase Sauerstoff, Stickstoff und Kohlenoxyd für steigende Wärmegrade zusammengestellt.

Normalerweise steht das Wasser in Berührung mit der Luft, deren Bestandteile sich nach Maßgabe ihrer Partialdrücke auflösen. Die durchschnittliche Zusammenstellung der Luft ist folgende:

Sauerstoff . .   20,99% (Volumprozent)
Stickstoff . .   78,98%
Kohlendioxyd   0,03%

Demensprechend beträgt der Partialdruck der einzelnen Bestandteile:

Sauerstoff . .   : 0,2099 at
Stickstoff . .   : 0,7898 „
Kohlendioxyd   : 0,0003 „

---

[1] Splittgerber in Speisewasserpflege S. 30.

Das bei 0° und 760 mm luftgesättigte Wasser enthält also:

Sauerstoff . . : 48,9 × 0,2099 = 10,26 cm³ = 35,01%
Stickstoff . . : 23,48 × 0,7898 = 18,54 „ = 63,25%
Kohlensäure . : 1713 × 0,0003 = 0,51 „ = 1,74%.

Temperatur °C	Sauerstoff cm³/l	Stickstoff cm³/l	Kohlensäure cm³/l
0	48,90	23,48	1713
5	42,86	20,81	1424
10	38,02	18,57	1194
15	34,15	16,82	1019
20	31,02	15,42	878
25	28,31	14,31	759
30	26,08	13,40	665
35	24,40	12,54	592
40	23,06	11,83	530
50	20,90	10,87	430
60	19,46	10,22	359
70	18,33	9,76	—
80	17,61	9,57	—
90	17,23	9,52	—
100	17,00	9,47	—

Es geht daraus hervor, daß das im Wasser gelöste Gasgemisch reicher an Sauerstoff und Kohlensäure, dagegen ärmer an Stickstoff als die atmosphärische Luft ist. In der Regel übersteigt der CO_2-Gehalt der natürlichen Wässer den theoretischen Gleichgewichtswert, da sie auf ihrem Kreislauf weitere, von Verwesungsvorgängen herrührende Kohlensäure aufnehmen.

Anderseits ist der Sauerstoffgehalt des natürlichen Wassers ziemlich bedeutenden Schwankungen unterworfen, da im Wasser dauernd ein Sauerstoffverbrauch (Oxydation der organischen Stoffe) stattfindet.

Eine Frage von großer praktischer Bedeutung ist die Aufnahme geschwindigkeit der Luft im entgasten Wasser[1]. Hierüber gelten folgende versuchsmäßig ermittelte Regeln:

1. Die Diffusionsgeschwindigkeit des Sauerstoffes ist sehr groß, so daß die Aufnahme dieses Gases sehr rasch vor sich geht und auch in kurzer Zeit eine gleichmäßige Durchdringung sämtlicher Wasserschichten der Vorratsbehälter eintritt.

2. Die Aufnahmegeschwindigkeit ist der freien Oberfläche des Wassers direkt proportional. Bei gleichem Rauminhalt der Behälter sind die hohen Gefäße den niedrigen und dementsprechend breiteren Behältern unbedingt vorzuziehen.

3. In zugedeckten Gefäßen erfolgt die Luftaufnahme des Wassers langsamer als in offenen Behältern.

4. In bewegtem Wasser geht die Luftaufnahme rascher vor sich als bei ruhig stehendem Wasser.

---

[1] Ebenfalls sehr wichtig, jedoch noch nicht erforscht ist die umgekehrte Frage von der Entweichungsgeschwindigkeit der gelösten Gase. Verfasser hat hierüber Versuche angestellt, die sich als sehr lehrreich erwiesen, aber noch nicht abgeschlossen sind.

5. Am raschesten erfolgt die Sättigung, wenn das entgaste Wasser aus der Rohrmündung in offene Behälter stürzt.

Die Rohrmündungen sind deshalb stets unter den Wasserspiegel der luftdicht verschlossenen Behälter zu legen. Ferner soll man über das Wasser ein Polster von Wasserdampf mit geringem Überdruck lagern.

Nach diesen allgemeingültigen Bemerkungen wollen wir uns nun der Einwirkung der beiden schädlichen Gase zuwenden.

a) Die Rolle der Kohlensäure.

Im Kesselspeisewasser kommt die Kohlensäure in freiem und in gebundenem Zustande vor. Da die an Karbonate gebundene Kohlensäure unter Umständen in Freiheit gesetzt wird, verdient sie auch an dieser Stelle unsere Beachtung. Die Kohlensäure befindet sich in den Wässern der Dampfkraftanlagen in vierfacher Form:

1. Freie, gasförmige Kohlensäure im Dampf.

2. Freie gelöste Kohlensäure im Rohwasser, Kondensat und auch im Kesselwasser. Von der gelösten Kohlensäure besitzt nur ein gewisser Teil angreifende Eigenschaften, der andere Teil gehört zu dem Bikarbonatgleichgewicht und ist nicht korrosiv.

3. Gebundene Kohlensäure in Lösung als Bikarbonate und Karbonate. Die an Bikarbonate gebundene Kohlensäure nennt man auch halbgebunden, weil die durch einfache Erhitzung auszutreiben ist.

4. Gebundene Kohlensäure *in* den festen Abscheidungsprodukten $CaCO_3$, $MgCO_3$, also im Schlamm und im Kesselstein.

Eine besondere Stellung nimmt die naszierende Kohlensäure ein. Hierunter versteht man die Kohlensäure im Augenblick ihrer Abspaltung aus Verbindungen, was im Kessel selbst auf dreifachem Wege möglich ist:

Bei der thermischen Zersetzung der Bikarbonate

$$Ca(HCO_3)_2 \rightleftarrows CaCO_3 + H_2CO_3;$$

bei der Hydrolyse der Soda:

$$Na_2CO_3 + 2\,H_2O \rightleftarrows 2\,NaOH + H_2CO_3$$

und ferner bei der Zersetzung der löslichen und unlöslichen Karbonate durch irgendwie frei werdende Wasserstoffionen (Säurebildung):

$$CaCO_3 + 2\,H\cdot \rightleftarrows Ca\cdot\cdot + H_2CO_3.$$

Der letzte Vorgang scheint in den Porenräumen der Kesselsteine und unterhalb von Schlammablagerungen einzutreten, wo er dann zu richtigen Kreisprozessen führen kann, in denen die Kesselbleche dauernd angegriffen werden.

Die Rolle der Kohlensäure in den Wässern der Dampfkraftwerke besteht hauptsächlich in der Förderung des Rostangriffes.

b) Die Rolle des Sauerstoffes.

Die Wirkung des Sauerstoffes liegt, wie schon dargelegt, darin, daß er den eigentlichen Rostvorgang des Eisens auslöst und dauernd unterhält. Seine Rolle beschränkt sich nicht nur auf einer unmittelbaren Oxydation des Eisens, (rein chemischer Vorgang) sondern besteht auch in der Depolarisation der schützenden Wasserstoffhüllen um die rostenden Eisenteile (elektrochemische Wirksamkeit). Die Stellen des Wasserumlaufes, an denen der gelöste Sauerstoff sich gasförmig aus dem Wasser ausscheiden bzw. ansammeln kann, unterliegen, infolge der lokalen Konzentrationserhöhung, im allgemeinen einer verstärkten Abrostung.

2. Salze.

Von den im Wasser vorhandenen Salzen sind an erster Stelle die Härtebildner zu erörtern. Jedoch ist die Härte kein genügender Maßstab für die Güte des Speisewassers. Vielmehr sind für diese Güte mitbestimmend: der Gesamtsalzgehalt, die gelösten Gase, die Chloride, die Nitrate und die Kieselsäure.

Wenn auch die modernen Enthärtungsverfahren ein sehr weitgehend enthärtetes Wasser liefern und somit praktisch einen steinfreien Kesselbetrieb gewährleisten — was allerdings nur durch eine sehr scharfe Betriebsüberwachung und eine angepaßte nachträgliche Kesselwasserbehandlung möglich ist — so ist damit das Wasser noch immer salzhaltig, und es müssen im Hochleistungs- und Hochdruckkesselbetrieb dann die mit dem salzhaltigen Zusatzwasser verbundenen Nachteile bekämpft werden. Es sind dies die Anreicherung der Salze im Kesselwasser und die damit verbundene Gefahr des Spuckens und Schäumens, die Verunreinigung des Dampfes, die Verstopfung und Verschmutzung der Überhitzer und Turbinenschaufeln. Ferner darf bei stark salzhaltigem Kesselwasser die Belastung nicht zu stark getrieben werden, es erhöht sich dadurch die Menge der abzulassenden Kessellauge, womit eine gewisse Verminderung der Kesselwirkungsgrade verbunden ist. Außer dem Salzgehalt des Wassers bestimmen die gelösten Gase, Nitrate, Chloride und die Kieselsäure die Güte des Wassers. Man sieht also, daß die Härte des Wassers nicht mehr wie ehedem der grundlegende Begriff der Wasserchemie ist.

Die Härte eines Wassers wird bestimmt durch seinen Gehalt an gelösten Kalk- und Magnesiasalzen und wird ausgedrückt in Härtegraden: 10 mg Kalk CaO im Liter Wasser und die äquivalente Menge Magnesia $MgO = 7,19$ mg MgO entsprechen einem deutschen Härtegrad. Ein Wasser, das 85 mg CaO und 32 mg MgO im Liter enthält, hat eine Kalkhärte von $8,5°$ deutsche Härte, eine Magnesiahärte von $32 : 7,19 = 4,46°$ deutsche Härte und dementsprechend eine Gesamthärte von $8,5 + 4,46 = 12,96°$ deutsche Härte.

Die französischen Härtegrade sind auf Kalziumkarbonat bezogen, und zwar entspricht 1 französischer Härtegrad 10 mg $CaCO_3$ oder der äquivalenten Menge $MgCO_3 = 8,42$ mg $MgCO_3$ im Liter. Ein englischer Härtegrad $= 10$ mg $CaCO_3$ in 700 g Wasser. Zwischen den verschiedenen Härteeinheiten herrschen folgende Beziehungen:

Härtegrade:	Deutsch	1°	Französisch	1,79°	Englisch	1,25°
	„	0,56	„	1	„	0,70
	„	0,80	„	1,43	„	1

Einem deutschen Härtegrad entsprechen des weiteren die folgenden Mengen der angegebenen Stoffe:

	mg/l			mg/l
Ca	= 7,15		Fe	= 9,95
$CaSO_4$ . .	= 24,28		Al	= 4,83
$CaCO_3$ . .	= 17,83		SiO_2 . . .	= 10,82
$CaCl_2$ . . .	= 19,79		SO_3 . . .	= 14,38
$Ca(HCO_3)_2$	= 28,9		SO_4 . . .	= 17,14
Mg	= 4,33		Na_2CO_3 . .	= 18,90
MgO . . .	= 7,19		NaOH . .	= .7,13
$MgSO_4$ . .	= 21,47		$NaHCO_3$.	= 15,0
$MgCO_3$ . .	= 15,03		CO_2 . . .	= 7,88
$MgCl_2$ . . .	= 16,93		Cl	= 12,64
$Mg(HCO_3)_2$	= 26,13			

Es ist vielfach üblich, die Zusammensetzung der Wässer in Härtegraden anzugeben, also auch die Mengen der Stoffe, die überhaupt nichts mit der Härteeigenschaft zu tun haben, nach Härteeinheiten zu rechnen. Dieser Mißbrauch ruft in chemisch ungenügend vorgebildeten Kreisen nur Verwirrungen hervor und sollte doch endlich ausgerottet werden. Die einzige rationelle Darstellung der Wasseranalyse ist die Angabe der vorhandenen Ionen in Milliäquivalenten, natürlich neben der Angabe in Milligramm je Liter bzw. in Gramm je Kubikmeter.

Einteilungen der Wässer in verschiedenen Härtestufen sind verschiedentlich vorgeschlagen worden. Nach dem Speisewasserausschuß der Vereinigung der Großkesselbesitzer bezeichnet man als weiche Wässer solche bis 8° deutsche Härte, als mittelbare Wässer solche von 8—16° deutsche Härte und als harte Wässer diejenigen über 16° deutsche Härte Gesamthärte.

Die Gesamthärte des Wassers ist durch den Gehalt an Kalk- und Magnesiasalzen bestimmt. Beim Kochen werden die Bikarbonate in Karbonate umgesetzt, wodurch ein Teil der Kalk- und Magnesiasalze als unlösliche Karbonate ausfallen. Dieser Teil der Gesamthärte bildet die vorübergehende oder Karbonathärte. Man kann also die praktisch richtige Annahme machen, die Karbonathärte bestehe aus dem Gehalt an Kalziumbikarbonat $Ca(HCO_3)_2$ und an Magnesiumbikarbonat $Mg(HCO_3)_2$, die beim Kochen in unlösliche Karbonate verwandelt werden und als Schlamm oder Stein ausfallen.

Die bleibende oder Nichtkarbonathärte ist gleich der Differenz: Gesamthärte minus Karbonathärte. Sie wird gebildet aus den nicht zersetzbaren Kalk- und Magnesiumsalzen, also den Sulfaten: $CaSO_4$, $MgSO_4$; den Chloriden: $CaCl_2$, $MgCl_2$; den Nitraten: $Ca(NO_3)_2$, $Mg(NO_3)_2$; den Silikaten und Humaten. Diese Verbindungen fallen erst beim Eindampfen des Wassers aus, wenn die Löslichkeitsgrenze der entsprechenden Salze überschritten wird. Steinbildner von diesen Kalk- und Magnesiasalzen sind · ausschließlich Kalziumsulfat, Kalziumsilikat und Magnesiumsilikat, weil sie nur eine geringe Löslichkeit ausweisen und dazu ihre Löslichkeit mit steigender Temperatur abnimmt. Die anderen Salze fallen im Dampfkessel praktisch nicht in festem Zustande aus, es sei denn, daß infolge grober Unachtsamkeit die Konzentration des Kesselinhaltes zu weit getrieben wird.

Wir wollen nunmehr kurz die verschiedenen Salze und ihre Einflüsse im Dampfkraftbetrieb in Kürze durchgehen.

a) Gips: $CaSO_4$.

Das Kalziumsulfat kommt in drei verschiedenen Hydratstufen vor, von denen jede einzelne ihre besonderen Beständigkeitsgrenzen hat. Im Kesselbetrieb spielen diese verschiedenen Gipsarten eine gewisse Rolle, weshalb sie hier angeführt werden:

Gipsart	Beständig im Temperaturbereich
Dihydrat: : $CaSO_3 \cdot 2\,H_2O$	$< 98°$
Halbhydrat : $CaSO_4 \cdot {}^1\!/_2\,H_2O$	$98—170°$
Anhydrit : $CaSO_4$	$>170°$

Nach den Untersuchungen von Partridge[1] ist das Halbhydrat keine vollkommen beständige Gipsmodifikation. Im Kessel soll von 130° (3 at) an nur mehr Anhydrit auftreten. Diese Angaben stehen in Widerspruch mit unseren bisherigen Erfahrungen. Eigene genaue Kesselsteinanalysen haben ergeben, daß nur oberhalb 200° (16 at) ein gewisser Anteil des Gipses im Kesselstein als Halbhydrat vorkommen kann. Dieser Anteil nimmt mit fallender Temperatur zu[2].

Die Löslichkeitsverhältnisse der drei Gipsarten sind in der Abb. 15 dargestellt. Man erkennt die sehr starke Abnahme der Löslichkeit des Halbhydrats und des Anhydrits mit steigender Temperatur.

Die Kesselsteinbildung des Gipses kann auf drei verschiedene Weisen vor sich gehen.

1. **Primäre Steinbildung** des Gipses ist die unmittelbare Ausscheidung der Gipskristalle an der Kesselwandung. Sie ist die Folge des negativen Löslichkeitskoeffizienten des Gipses und der Dampfblasenentwicklung an den Heizflächen.

2. **Sekundäre Steinbildung** des Gipses tritt ein, wenn Gips im Schlamm enthalten ist und durch gewisse Bedingungen zum Abbinden (Festbrennen) kommt.

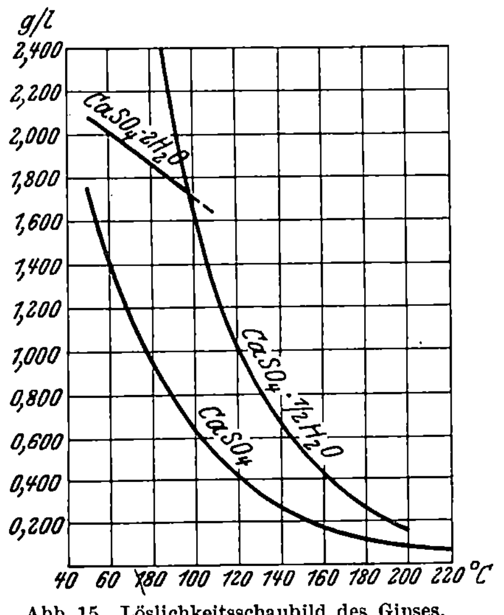

Abb. 15. Löslichkeitsschaubild des Gipses. (Partridge.)

3. **Ternäre Kesselsteinbildung** des Gipses erfolgt auf Grund der

[1] Partridge, E. P., u. A. H. White: Amer. Soc. Mechan. Eng. 1929 (Sonderdruck).

[2] Nachstehend seien als Beleg die Ergebnisse von 3 Kesselsteinuntersuchungen angegeben:

Druck atü	Temperatur °C	Anteil der Gipsart	
		$Ca\,SO_4 \cdot {}^1\!/_2\,H_2O$ %	$CaSO_4$ %
11	187	39,5	60,5
13	194	28,2	71,8
20	211	16,3	83,7

Wechselwirkung von sulfathaltigem Kesselwasser auf Kalziumkarbonat gemäß der umkehrbaren Reaktion:

$$CaCO_4 + Na_2SO_4 \rightleftharpoons CaSO_4 + Na_2CO_3.$$

Diese Umsetzung geht, wie aus der Gleichgewichtsabbildung 5 zu entnehmen ist, nur oberhalb einer bestimmten, von der Sulfat- und Karbonatkonzentration des Kesselwassers abhängigen Temperatur vor sich.

Der Gips schlägt sich zwar in der Hauptsache an der Kesselwandung ab. Daß aber auch Gips in der Wassermasse des Kesselinhaltes, also in den verhältnismäßig kälteren Teilen, zur Abscheidung gelangt, beweisen unmittelbare Versuche. Auch spricht die Tatsache, daß im Kesselschlamm mehr oder weniger Gips vorhanden ist, für diese Ausfällungsweise dieses Kesselsteinbildners. Dieser Umstand steht nicht in Widerspruch mit der Hallschen Theorie der Kesselsteinbildung, wonach der Gips sich ausschließlich an der Heizfläche festsetzen soll. Man vergegenwärtige sich bloß die Vorgänge im Kessel: das kalte bzw. vorgewärmte Speisewasser tritt in die Speisetrommel ein, wo es sich in der Regel mit einem an $CaSO_4$ gesättigten Kesselwasser mischt. Es bildet sich so in den betreffenden Teilen des Kessels zunächst eine an $CaSO_4$ ungesättigte Lösung, die durch den Wasserumlauf zu den heißeren Kesselteilen geführt wird. Die Lösung wird dauernd heißer, also auch konzentrierter an Gips, und es kommt der Augenblick, wo auch in der Wassermasse selbst die Löslichkeit des Gipses überschritten wird und dementsprechend ein Teil dieses Steinbildners ausfallen muß. Dieser Vorgang tritt um so schneller ein, je kleiner die Zeitspanne ist, die vom Eintritt des Speisewassers in den Kessel an bis zur Erreichung der Sättigungsgrenze des Gipses verläuft. Dementsprechend wird die Gipsabscheidung in der Wassermasse selbst begünstigt:

1. Durch einen hohen Gipsgehalt des Speisewassers selbst, 2. durch einen hohen Sulfatgehalt des Kesselwassers und 3. durch einen erhöhten Wasserumlauf. Von diesen drei Punkten hat bloß der dritte eine praktische Bedeutung für den Kesselbau.

b) Kalziumbikarbonat: $Ca(HCO_3)_2$

Dieses Salz ist in Wasser löslich, zerfällt aber bei Wärmezufuhr in unlösliches Kalziumkarbonat, Kohlensäure und Wasser:

$$Ca(HCO_3)_2 \rightleftharpoons CaCO_3 + H_2O + CO_2.$$

Das gleiche gilt für Magnesiumbikarbonat. Man hat es also in der Hand, durch einfaches Erhitzen des Wassers die Bikarbonate zu zerstören und damit die vorübergehende Härte zu entfernen. Es ist deshalb von Wichtigkeit, die Gesetze der Kalziumbikarbonatzersetzung zu kennen. Hierüber gibt die Abb. 16 Aufschluß, das den zeitlichen Verlauf dieser Zersetzung in Abhängigkeit von der Temperatur angibt. Die Entfernung der vorübergehenden Härte wird, wie man sieht, beschleunigt, 1. durch Erhöhung der Temperatur und 2. durch Umwirbeln des Wassers.

Kolloide verlangsamen die $CaCO_3$-Ausscheidung. Kalziumkarbonat fällt im heftig kochenden Wasser schlammförmig aus, bei ruhiger und gleichmäßiger Wasserbewegung (z. B. in Röhren) setzt es sich als harter Stein an die Gefäßwandung.

c) Magnesiumbikarbonat: $Mg(HCO_3)_2$.

Das Magnesiumbikarbonat wird ebenfalls thermisch zersetzt, jedoch verläuft diese Umsetzung etwa 1,5—2mal langsamer als die Zersetzung des Kalziumbikarbonates.

Das sich hierbei bildende Magnesiumkarbonat ist etwas löslich, wird aber durch das Wasser hydrolysiert, wobei das unlösliche Magnesiumhydrat entsteht.

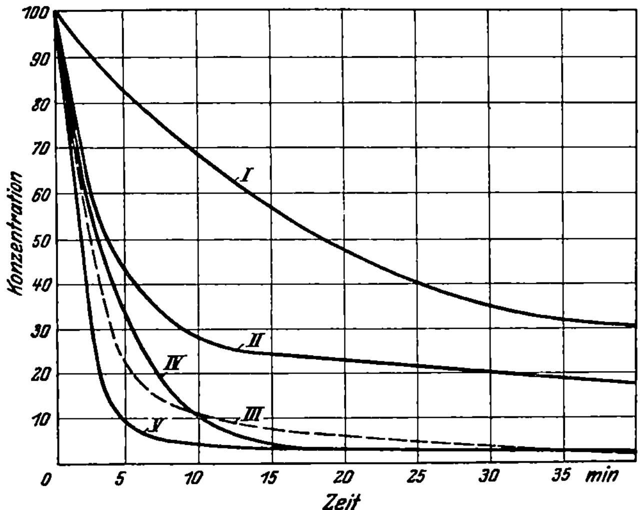

Abb. 16. Zersetzungsgeschwindigkeit des Kalziumbikarbonats.

Kurve *I*: Zersetzung bei 73°. Kurve *II*: Zersetzung bei 90°. Kurve *III*: Theoretisch errechnete Kurve. Kurve *IV*: Zersetzung bei 100° und mäßigem Siedevorgang. Kurve *V*: Zersetzung bei 100° und starkem Siedevorgang.

d) Thermisch beständige Magnesiumsalze.

Bleibt nach dem Kochprozeß noch Magnesia im Wasser vorhanden, so liegen thermisch beständige Magnesiumsalze vor. Es können dies sein: Magnesiumsulfat $MgSO_4$, Magnesiumchlorid $MgCl_2$ und Magnesiumnitrat $Mg(NO_3)_2$.

Die Bedeutung der Magnesiasalze im Dampfkesselbetrieb ist eine doppelte. Zunächst spielt der Magnesiagehalt des Rohwassers bei der Aufbereitung eine wichtige Rolle, indem die Entfernung der Magnesiasalze ungleich schwieriger ist als diejenige der Kalksalze. Der Mangel der Magnesiaausscheidung, insbesondere bei den Kalksodaverfahren, wird durch die Bildung von Komplexsalzen bzw. von kolloidalen Lösungen bedingt. Um diesen Mißstand zu verringern, muß die Enthärtung bei möglichst hoher Temperatur durchgeführt werden. Am günstigsten scheint in dieser Beziehung das Schlammrückführungsverfahren zu sein[1].

---

[1] Hermann, P.: Wärme **51**, 755 (1928).

Die größere Bedeutung der Magnesiumsalze liegt darin, daß die beim Kochprozeß nicht entfernbaren Magnesiumverbindungen, also $MgSO_4$, $MgCl_2$ und $Mg(NO_3)_2$ im Dampfkessel unter dem Einfluß der hohen Temperaturen unter Säurebildung hydrolysiert werden. Diese Magnesiumsalze gehören deshalb zu den gefürchteten Korrosionsförderern.

Der Angriff der Magnesiumsalze auf die Kesselbleche ist umso stärker, je höher die Temperatur ist, weshalb im Hochdruckkessel ein besonderes Augenmerk auf diese Salze zu richten ist. Ferner wird der Angriff der Mg-Salze beschleunigt durch die Gegenwart von Chloriden, Nitraten, Humaten und organischen Verbindungen.

e) Chloride und Nitrate.

Beide Säureradikale (Anionen), sei es, daß sie als Natrium-, Kalzium- oder Magnesiumverbindungen vorliegen, gehören in die Gruppe der Korrosionsförderer. Auch bestimmen sie, besonders das Natriumchlorid, mit in erster Linie (neben dem Natriumsulfat) die Konzentration des Kesselinhaltes, und bewirken so den Siedeverzug (Überkochen), wenn ihre Anreicherung über den jeweils zulässigen Grenzwert getrieben wird.

III. Anforderungen an die im Dampfkraftbetrieb gebrauchten Wässer.

Auf Grund der vorhergehenden Erörterungen können wir nunmehr die an die in den Dampfkraftwerken vorkommenden Wässer zu stellenden Anforderungen etwas schärfer fassen.

A. Kesselspeisewasser.

1. Gebrauchsfertige Speisewasser.

Die Beschaffenheit des Speisewassers muß selbstverständlich den jeweiligen Betriebsverhältnissen angepaßt werden, besonders der Kesselbauart und der Heizflächenbelastung. Nachfolgend seien einige allgemeine Gesichtspunkte für die Aufstellung von Güteanforderungen gegeben, wobei ausdrücklich darauf hingewiesen werden muß, daß diese Angaben bloß rohe Richtlinien sind und daß bei jedem Einzelfall in der Praxis das Gutachten eines Sachverständigen eingeholt werden muß.

Die Flammrohrkessel sind verhältnismäßig am unempfindlichsten gegen harte Wässer. Sie ertragen etwa 10—12 Härtegrade bis zu einer Belastung von 20—25 kg/m², besonders wenn die Härte hauptsächlich aus Karbonathärte besteht. Übersteigt die Verdampfungsziffer 25 kg/m², so geht die zulässige Höchstgrenze der Härte auf 6—7° herunter. Besteht die Härte hauptsächlich aus Nichtkarbonaten, insbesondere Gips, so sind ebenfalls diese Höchstgrenzen einzuhalten. Die Flammrohre müssen möglichst sauber gehalten werden, da sie thermisch am höchsten beansprucht sind und daher besonders stark unter Steinansatz und Rostangriff zu leiden haben. Dementsprechend ist Betriebszeit dieses Kessels gering.

Die **Heizrohrkessel** verlangen ein weicheres Wasser, die zulässige Höchstgrenze, bei normaler Belastung, dürfte bei 8—10 Härtegraden liegen. Obschon die Siederohre leicht herausgenommen werden können, ist das Entfernen des Steinbelages eine zeitraubende und umständliche Arbeit. In der Regel müssen die Siederohre als ganzes Bündel herausgezogen werden, wobei das einzelne Rohr nicht ohne weiteres herauszunehmen und zu säubern ist. In diesem Falle sind die Rohre im Rohrbündel äußerst schwierig vom Kesselstein zu befreien und daher ist ein weicheres Wasser als vorhin angegeben zu speisen.

Das gleiche gilt für die Lokomotivkessel; bei diesen ist ferner auf den Gehalt an Salzen, an Soda, an Grobdispersoiden und Kolloiden zu achten, da sie stark zum Überkochen und Schäumen neigen.

Für **Walzen- und Batteriekessel** ist wegen der schwierigen Reinigung der mittleren und unteren Walzen ein Wasser von höchstens 5—8° deutsche Härte zulässig.

Bei **Wasserrohrkesseln** bis zu etwa 15 atü und normaler Leistung (etwa 300—400 m² Heizfläche und etwa 20—25 kg/m² Verdampfung) ist ein reines, öl-, gas- und kieselsäurefreies Wasser mit einer Höchsthärte von 3—4° deutsche Härte zu speisen. Der Sauerstoff soll unter 0,1 mg/l liegen, bei ausschließlicher Speisung von Destillat bzw. Kondensat sogar unter 0,03—0,05 mg/l. Der Kieselsäuregehalt soll 1—2 mg/l nicht überschreiten, besonders wenn die Gesamthärte ebenfalls so niedrig ist. Beträgt diese 3—4° deutsche Härte, so sind etwa 3 mg/l Kieselsäure zulässig.

Die als Hochleistungskessel bezeichneten Wasserrohrkessel (Schräg- oder Steilrohrkessel, Kammer- oder Sektionalkessel usw.) müssen mit reinerem und weicherem Wasser als vorhin angegeben betrieben werden. Der Sauerstoffgehalt soll 0,05 mg/l nicht überschreiten, auch muß die Gesamtsalzkonzentration beachtet werden, die zwar meist, bei einmal bestehenden Reinigungsverhältnissen, nicht ohne weiteres verringert werden kann, nach der man jedoch die abzulassenden Mengen Kessellauge bemessen muß. Steilrohrkessel, überhaupt alle Kesselsysteme mit gekrümmten Siederohren, verlangen grundsätzlich ein weicheres Wasser als Kessel mit geraden Siederohren.

Was die **Hoch- und Höchstdruckkessel** anbelangt, so ist zu unterscheiden zwischen den Kesseltypen normaler Bauart und den Hochdrucksonderkesseln. Erstere verlangen ein sehr reines Wasser, dessen Härte 0,1—0,2° deutsche Härte nicht übersteigen soll. Der Sauerstoffgehalt soll 0,03—0,05 mg/l nicht überschreiten.

Über die Speisung des Atmoskessels sind genauere Angaben nicht zu finden. Ein vom Halberstädter Dampfkesselüberwachungsverein in. der Sudenburger Maschinenfabrik während eines nur siebenstündigen Versuches beobachteter Atmoskessel ist nach den Angaben von **Hartmann**[1] infolge der schlechten wirtschaftlichen Verhältnisse noch nicht im richtigen Dauerbetriebe gewesen.

---

[1] Sicherheit des Dampfkesselbetriebes S. 179.

Es gelten hier dieselben Richtlinien wie für die Hochleistungskessel, aber in verschärftem Maße.

Über die Hochdrucksonderkessel äußert sich der bekannte Fachmann Splittgerber[1] wie folgt:

Aus einem Vortrag von Direktor Hartmann von der Schmidtschen Heißdampfgesellschaft in Kassel über die „Betriebssicherheit der Höchstdruckkesselanlagen", veröffentlicht in dem von der Vereinigung der Großkesselbesitzer herausgegebenen Buch[2], können folgende Angaben über die Speisung solcher Kessel entnommen werden:

„Während bei Wasserrohrkesseln im Höchstdruckdampfbetrieb die Frage der Reinigung des Speisewassers und ein eindeutig gesicherter Wasserumlauf bei hochbelasteten Heizflächen eine noch viel größere Rolle spielen als bei Höchstdruckkesseln mit dem bisher üblichen Wasserinhalt, soll für den Atmoskessel, den Bensonkessel, den Löfflerkessel und den Schmidtkessel die Notwendigkeit, daß der Kessel sehr reines Wasser bekommt, nicht vorliegen."

Nach Löfflers eignen Ausführungen[3] ist der Löfflerkessel gekennzeichnet durch die Einführung von überhitztem Dampf in den Wasserinhalt einer von den Heizgasen nicht berührten Kesseltrommel, wobei ein Teil des in dieser Trommel erzeugten Dampfes einen dauernden Kreislauf durchmacht. Dieses Umwälzverfahren ist ein ausgesprochenes Hochdruckverfahren, das sich nur bei sehr hohen Drucken, über 50 at, wirtschaftlich durchführen läßt. Die Kessel dieses Systems sollen in der Regel für Dampfdrucke von 100—150 atü gebaut werden. Nach Löfflers Angaben soll bei der Verwendung solcher Dampfumwälzkessel eine einfache chemische Aufbereitung des Wassers vollkommen ausreichen; denn bei diesen Kesseln kann sich Kesselstein nur in den Verdampfertrommeln ansetzen, wo er sich als Schlamm abscheidet, der von Zeit zu Zeit abgeblasen werden kann. Löffler sagt weiter: „Aber selbst, wenn sich der Kesselstein in fester Form ausschiede und an der Trommelwandung ansetzte, würde er keine Betriebsnachteile verursachen, sondern vielmehr als Schutz gegen Wärmeableitung wirken. Zeitweilige Entfernung des etwaigen Kesselsteinansatzes durch ein Mannloch würde auch keinerlei Schwierigkeiten bereiten. Eine Destilliereinrichtung für diese Anlage würde nahezu ebensoviel kosten wie die Kessel selbst, denn die Wärmeaustauschflächen einer solchen Einrichtung müssen sehr reichlich und mit großer Reserve bemessen werden, da schon geringe Verschlammung dieser Flächen die Wirksamkeit der Destillation wesentlich herabsetzt. Die Möglichkeit, mit nur chemisch gereinigtem Wasser zu arbeiten, stellt demgegenüber einen großen Vorteil des neuen Dampferzeugungsverfahrens dar."

Erfahrungen über die Speisung des Löfflerkessels liegen aus der Praxis bis jetzt noch nicht vor; indessen kommen mir, unter Berücksichtigung der ganzen Bauart und Betriebsweise, insbesondere der ausschließlich durch Dampfeinblasen bewirkten Wasserverdampfung, die so sehr günstigen Behauptungen noch etwas problematisch vor. Blasen hochgespannten Dampfes gehen erfahrungsgemäß vielfach durch anzuwärmendes Wasser hindurch, ohne dabei ihre Wärme selbst völlig abzugeben, und reißen anderseits Wassertropfen mit Salzbestandteilen mit, so daß Verschmutzungen der im Feuer liegenden Dampfschlangen leicht eintreten können, was wiederum ernstliche Störungen in Gestalt von Rohrbeulen mit den gefährlichen Rohraufreißern oder sogar Rohranfressen zur Folge haben kann.

Etwas anderes ist es mit dem Schmidtschen Kessel. Ein bekanntes Werk der chemischen Großindustrie hat sich im Vorjahre in Gemeinschaft mit der Schmidtschen Heißdampfgesellschaft zur Durchführung eines Dauerversuches in der für 60 atü Betriebsdruck gebauten kleinen Kesselanlage dieser Gesellschaft in Wernigerode entschlossen. Der Kessel besitzt neben dem die Heizflüssigkeit enthaltenden Primärsystem ein Sekundärsystem in Gestalt der Speise- und

---

[1] Splittgerber: Wärme 51, 738 (1928).

[2] Zur Sicherheit des Dampfkesselbetriebes. S. 166—189. Berlin: Julius Springer 1927.

[3] Hochdruckdampferzeugung durch überhitzten Dampf, Umwälzverfahren. Wärme 51, 52—54 (1928).

Verdampfertrommel, einen Überhitzer zur Überhitzung des aus der Trommel kommenden Dampfes, einen Speisewasservorwärmer zur Anwärmung des Speisewassers durch die in Heizschlangen zurückfließende Heizflüssigkeit und einen Vorwärmer zur Vorwärmung der Heizflüssigkeit.

Die von Dipl.-Ing. Knodel durchgeführten Betriebsversuche wurden mit dem sehr harten Wernigeroder Leitungswasser teils ohne jede Aufbereitung, teils nach oberflächlicher Enthärtung mit Ätznatron-Soda ausgeführt. Die Ergebnisse werden von Hartmann in seiner letzten Veröffentlichung[1] schon kurz erwähnt. Einen umfassenden Versuchsbericht hat Knodel selbst in der außerordentlichen Mitgliederversammlung der Vereinigung der Großkesselbesitzer am 21. Mai dieses Jahres in Frankfurt a. M. vorgetragen[2], aus dem sich folgendes ergibt:

1. Der Schmidtkessel verträgt wesentlich höhere Salzkonzentrationen als ein normaler Steilrohr- oder Schrägrohrkessel, ohne daß ein erhebliches Schäumen oder Spucken oder Überreißen der Salzbestandteile des Kesselinhaltes eintritt. Aus den Wasseruntersuchungen geht z. B. hervor, daß es während des Betriebs möglich gewesen ist, mit einer Salzlauge von rund $15° B°$ bei einem Abdampfrückstand von 155 g/l und einem SO_3-Gehalt von 79 g/l den Kessel zu fahren, ohne daß dabei größere Störungen sich bemerkbar gemacht haben.

2. Trotz des hohen Salzgehaltes erfolgte kein nennenswertes Mitreißen von salzhaltigen Wassertropfen in den Überhitzer.

3. Eine eigentliche Versteinung der Verdampferelemente ergab sich trotz des hohen Sulfatgehaltes des Kesselinhaltes bei keinem Versuchsabschnitt. Die Härtebildner lagerten sich nur in Schlammform in der Trommel und auf den Verdampferelementen ab, wobei diese Ablagerungen auf den Verdampferelementen beim Fehlen von Alkali fester waren als bei Anwesenheit von Alkali. Sie ließen sich in einem Falle mit einem starken Wasserstrahl, im anderen Falle mit Bürste und Schaber entfernen.

4. Aus dem Kessel konnte die volle Leistung auch dann noch herausgeholt werden, als die Trommel bis zu $1/6$ ihres Speiseraumes mit Schlamm angefüllt war. Immerhin empfehlen sich besondere Maßnahmen zur möglichst weitgehenden Beseitigung des in der Obertrommel sich ablagernden Schlammes durch Abblasen während des Betriebes. Der Versuch, durch die bekannte laufende Kesselwasserabführung den Schlamm zu beseitigen, war mit Rücksicht auf die bei diesem System ganz geringe Wasserbewegung in der Trommel ziemlich ergebnislos.

Auf die bei diesem Dauerversuch gewonnenen ingenieur-technischen Erfahrungen kann ich hier nicht eingehen.

Was den Bensonkessel angeht, der zur Zeit im Kabelwerk der Siemens-Schuckert-Werke in Berlin-Siemenstadt aufgestellt ist, so ist hierzu nach Gleichmann[3] zunächst folgendes zu sagen: „Es ist das Verdienst vom Benson, darauf hingewiesen zu haben, daß die Verwendung des kritischen Dampfzustandes den Einbau von Trommeln erübrigt, weil die Verdampfungswärme, die aus den Wärmetafeln zu ersehen ist, verschwindet, also kein Dampfgemisch sich bildet, und damit auch der Zweck der Trommel, die Auscheidung des Dampfes, hinfällig wird; ebenso werden die bei jedem Trommelkessel erforderlichen Wasserrücklaufrohre überflüssig.“

Über die Speisung des Bensonkessels äußert sich Gleichmann folgendermaßen: „Ein Ansetzen von Kesselstein findet in den Rohren nicht statt, vermutlich dadurch, daß sich keine Dampfblasen bilden. Wasserverunreinigungen scheiden sich als Schlamm im Wasserteil aus und gehen zum Teil als feiner trockener Staub durch den Überhitzer. Für den Kessel kann die Schlammbildung nur insofern unangenehm werden, als bei ungleichmäßiger Verteilung auf die einzelnen Paralellstränge eine ungleichmäßige Erwärmung eintreten kann, die auch anfangs zu Schwierigkeiten führte. Durch den Einbau von Thermoelementen in die einzelnen Paralellstränge konnte jedoch eine ungleichmäßige Verschlammung schon im Ent-

---

[1] Wärme **51**, 58—63 (1928).

[2] Mitt. Vereingg Großkesselbesitzer **19**, 36—68.

[3] Das Bensonverfahren zur Erzeugung von Hochdruckdampf. Wärme **51**, 55—57 (1928); ferner: Betriebserfahrungen an dem neuen Bensonkessel. Arch. Wärmewirtsch. **1928/29**, 198.

stehen erkannt und durch Abschlemmventile, die auch während des Betriebes trotz des hohen Druckes betätigt werden können, beseitigt werden."

Aus den mir selbst gemachten Mitteilungen kann entnommen werden, daß Salzbestandteile bei der plötzlichen Verdampfung. die ja das eigentümliche des Bensonverfahrens ist, mit dem Dampf aus dem Speisewasser bis in die Turbinen mitgerissen werden. Da sie sich unterwegs aus dem Dampf mit den jetzigen Hilfsmitteln noch nicht entfernen lassen, so muß zuweilen ein Abstellen der Turbine und ein Durchspülen mit Wasser erfolgen, wie es nach den früher schon genannten Darlegungen von Anderson über das Kraftwerk Lakeside auch dort gehandhabt wird. An der entsprechenden Stelle heißt es: „Eine Untersuchung des Inneren der Turbine ergab das Vorhandensein eines geringfügigen weißen Niederschlages, der wasserlöslich war, als die Maschine nach dem Ausspülen mit Dampf und Wasser bei 400 Umläufen je Minute wieder in Betrieb nahm, gab sie die volle Leistung her; ein Zeichen dafür daß die meisten der auf den Schaufeln vorhanden gewesenen Ablagerungen wasserlöslich waren und wahrscheinlich aus Natronlauge, Phosphaten und Sulfaten bestanden. Als die Leistung der Maschine erneut abnahm, wurde wieder ausgewaschen, und jedesmal konnte die volle Leistung wieder erzielt werden."

„Das hier empfohlene Verfahren der Turbinenauswaschung dürfte sich aber meines Erachtens unter den Kessel- und Turbineningenieuren nicht viele Anhänger erwerben.

Meine Ausführungen konnten vieles nur andeutungsweise bringen und haben hauptsächlich den Zweck gehabt, für die weiteren Betriebsversuche der Praxis eine gewisse Grundlage zu schaffen und zu einem weiteren Erfahrungsaustausch anzuregen."

Anläßlich der Weltkraftkonferenz 1930 beurteilt Marguerre[1] die Speisewasserfrage für den Höchstdruckbetrieb folgendermaßen:

Von ganz besonderer Bedeutung für den Höchstdruckbetrieb ist die Speisewasserfrage. Es handelt sich bei Höchstdruckkesseln stets um Kessel mit hohen Beanspruchungen, und die Erfahrungen des letzten Jahrzehntes haben zur Genüge gezeigt, daß schon bei mittleren Drücken die Ansprüche an das Speisewasser sehr hoch sind. Die höheren Wassertemperaturen bei Drücken von 100 at mit ihrem bekannten beschleunigendem Einfluß auf alle chemischen Reaktionen lassen von vornherein eine weitere Steigerung der Anforderungen erwarten, da schon ganz dünne Kesselsteinschichten genügen, um die Rohrtemperatur in ein Gebiet hineinzutreiben, wo nicht nur die Festigkeitseigenschaften, auch legierter Stähle, nachlassen, sondern vor allen Dingen Dampfzersetzungen zu befürchten sind.

Ganz besondere Aufmerksamkeit ist dem Sauerstoffgehalt des Speisewassers zu widmen, der im Höchstdruckbetrieb unter allen Umständen dauernd unter 0,05 mg/l liegen muß[2]. Die Praxis hat gezeigt, daß es in Kondensationsanlagen bei sorgfältiger Betriebsführung und einwandfreiem Zustand der Kondensatoren möglich ist, den Sauerstoffgehalt noch wesentlich unter dieser Grenze zu halten.

Über die günstigsten, chemischen Zusätze zum Speisewasser herrscht noch keine vollständige Klarheit. Einigkeit besteht aber darüber, daß das Wasser etwas alkalisch sein muß. In sehr vielen Anlagen haben sich Zusätze von Natriumphosphat bewährt, während an andern Stellen mit diesen Zusätzen weniger günstige Erfahrungen gemacht worden sind.

---

[1] Marguerre: Z. V. d. I. 74, 792 (1930).
[2] In Nordamerika wird ein Höchstwert von 0,03 mg/l vorgeschrieben.

Wesentlich schwieriger als in Kondensationsanlagen liegen die Verhältnisse in Gegendruckanlagen, wo der erzeugte Dampf nur teilweise oder gar nicht zurückgewonnen wird. Man kann sich zunächst durch Verwendung von Dampfumformern helfen, bei denen der aus den Gegendruckturbinen entweichende Dampf in Oberflächenkondensatoren, welche Dampf für die Fabrikation erzeugen, niedergeschlagen wird und das Kondensat zu den Kesseln zurückfließt; selbstverständlich bedingt dies hohe Anlagekosten. Verdampfer mit vorgeschalteter Permutit- oder anderer Reinigung, die auch ihren Zweck erfüllen, sind aber gleichfalls sehr kostspielig. Reine Permutitaufbereitung und vollständige Entgasung scheinen unter der Voraussetzung stetiger Kesselwasserrückführung auch bei Höchstdruck nicht ausgeschlossen zu sein; unmittelbare Erfahrungen fehlen noch.

Die durch das Speisewasser erwarteten Schwierigkeiten waren, neben den Befürchtungen wegen des Umlaufs, die hauptsächlichen Triebfedern zur Ausbildung der Sonderverfahren der Schmidtschen Heißdampfgesellschaft, wo in mittelbar beheizten Primärschlangen durch Wasserumlauf die Wärme auf das zu verdampfende Wasser übertragen, von Löffler, bei dessen Kessel durch einen Überhitzer zwangläufig der Dampf in die Kesseltrommeln zurückgepumpt wird und von Benson, der den Dampf beim kritischen Druck von 225 at erzeugt. Von allen diesen Kesselarten befinden sich mehrere Ausführungen im Versuchs- oder im industriellen Betrieb. Jede weist gewisse Vorteile auf, insbesonders erwarten die Erfinder zum Teil eine Verminderung der Anlagekosten.

Wieweit sich diese Erwartung erfüllen wird und wieweit auch die Vorteile, die Schmidt und Löffler in bezug auf die Unempfindlichkeit gegen nur chemisch aufbereitet Speisewasser erwarten, erreicht werden, kann erst eine längere Praxis zeigen.

Was den Atmoskessel anbelangt, so wird als besonderer Vorzug geltend gemacht, daß diese Kessel infolge der rotierenden Bewegung der Trommeln gegenüber Speisewassereinflüssen, insbesondere der Kesselsteinbildung verhältnismäßig unempfindlich seien.

Die Frage der Speisewasserbeschaffenheit im Höchstdruckbetrieb befindet sich, wie man diesen Äußerungen entnehmen kann, augenblicklich noch immer in lebhafter Weiterentwicklung, die eine baldige Lösung erhoffen läßt.

Die vorstehenden Erwägungen über die anzustrebende Beschaffenheit der Speisewässer geben auch Anhaltspunkte für die Aufbereitung der Rohwässer ab, denn nur in den wenigsten Fällen genügen die Rohwasser ohne weiteres den dargelegten Anforderungen. Die Rohwässer verlangen also in den meisten Fällen eine den gegebenen Betriebsverhältnissen entsprechende wirtschaftliche Behandlung, wobei als leitender Grundsatz gelten soll, daß das beste Kesselspeisewasser stets den gesündesten Betrieb ergibt. Es ist deshalb nicht immer richtig, die Aufbereitung des Rohwassers, selbst bei den unempfindlichen Kesseltypen, nur gerade bis zur jeweils zulässigen Höchstgrenze der Verunreinigungen durchzuführen, sondern es ist stets besser, die den Gehalt an Verunreinigungen so weit wie möglich herunterzutreiben. Die dadurch hervorgerufenen Mehrkosten befinden sich fast immer in einem günstigen Verhältnis zu dem Gewinn, der durch den Ausfall der Betriebsstörungen, die Erhöhung der Wirtschaftlichkeit und der Betriebssicherheit entsteht.

Die Wasserwirtschaft der modernen Dampfkraftanlagen, auch der kleineren Betriebe, ist in immer zunehmendem Maße dazu übergegangen, die hochwertigen Kondenswässer wiederzugewinnen, also einen Speisewasserkreislauf zu schaffen, wobei nur dessen unvermeidliche Verluste durch Zusatzwasser ergänzt werden. Dementsprechend besteht das betriebsfertige Speisewasser aus zwei Anteilen, dem Kondensat und dem Zusatzwasser. Die Güte der Speisewasser hängt daher von der Güte der beiden Komponenten ab, wobei sich die Beschaffenheit des Zusatzwassers nach der jeweils vorliegenden Beschaffenheit des Kondensates, vor allem aber nach dem jeweils vorliegenden Mischungsverhältnis Kondensat:Zusatzwasser richten muß.

Die Wasserwirtschaft der neuzeitlichen Dampfkraftanlagen umfaßt, übersichtlich dargestellt, folgende Teilfragen:

I. Speisewasser für Kessel.
1. Kondensat.
2. Zusatzwasser: a) Rohwasser, b) chemisch gereinigtes Wasser, c) Destillat, d) Fabrikationswasser.
II. Kesselwasser (Kesselinhalt).
III. Wasser für Verdampferspeisung.
IV. Kühlwasser für Kondensatoren.
V. Minderwertige Gebrauchswässer.
VI. Trinkwasser.

Von technischer Wichtigkeit sind jene Wasserarten, die bestimmten technischen Güteanforderungen genügen müssen, also die Wässer der Punkte I—IV. Die minderwertigen Gebrauchswasser und das Trinkwasser können an dieser Stelle nicht behandelt werden, insofern sie nicht als Rohwasser für die Speisung der Verdampfer und der Kessel in Frage kommen. In diesem Falle gehören sie in die entsprechende Rubrik.

2. Zusatzwasser.

Die Beschaffenheit des Zusatzwassers richtet sich nach den örtlichen Verhältnissen: Kesselart, Druck, Belastung, Mengenverhältnis zum Kondensat und Beschaffenheit des Kondensates. Im vorigen Abschnitt haben wir die Ansprüche, die an das betriebsfertige Speisewasser gestellt werden, des näheren kennengelernt. Man hat es also ohne weiteres in der Hand, den jeweils benötigten Gütegrad des Zusatzwassers festzulegen, wenn man bloß die Beschaffenheit und das Mengenverhältnis des anfallenden Kondensates kennt. Man sieht also wiederum, wie wichtig es ist, den Kondensatkreislauf mengenmäßig und chemisch genau zu überwachen. Wie sich dann die Anpassung der Aufbereitung eines Rohwassers an die örtlichen Verhältnisse gestalten soll, sei an nachstehendem Beispiel über den zulässigen Sauerstoffgehalt des Zusatzwassers erläutert. Die Abb. 17 unterrichtet über die zulässige Höchstmenge an Sauerstoff im Zusatzwasser in Abhängigkeit von den benötigten prozentualen Mengen Zusatzwasser und vom Kesseldruck. Es wurde bei dem Entwurf der Abbildung angenommen, das Kondensat sei frei von Sauerstoff, was in guten Kondensationsanlagen, sorgfältige Wartung vorausgesetzt, praktisch zutrifft. Je größer die Verluste an Kondensat sind, desto größer sind die benötigten Mengen an Zusatzwasser und desto geringer muß also auch der Sauerstoffgehalt dieses Wassers sein, um den zulässigen Höchstwert des betriebsfertigen Speisewassers zu gewährleisten. Dieser Höchstwert beträgt für Wasserrohrkessel bis zu 10 at 0,1 mg/l, von 10—20 at 0,05 mg/l

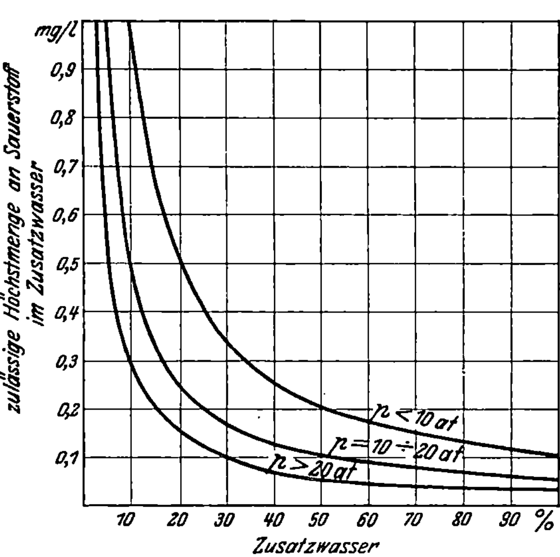

Abb. 17. Abhängigkeit des zulässigen Sauerstoffgehaltes im Zusatzwasser von der Zusatzwassermenge.

und für Hochleistungskessel aller Drücke, besonders aber oberhalb 20 at 0,03 mg/l.

In ähnlicher Weise, wie es eben am Beispiel des Sauerstoffgehaltes gezeigt wurde, sind die anderen Verunreinigungen (besonders die Härte, die Kieselsäure und die Gesamtsalzkonzentration) zu beurteilen und die Aufbereitung des Zusatzwassers den örtlichen Betriebsverhältnissen anzupassen.

3. Kondensat und Destillat.

Kondensat und Destillat gehören, da beide niedergeschlagener Dampf sind, in dieselbe Güteklasse. Als Verunreinigungen des Kondensates kommen in Frage: Öl aus Dampfmaschinen, Pumpen, Sauerstoff und Kohlensäure aus dem Kessel, feste Verunreinigungen infolge mitgerissenen Wassers und ferner, bei undichten Kondensatoren, Härtebildner und andere Salze.

Ölhaltige Kondensate sind zu vermeiden, weil Ölbeläge im Kessel schon in sehr geringen Dicken Ausbeulungen und Aufreißer verursachen. Der zulässige Höchstgehalt an Öl wird mit 5 mg/l angenommen, jedoch fehlen hierüber die genauen Angaben. Für Hochdruckkessel dürfte dieser Höchstwert wohl zu hoch sein.

Es muß dafür gesorgt werden, daß das Kondensat gasfrei anfällt. Da es eine hohe Aufnahmefähigkeit für Gase, insbesondere für Luftsauerstoff hat, muß seine Behandlung im Betrieb peinlich überwacht werden. Zur Verringerung der Luftaufnahme gelten folgende allgemeine Richtlinien; Vermeidung von Saugleitungen bzw. Einschränken dieser Leitungen auf ein Mindestmaß, unmittelbare Speisung des Turbinenkondensates und auch des Destillates unter Vermeidung von Sammelbehältern. Sind aber Zwischenbehälter für entgastes Wasser unumgänglich notwendig, so verhütet man den Lufteintritt durch ein Dampfbzw. ein Stickstoffpolster, das man mit einem geringen Überdruck über den Wasserspiegel der geschlossenen Behälter lagert. Zur Erhöhung der Sicherheit versieht Balcke seine Speisewasserbehälter, mit einem Oxydationsschutzfilter, das in der Hauptsache aus Sulfiten und metallischem Zink bestehen soll. Der Sauerstoffgehalt des Kondensates und des Destillates soll bei Hochleistungskesseln 0,03 mg/l nicht überschreiten, der Gesamtsalzgehalt (Abdampfrückstand) soll nicht über 15 mg/l liegen.

Die Härte des Kondensates und des Destillates soll praktisch Null sein, als zulässiger Höchstwert gibt man 0,2° deutsche Härte an. Bei Verdampfern ist die Gefahr des Überreißens von flüssigem Wasser recht erheblich; durch Einbau von Dampfsammlern mit Raschigringen, Kupferkugeln oder von Prallblechen, kann man jedoch eine Güteverbesserung des Destillates erzielen.

B. Kesselwasser.

Die neuzeitliche Speisewasserpflege hat in ihren Betrachtungskreis auch den Kesselinhalt hereingezogen, was wegen des geringen Nutzinhaltes der modernen Kessel und der sehr raschen Anreicherung der im Speisewasser vorhandenen festen Fremdstoffe eine dringende Notwendigkeit geworden ist. Die Anforderungen an das Kesselwasser und seine Behandlung durch Korrektivverfahren sind in den letzten Jahren sehr lebhaft erörtert worden, wobei sich die nachstehenden Gesichtspunkte herausgeschält haben.

1. Härte.

Über den zulässigen Höchstwert der Härte des Kesselwassers herrscht noch keine Einigkeit. Im allgemeinen nimmt man als obere Grenze 2° deutsche Härte für die neuzeitlichen Kesselarten an, weniger empfindliche Kesseltypen wie Flammrohrkessel vertragen allerdings mehr.

Nach Splittgerber läßt man in vielen Kraftwerken das Kesselwasser sich bis auf 10° deutsche Härte anreichern, erneuert nach Erreichung dieses Gehaltes den Kesselinhalt vollständig. Andere Kraftwerke betrachten 1° als normale Grenze für die Härte des Kesselwassers, während bei Erreichung von 5° deutsche Härte der Kesselinhalt ganz abgeblasen wird.

2. Kesselwasserdichte.

In den Hochleistungskesseln wird bei der außerordentlich raschen Verdampfung und dem verhältnismäßig kleinen Wasserraum die Salzanreicherung in kurzer Zeit so hoch getrieben, daß es zu Störungen des

Siedevorganges kommt. Hohe Salzgehalte rufen nicht nur Siedeverzug hervor, sondern wirken auch zerstörend auf die Werkstoffe ein. Dementsprechend muß der Gehalt des Kesselwassers dauernd überwacht werden. Der zulässige Grenzwert des Salzgehaltes liegt für die einzelnen Salzarten natürlich weit unterhalb der Sättigungsgrenze der betreffenden Salzarten, ist aber von diesen abhängig. Die Höchstgrenze des zulässigen Salzgehaltes nimmt mit steigender Temperatur und Druck ab, sie ist auch für die in Frage stehenden Salze, also hauptsächlich Kochsalz, Glaubersalz und Soda, verschieden.

Hermann[1] berechnet folgende Zahlen für die höchsten zulässigen Gehalte an Salzen im Kesselwasser.

Druck	Steilrohrkessel			Sektionalkessel		
	20 at mg/l	60 at mg/l	100 at mg/l	20 at mg/l	60 at mg/l	100 at mg/l
Kochsalz NaCl	21,4	12,7	10,3	7,0	5,5	5,2
Glaubersalz Na_2SO_4	13,4	7,3	5,8	4,3	3,2	2,9
Soda Na_2CO_3	15,9	8,0	4,6	5,1	4,5	2,3

Mit steigendem Dampfdruck nimmt der zulässige Salzgehalt ab. Auch ist er für die Sektionalkessel niedriger als für die Steilrohrkessel.

Für den praktischen Kesselbetrieb ist es einfacher, den Gesamtsalzgehalt zu kennen. Man mißt ihn mit der Bauméspindel in einer auf

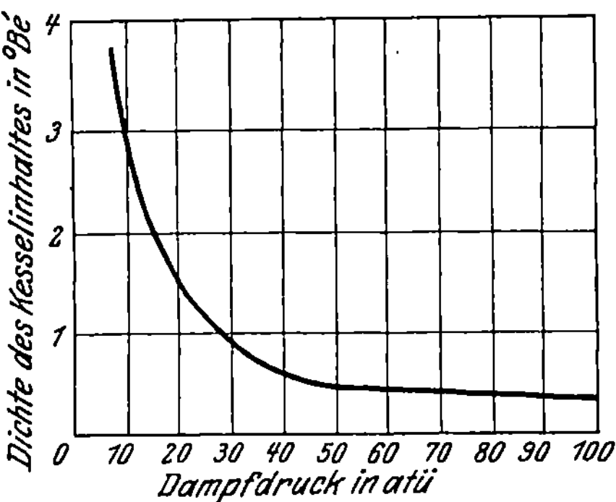

Abb. 18. Abhängigkeit der Gesamtsalzkonzentration (in °Bé) vom Kesseldruck.

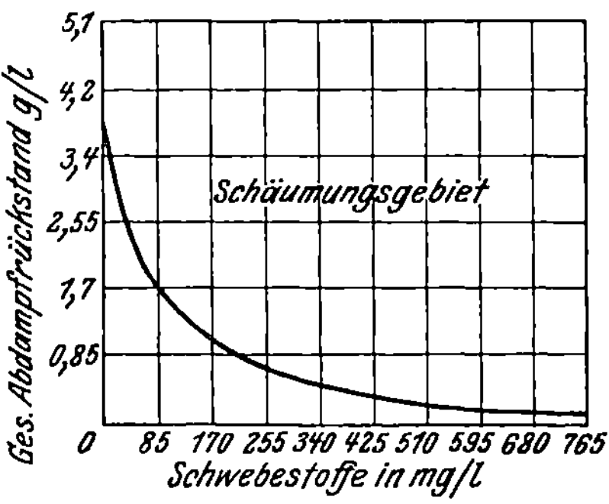

Abb. 19. Einfluß der Schwebestoffe und des Abdampfrückstands auf das Schäumen (Rice).

15° C abgekühlten, aus dem Wasserstandshahn abgezogenen (Oberer Hahn zu!) Wasserprobe. 1° Bé entspricht rund einer Gesamtsalzkonzentration von 10 g/l = 10000 g/m³.

Auf der Abb. 18 ist, nach den bisher vorliegenden Betriebserfahrungen, die zulässige Gesamtsalzkonzentration des Kesselinhaltes für Hochleistungskessel in Abhängigkeit von dem Dampfdruck wiedergegeben. Wasserrohrkessel mit geringer Verdampfung (< 25 kg/m²) und wenig empfindliche Kesseltypen vertragen zwei- bis dreimal höhere Werte, die man übrigens im praktischen Kesselbetrieb am besten selbst ermittelt.

---

[1] Hermann, P.: Wärme 51, 72 (1928).

Die zulässige Dichte des Kesselwassers richtet sich in weitgehendem Maße nach seinem Gehalt an organischen Stoffen und an Schwebestoffen.

Nach Rice[1] kann nämlich das Schäumen nur dort auftreten, wo im Kessel eine bestimmte Mischung von Salzen und Schwebestoffen vorliegt. Über die zulässigen Grenzen der beiden Werte gibt die Abb. 19 Aufschluß. Alle Werte des Abdampfrückstandes oder der Schwebestoffe, die oberhalb der Kurve liegen, sind schaumfördernd.

Was den Höchstwert an organischen Stoffen betrifft, so ist das Kesselwasser bei einem Verbrauch von 2 g/l Kaliumpermanganat (das einen Maßstab für den Gehalt an organischen Stoffen ist) zu erneuern.

3. Natronzahl.

Aus physikalisch-chemischen Überlegungen kann man ableiten, daß die Anfressungen der Kesselbleche verhindert werden, wenn der Kesselinhalt eine Alkalität von mindestens 0,4 g/l NaOH aufzeigt. Denselben Schutzeffekt erreicht man durch einen Sodagehalt des Kesselwassers von 1,85 g/l. Beide Alkalien können sich also im Verhältnis 0,4:1,85 oder 1:4,5 ersetzen. Als Maßstab für die zum Schutz des Kessels notwendige Alkalität hat die Vereinigung der Großkesselbesitzer auf den Vorschlag von Splittgerber hin die Natronzahl eingeführt, die folgendermaßen ermittelt wird:

Man dividiert den durch Analyse des Kesselwassers gefundenen und als mg/l berechneten Gehalt an Soda Na_2CO_3 durch 4,5 und zählt zu dieser Zahl den gleichfalls in mg/l ausgedrückten Gehalt an Ätznatron NaOH hinzu:

$$\text{Natronzahl} = NaOH + \frac{Na_2CO_3}{4,5} \ (mg/l).$$

Zur Vermeidung von Anfressungen soll diese Natronzahl stets über 400 liegen, 2000 aber möglichst nicht überschreiten.

Die Erfahrung hat gezeigt, daß die mit dieser Natronzahl gefahrenen Kessel tatsächlich frei von Korrosionen und auch frei von Kesselsteinansätzen bleiben. Ein weiterer Vorteil der Natronzahl besteht darin, daß die Kieselsäure in dem alkalischen Kesselwasser besser in Lösung gehalten wird.

Als Nachteil muß allerdings die Begünstigung des Schäumens hervorgehoben werden. Der Höchstwert von 2000 scheint aus diesem Grund zu hoch und es ist zu empfehlen, die Natronzahl von 1000 im Betrieb der Hochleistungskessel nicht zu überschreiten.

4. Soda-Sulfat-Verhältnis.

Stark alkalisches Kesselwasser bringt die Gefahr mit sich, daß die Lauge sich in undichten Nietspalten anreichert und damit die Laugensprödigkeit der über die Streckgrenze hinaus beanspruchten Blechzonen hervorruft. Die Versuche der Amerikaner Parr und Mitarbeiter, die auch in Europa bestätigt wurden, haben ergeben, daß ein Zusatz von Natriumsulfat zu dem ätznatronhaltigen Kesselwasser die Laugen-

---

[1] Mitt. Verein. Großkesselbesitzer 1928, Nr 17.

sprödigkeit des Werkstoffes verhindert. Die Schutzwirkung des Sulfats ist von der Laugenkonzentration und vor allem von der Temperatur abhängig. Um also die Laugensprödigkeit zu verhindern, muß das Sulfat zu dem vorhandenen Alkali in einem bestimmten Verhältnis stehen, das seinerseits von dem Betriebsdruck des Kessels abhängt. Die Abb. 20 zeigt diese Abhängigkeit des Sodasulfatverhältnisses von dem Betriebsdruck. Die Gesamtalkalität des Kesselinhaltes wird dabei auf Soda Na_2CO_3 und der Sulfatgehalt auf Glaubersalz Na_2SO_4, beide in mg/l, angegeben.

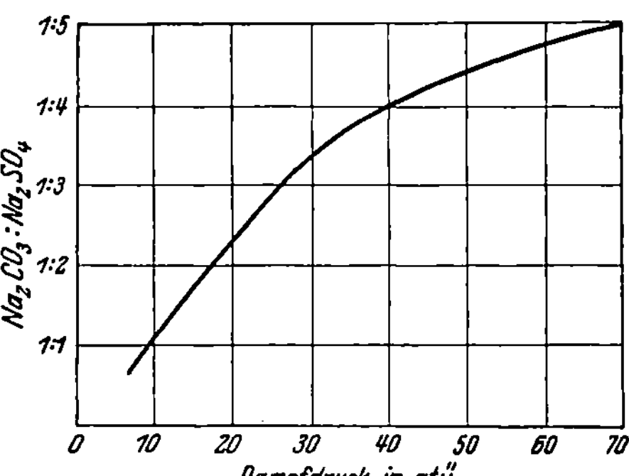

Abb. 20. Abhängigkeit des Soda-Sulfat-Schutzverhältnisses vom Kesseldruck.

Die Richtigkeit der Einhaltung eines bestimmten Sodasulfatverhältnisses hat sich in der Praxis im allgemeinen bestätigt, so daß es jedenfalls ratsam ist, in genieteten Kesseln das jeweilig vorgeschriebene $Na_2CO_3 : Na_2SO_4$-Verhältnis einzuhalten.

Nach Thiel[1] tritt die Schutzwirkung des Sulfates nur dann ein, wenn Gelegenheit zur Abscheidung eines festen, wenn auch dünnen, Salzbelages vorhanden ist. Dies ist der Fall in undichten Nietnähten, in denen eine örtlich hohe Konzentration an Laugen und Salzen eintreten kann. Der dann zu befürchtende Angriff des Werkstoffes durch konzentrierte Lauge wird aber verhindert, wenn sich das schwerer lösliche Sulfat als Schutzschicht auf der Metalloberfläche niedergeschlagen hat.

Ein Mißstand des Sulfatzusatzes zu dem Kesselwasser ist die Erhöhung des Salzgehaltes des Kesselinhaltes, wodurch ein wesentlicher Zweck der Destillatspeisung zunichte gemacht wird. Es stellte sich deshalb die Frage, ein Salz ausfindig zu machen, das die Schutzwirkung des Sulfats in viel höherem Grade als dieses Salz besitzt, so daß geringere Zusatzmengen genügen, um einen gleichen Schutzeffekt hervorzurufen. Parr und Straub schlagen hierfür auf Grund ihrer Untersuchungen Alkaliphosphat vor, das eine 500fach größere Wirksamkeit als Glaubersalz aufweist. Bei 35 atü braucht man auf 100 Teile Ätznatron nur 1 Teil Natriumphosphat ($Na_3PO_4 \cdot 10\,H_2O$) zur Verhinderung der Laugensprödigkeit.

Bei der Einhaltung der Natronzahl von 400—1000 benötigt man dementsprechend bloß 4—10 mg/l Na_3PO_4. $10\,H_2O$ anstatt 1500—5000 mg Na_2SO_4.

Nach neueren Angaben soll Tannin ebenfalls eine Schutzwirkung gegenüber der Laugenbrüchigkeit ausüben.

Nach den neuesten Untersuchungen von E. Berl und F. van Taack[2] wirken schützend gegenüber der Laugensprödigkeit: Natrium-

<hr>

[1] Mitt Verein. Großkesselbesitzer 1928, Nr 17.

[2] E. Berl und F. van Taack, Forschungsarbeiten auf dem Gebiet des Ingenieurwesens. Heft 330. Ver. deutsch. Ingenieure (1930).

sulfat und Chromate, wobei sich eine oxydische Schutzschicht bilden soll. Eine Vorbehandlung des Eisens mit Natriumsulfat und Ätzlauge schafft eine gute Schutzschicht gegenüber der Laugenkorrosion. Natriumchlorid und Magnesiumchlorid heben die Schutzwirkung des Natriumsulfats gegenüber Laugen wieder auf, jedoch ist eine vorher erzeugte Deckschicht gegen das Lauge-Sulfatchlorid-Gemisch beständig.

5. Kieselsäure.

Durch Beachtung gewisser Punkte lassen sich Ausscheidungen von Kieselsäure bzw. die Bildung von unlöslichen Silikaten im Kessel verhindern. Diese Punkte, das Speisewasser mit in die Betrachtung einbezogen, sind:

1. Weitgehende Enthärtung des Rohwassers, um die Resthärte des Kesselwassers möglichst niedrig zu halten. Hierdurch wird die Ausbildung von unlöslichen Kalzium- und Magnesiumsilikaten zwar abgebremst, jedoch liegt, bei Nichtbeachtung folgenderPunkte, die dauernde Gefahr vor, daß der ausfallende Kesselstein fast ausschließlich aus diesen wärmestauenden Silikaten besteht. Dementsprechend ist gerade bei weitgehend enthärteten Wässern zu achten auf:

2. Die Entkieselung des Rohwassers.

3. Die Kessel müssen in genügender Menge und in genügenden Zeitabständen, wenn nicht dauernd abgelassen werden, um zu hohen Anreicherungen an SiO_2 im Kesselwasser vorzubeugen.

4. Stark kieselsäurehaltige Rohwässer soll man nicht nach einem Kesselwasserrückführungsverfahren reinigen, es sei denn, daß sie genügend entkieselt sind.

5. Bei stark korrosiven oder eisenhaltigen Wässern ist auf die Bildung von Eisensilikaten im Kessel zu achten.

6. Die Alkalität des Kesselinhaltes muß genügend hoch sein, um die Kieselsäure in der löslichen Form des Natriumsilikates (Wasserglas) zu halten und auch den Rostangriff und somit die Bildung von Eisensilikaten zu verhindern. Auch im Hinblick auf die Kieselsäurefrage, ist deshalb die Natronzahl einzuhalten.

C. Wasser für Verdampfer.

Die Verdampfer dienen dazu, destilliertes Wasser herzustellen, das als Zusatzwasser dem Kondensatkreislauf beigefügt wird, um die unvermeidlichen Verluste zu decken. Sämtliche Verdampfertypen, ganz gleichgültig unter welchem Druck sie arbeiten, sind als Niederdruckkessel besonderer Bauart anzusehen und verlangen dementsprechend auch ein entsprechendes Speisewasser. Es ist ein grober Irrtum zu glauben, daß man mit der Verdampfung des Rohwassers eine Vorreinigung umgehen kann. Nur in wenigen Fällen ist das Rohwasser für eine unmittelbare Speisung der Verdampfer zu gebrauchen.

Welche Beschaffenheit das Wasser für die Verdampferspeisung haben soll, hängt natürlich von der Bauart der Anlage ab. Genaue Angaben sind über diesen Punkt noch nicht im Schrifttum vorhanden, weshalb hier nur allgemeine Richtlinien gegeben werden können.

Das Wasser darf keine mechanischen Verunreinigungen und besonders keine organischen Stoffe enthalten, denn eine Schlammbildung beeinträchtigt die Leistung und begünstigt das Überkochen.

Aus Rohwässern mit hoher vorübergehender Härte und geringer bleibender Härte ist die vorübergehende Härte, sei es durch Kalk, Ätznatron oder auch ein Impfverfahren, zu entfernen. Gerade in den Verdampfern bilden sich harte, fest anhaftende Karbonatsteinbeläge, die unbedingt vermieden werden müssen. Liegen Rohwässer mit hoher bleibender Härte vor, so müssen sie nach einem angepaßten Verfahren vorgereinigt werden (Kalk, Soda, Permutit, Impfung usw.).

D. Kühlwasser für Kondensatoren.

Die Beschaffenheit des Kühlwassers für Oberflächenkondensatoren soll derart sein, daß keine Steinablagerungen und keine Anfressungen an den Kondensatorrohren und in den Leitungen auftreten. Eine Verschlammung ist ebenfalls zu verhindern. Letzteres erreicht man durch Verwendung eines mechanisch sauberen, also filtrierten Wassers. Eine Steinbildung wird im allgemeinen verhindert, wenn das Wasser keine oder nur eine geringe Karbonathärte aufzeigt und die Salzkonzentration nicht so hoch getrieben wird, daß die Löslichkeitsgrenze des Gipses überschritten wird. Es ist deshalb von Wichtigkeit, den Kühlwasserkreislauf zu überwachen und bei zu hoher Salzkonzentration einen Teil durch friches, salzarmes und filtriertes Wasser zu ersetzen. Richtlinien über die zulässige Salzkonzentration lassen sich nicht geben, denn diese Grenze hängt zu sehr von der Art der Salze ab. Im allgemeinen richtet man sich nach der Löslichkeitsgrenze des Gipses. Anreicherungen von Chloriden sind ebenfalls wegen der Korrosionsgefahr zu vermeiden.

Zweiter Teil.

Die Wasserpflege.

Die Aufbereitung des Wassers.

Um einen wirtschaftlichen, störungsfreien und gefahrlosen Dampfbetrieb zu gewährleisten, muß das Wasser, wie wir wiederholt gesehen haben, gewissen, durch die jeweils vorliegenden Betriebsverhältnisse bestimmten Güteanforderungen entsprechen. Der Zweck der Aufbereitung besteht darin, die Wässer in den jeweils gewünschten Gütegrad zu bringen und sie auch dauernd in dieser Beschaffenheit zu halten. Darüber hinaus umfaßt die Aufbereitung im weiteren Sinne alle Behandlungen des Kesselinhaltes selbst, der ja ebenfalls bestimmten Güteanforderungen entsprechen muß. In den vorhergehenden Abschnitten haben wir einen Überblick über die wesentlichen Anforderungen, die in der neuzeitlichen Dampfkraftanlage an die Wässer gestellt werden, gewonnen. Man kann auf Grund dieser Darlegungen die Fragen der Wasseraufbereitung folgendermaßen zusammenstellen:

I. Entfernung der grobdispersen Verunreinigungen.

II. Entfernung der kolloidalen Verunreinigungen.

III. Entfernung der schädlichen molekulardispersen Verunreinigungen.

1. Entsalzen. — 2. Enthärten. — 3. Entgasen. — 4. Impfen (Überführen in weniger schädliche bzw. unschädliche Verunreinigungen).

IV. Behandlung des Kesselwassers.

1. Physikalisch-chemische Behandlung (Korrektivverfahren). — 2. Kolloidchemische Behandlung. — 3. Mechanische Behandlung. — 4. Elektrochemische Behandlung. — 5. Entsalzen.

Im nachstehenden werden wir diese Reihenfolge, unter Einschaltung der notwendigen Untergruppen, einhalten.

I. Entfernung der grobdispersen Verunreinigungen.

Es ist bekannt, daß die Grundwässer in der Regel völlig klar sind und keine mechanische Reinigung benötigen. Dagegen sind die natürlichen Oberflächenwässer (Fluß-, Teich-, Stauweiherwasser usw.) mehr oder weniger mit grobdispersen Verunreinigungen verschmutzt, die eine unmittelbare Verwendung dieses Wassers, sei es als Speisewasser für Kessel oder Verdampfer, sei es als Kühlwasser für Kondensatoren, nicht zulassen. Auch ist bei solchen Wässern eine mechanische Vorreinigung der chemischen Reinigung vorzuschalten. Wenn man auch in der Praxis soweit wie nur möglich Grundwässer für die Wasserwirtschaft der Kraftanlagen heranzieht, so verwendet man in sehr vielen Fällen, besonders in den an Flußläufen gelegenen Anlagen, Oberflächenwasser, das seiner Eigenart entsprechend aufbereitet wird. Oftmals ist hierfür eine stufenweise Reinigung notwendig, angefangen mit einfachem Abfangen der groben Beimengungen, wie Blätter, Zweige, Pflanzen, Algen durch Siebe, gefolgt von einer Klärung in Absitzbecken, um endlich in einer Filteranlage mit oder ohne Zugabe von chemischen Klärmitteln zu enden.

Je nach dem spezifischen Gewicht S der suspendierten Verunreinigungen unterscheidet man, wenn s das spezifische Gewicht des Wassers ist, folgende Suspensa:

$$\begin{aligned} &\text{a) Schwimmstoffe} \ldots \ldots && S < s \\ &\text{b) Schwebestoffe} \ldots \ldots && S = s \\ &\text{c) Sinkstoffe} \ldots \ldots \ldots && S > s. \end{aligned}$$

Alle drei Stoffarten können sich im Wasser in ganz verschiedenen Teilchengrößen vorfinden, von grobmechanischen Verunreinigungen (wie Blätter, Algen, Wassertiere usw.) an bis zur kolloidalen Teilchengröße herab. Die geringsten Schwierigkeiten machen die Schwimmstoffe, deren Eintreten in die Rohrleitungen man einfach dadurch verhindert, daß man die Mündung der Saugrohre in genügender Entfernung vom Wasserspiegel anbringt. Es muß dabei darauf geachtet werden, daß die Mündung in einer wirbelfreien Stelle liegt und auch, daß die Saugung keine hochgehende Wirbelbewegung des Wassers erzeugt.

Schwieriger ist die Entfernung der Schwebe- und der Sinkstoffe. Wenn es auch grundsätzlich ein leichtes ist, die Sinkstoffe in einfachen Klärbecken absetzen zu lassen, so darf nicht außer acht gelassen werden, daß die Absetzgeschwindigkeit in sehr großem Maße von der Teilchengröße abhängig ist, und daß der Kläreffekt auch von den Abmessungen der Anlage, der Bauart und der Durchflußgeschwindigkeit beeinflußt wird. Es muß besonders darauf hingewiesen werden, daß Oberflächenwasser nur dann dem Grundwasser gleichwertig ist, wenn es sorgsam gereinigt wird, eine Tatsache, die immer noch nicht Allgemeingut der Betriebsleute geworden ist. Man nimmt oft lieber die durch schlechtes Wasser hervorgerufenen Betriebsfehler in Kauf, als eine Reinigungsanlage zu errichten, obwohl dies ein unwirtschaftliches Verfahren ist.

Die Art des Reinigungsverfahrens richtet sich selbstverständlich in erster Linie nach der physikalischen Beschaffenheit der Suspensa. Die grobmechanischen Beimengungen, wie Pflanzenteile, Tiere, Algen usw. entfernt man in Siebanlagen, die Sinkstoffe in Absitzbecken und die feineren Trübungen in Klärfiltern. Der Kläreffekt muß oftmals durch chemische Mittel erhöht werden.

A. Die Siebverfahren.

In Anbetracht der sehr großen in den Kraftanlagen benötigten Wassermengen, insbesondere jener, die zum Kondensieren des Dampfes notwendig sind, reicht in der Regel das zur Verfügung stehende Grundwasser nicht aus, oder es würde den Wasserhaushalt in unzuläßlicher Weise verteuern. Es ist daher natürlich, wenn man die Kraftanlagen an Flüsse, Teiche, Staubecken oder an das offene Meer verlegt, da hier ein billiges Wasser in meist unbeschränkter Menge zur Verfügung steht.

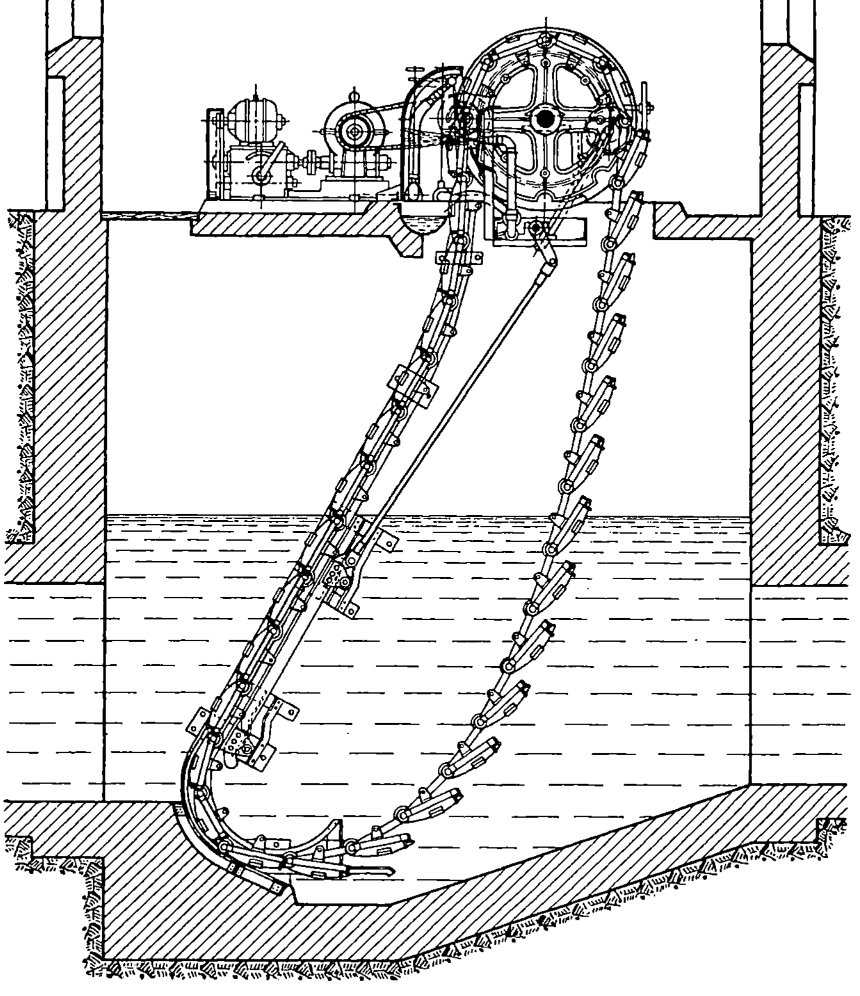

Abb. 21. Siebbandrechen. (Bauart Geiger, Karlsruhe.)

Demgegenüber enthält es Sperrstoffe und grobmechanische Beimengungen, die entfernt werden müssen.

Das einfachste Verfahren dieser mechanischen Vorreinigung besteht im Zurückhalten der groben Suspensa in Siebvorrichtungen. Die Hauptbedingung für ihre Bauart ist die Möglichkeit einer raschen und energischen Reinigung, weshalb man die Wasserbassins mit mehreren Sieben versehen hat, die wechselweise in Betrieb sind. Die Reinigung der verschmutzten Siebe erfolgte früher einfach von Hand, während heute mechanische Reinigungsverfahren üblich sind. Durch die neueren Verfahren (Rechen) mit selbsttätigen Reinigungsvorrichtungen wurde es möglich, mit einem einzigen Sieb auszukommen, die Reinigungsanlage entsprechend zu verkleinern und somit schon einen Teil der kostspieligen Becken zu sparen. Abb. 21 zeigt einen solchen maschinellen Rechen (Bauart Geiger, Karlsruhe).

Es ist dies ein Siebbandrechen, von dem die Unreinigkeiten durch einen Wasserstrahl von 2—3 at Druck abgespritzt werden. Der Rechen besteht aus vielen gelenkartig verbundenen Siebplatten von verschiedener Teilung und Breite. Die Siebe werden mittels zwei verzahnten Rollenscheiben in dauernder Umlaufbewegung gehalten und laufen an einer Abspritzvorrichtung vorbei, durch welche der aufgelagerte Schmutz entfernt und in Rinnen abgeführt wird.

Die Bestrebungen nach erhöhter Wirtschaftlichkeit haben dazu geführt, die Reinigungseinrichtungen soweit wie möglich zu verkleinern, um dadurch die Becken vollständig zu umgehen. Diese geschlossenen Siebe lassen sich in die Rohrleitungen einbauen, sind daher an Stellen zu verlegen, wo sie einer besseren Überwachung zugängig sind, als das bei den Siebbassins möglich ist, die mitunter kilometerweit von der Verbrauchsstelle entfernt an der Entnahmestelle gelegen sind. Abb. 22 zeigt eine

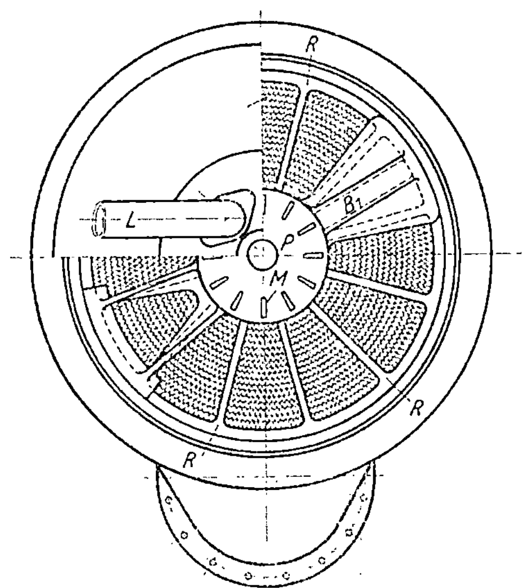

Abb. 22 a.

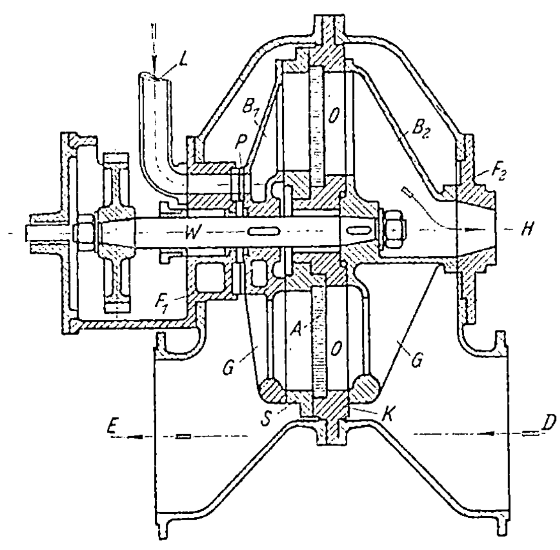

Abb. 22 b.

Abb. 22 a u. b. Kiwa-Kühlwasserreiniger. (Hersteller: Gesellschaft für Kiesselbach-Wärmespeicher u. Wärmewirtschaft m. b. H., Essen.)

solche neuartige Ausführungsform, den Kiwa-Wasserreiniger (Kiesselbach-Wärmespeicher-Gesellschaft, Essen), über dessen Bauart und Wirkungsweise H. Balcke[1] die nachstehenden Angaben macht.

Vor und hinter der Siebplatte A befinden sich Ringkörper S und K, die mit radial angeordneten Rippen R versehen sind. Über diesen Rippen R befindet sich auf der Wasseraustrittseite eine geschlossene, bewegliche Kammer B_1, die mit der sogenannten Spülwassereintrittsleitung L ständig in Verbindung steht. Genau dieser Kammer B_1 gegenüber, auf der anderen Seite des Siebes, befindet sich eine Kammer B_2. Beide Kammern sitzen auf der Welle W und erhalten durch diese eine umlaufende Bewegung. Die Teile G dienen zur Ausbalancierung der Kammer B_1 und B_2. Die Welle W wird vermittels Schneckenrades und Schnecke durch einen Motor angetrieben.

Vor der Kammer B_1 befindet sich eine feststehende Platte P, die mit Schlitzen M versehen ist. Diese Platte steht in Verbindung mit der Spülwassereinrichtung L. Auf der segmentarisch ausgebildeten Kammer B_1 befinden sich ebenfalls Schlitze, ähnlich denjenigen in der Platte P.

Die vorerwähnten Teile werden von einem gußeisernen Gehäuse umfaßt, das vorn und hinten durch Deckel F_1 und F_2 geschlossen ist. In den Deckeln befinden sich die Stutzen D und E für das einströmende bzw. ausströmende Wasser. Der Durchmesser des Gehäuses entspricht im allgemeinen dem zweifachen lichten Durchmesser dieser Stutzen. Es sei noch erwähnt, daß die Welle W vorn durch eine Stopfbüchse abgedichtet wird.

Das zu reinigende Wasser tritt bei D ein, durchströmt die Siebplatte A und tritt bei E in gereinigtem Zustande aus. Die von dem Wasser mitgeführten Unreinigkeiten setzen sich in dem Raum O, der durch den ringförmigen Körper K gebildet wird, ab. Die Kammern B_1 und B_2 befinden sich in einer langsam umlaufenden Bewegung. Sie überdecken nacheinander die ganze Siebplatte. Sobald nun die Schlitze der Kammer B_1 sich mit denjenigen der Platte P überdecken, tritt Spülwasser in die Kammer ein und durchspült denjenigen Teil der Siebplatte, der von den beiden Kammern gerade überdeckt wird.

Das verbrauchte Spülwasser tritt mit den Unreinigkeiten aus der Öffnung H des Deckels F_2 aus und kann vermittels einer geschlossenen Leitung nach einer beliebigen Stelle (außerhalb des Kreislaufes) fortgeführt werden. Die Umdrehungsgeschwindigkeit der Kammern richtet sich nach der Art und Menge der Unreinigkeiten, die in dem Wasser enthalten sind. Im allgemeinen machen die Kammern eine Umdrehung in zwei Minuten.

Das zum Durchspülen der Siebe benutzte Wasser wird der Pumpendruckleitung entnommen, so daß im allgemeinen ein Überdruck von etwa 0,8 at für das Durchspülen des Siebes zur Verfügung steht. Dieser Druck erscheint ausreichend, um eine sorgfältige Reinigung zu bewirken. Die für die Reinigung des Siebes benötigte Spülwassermenge ist sehr

---

[1] Balcke, H.: Wärme 52, 753 (1929).

gering. Sie macht 2—3% der das Sieb durchströmenden Wassermenge
aus. Die Querschnitte im Sieb bzw. die Größen desselben werden so
bemessen, daß der Widerstand auf etwa 200—300 mm Wassersäule
herabgedrückt wird. Der Leistungsbedarf des Antriebsmotors zur Erzeugung der umlaufenden Bewegung der Spülkammern beträgt 1—3 PS.

B. Absetzverfahren.

Die Sinkgeschwindigkeit der im Wasser aufgeschwemmten festen
Teilchen hängt bekanntlich von ihrem spezifischen Gewicht, ihrer Größe,
ihrer Form und ferner vom spezifischen Gewicht und der Zähigkeit
(Viskosität) des Wassers ab. Für die Absetzgeschwindigkeit kleiner
und kleinster Teilchen hat Sheppard T. Powell[1] folgende Tabelle errechnet:

Teilchengröße mm	Absetzgeschwindigkeit mm/sec (bei 10°)	Teilchengröße mm	Absetzgeschwindigkeit mm/sec (bei 10°)
1,0000	100,0	0,0300	1,3
0,8000	83,0	0,0200	0,62
0,6000	63,0	0,0150	0,35
0,5000	53,0	0,0100	0,154
0,4000	42,0	0,0080	0,098
0,3000	32,0	0,0060	0,055
0,2000	21,0	0,0050	0,0385
0,1500	15,0	0,0040	0,0247
0,1000	8,0	0,0030	0,0138
0,0800	6,0	0,0020	0,0062
0,0600	3,8	0,0015	0,0035
0,0500	2,9	0,0010	0,00154
0,0400	2,1	0,0001	0,000154

Man sieht, daß mit abnehmender Teilchengröße die Sinkgeschwindigkeit stark abnimmt und daß gleichzeitig also die dispersen Systeme be-
ständiger werden. Je kleiner die Teilchengröße, desto schwieriger ist
daher auch die Klärung des Wassers durch das einfache Absitz-
verfahren.

Die in der Praxis anzuwendende Absetzdauer hängt von der Teilchengröße der Sinkstoffe ab, ferner von dem angestrebten Reinheitsgrad des
Wassers und von den Kosten des Absetzverfahrens im Vergleich mit
anderen Klärmethoden. Erträgliche Absetzzeiten sind solche von 4 bis
24 Stunden. Von Wichtigkeit ist es, zu wissen, daß die Tiefe der Becken
nur für die Speicherung des Schlammes von Bedeutung ist, denn es ist
nachgewiesen worden[2], daß die Menge der Ausscheidung für
eine gegebene Teilchengröße unabhängig von der Becken-
tiefe und abhängig von der Größe der Bodenfläche des
Beckens ist. Wirbelungen und Strömungen im Becken sind zu vermeiden, denn je ruhiger das Wasser im Behälter steht, desto besser
gelingt auch die Klärung. Diese kann man erhöhen durch Einbau von

---

[1] Powell, S. T.: Boiler feed water purification VI. Aufl.

[2] Haupt: Fortschritte in der Reinigung von Oberflächenwasser in „Vom
Wasser", Bd 2, 1928. Verlag Chemie.

Scheidewänden, die den Weg des Wassers verlängern. Auf der Ausnutzung der Massenbeschleunigung beruhen fast alle Klärbehälter der Wasserreiniger. Hier wird der Wasserstrom senkrecht nach unten geleitet und durch Querschnittserweiterung verbunden mit Richtungswechsel eine plötzliche Verminderung der Durchflußgeschwindigkeit bewerkstelligt. Die spezifisch schwereren Enthärtungsprodukte behalten wegen ihrer Massenbeschleunigung ihre frühere Richtung bei, gelangen aus dem fließenden Strom in eine ruhigere bzw. stehende Wasserzone, wo sie dann niedersinken. Immerhin entstehen durch die relativ hohe Durchflußgeschwindigkeit und den Richtungswechsel des Wasserstromes Wirbel, die die kleineren Sinkstoffe wieder mit hoch führen. Dies tritt in besonders ungünstigem Maße in falsch bemessenen und fehlerhaft gebauten Reinigungsanlagen auf.

Haupt macht in seiner S. 65 angeführten Schrift auf folgende Mißstände aufmerksam, die nicht stark genug unterstrichen werden können. Man begegnet häufig der irrigen Meinung, daß es nicht notwendig sei, für getrübte Oberflächenwässer besondere Absetzvorklärbecken vorzusehen, da sie wegen ihres hohen Gehaltes an feinstverteilten und kolloidalen Schwebstoffen ohnehin der chemischen Behandlung unterworfen werden müßten. Für den auf die Ausflockung folgenden Absetzvorgang seien ohnehin Absetzbecken und Filtervorrichtungen nötig. Demnach bedeuteten die Vorklärbecken bloß einen überflüssigen Mehraufwand. Demgegenüber bietet die mechanische Vorklärung vor der Filtration und vor der häufig notwendigen chemischen Reinigung folgende Vorteile:

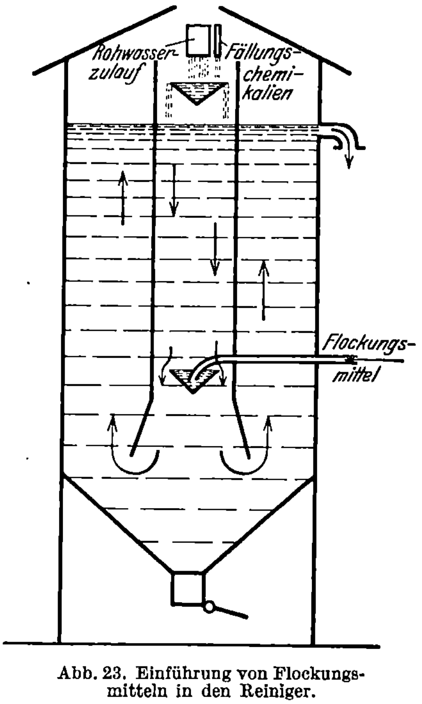

1. Verringerte Kosten für die Fällung und Filtration, da der hierzu nötige Chemikalienverbrauch kleiner wird.

2. Bessere Klärung bei der Koagulation, sowie in den Nachklärbecken und dadurch verminderte Belastung der Filter.

3. Längere Betriebszeit der Filter zwischen den einzelnen Waschperioden und hierdurch verminderter Waschwasserverbrauch und geringere Unterhaltungskosten.

Abb. 23. Einführung von Flockungsmitteln in den Reiniger.

Erhöhung des Kläreffektes durch chemische Behandlung.

Sind die im Wasser verteilten Teilchen so klein oder auch so zahlreich, daß es schwierig, wenn nicht unmöglich ist, sie durch einfaches Absitzenlassen genügend zu entfernen, so kann man die Klärung durch chemische Fällungsmittel erhöhen.

Als Fällungsmittel werden angewendet: Kalkmilch, Alaun, Aluminiumsulfat, Eisenvitriol, Natriumaluminat, sei es allein, sei es gemischt. Wässer mit hoher Karbonathärte kann man mit Kalkmilch allein behandeln. Weitaus am meisten verbreitet ist jedoch der Zusatz mit Aluminiumsalzen, insbesondere Alaun und Aluminiumsulfat. Zu beachten ist hierbei, daß Alaun teurer als Aluminiumsulfat ist. Sehr oft müssen die Wässer vorher mit Kalk oder Soda schwach alkalisch gemacht werden. Die Wirkung dieser Zusätze besteht darin, daß flockige Niederschläge gebildet werden, die beim Niederschlagen die Trübungen mitreißen.

Zur Beseitigung der sehr lästigen Algenwucherungen in Absitzbecken oder Stauweihern wird eine Behandlung mit Kupfersalzen vorgeschlagen[1]. Zur Beschleunigung der Absetzgeschwindigkeit der Enthärtungsprodukte im chemischen Reiniger kann man die Flockungsmittel, also Aluminiumsalze, in den unteren Teil des Reinigers selbst kontinuierlich einführen, wie dies schematisch aus der Abb. 23 zu ersehen ist. Diese Arbeitsweise wird in Nordamerika öfters durchgeführt, hat aber den Nachteil, daß infolge der alkalischen Reaktion des Wassers in diesem Teil der Wasserflusses ein gewisser Anteil des Aluminiumhydrats als Aluminat gelöst und daher die Wirksamkeit des Klärungszusatzes vermindert wird.

C. Das Filterverfahren.

Die Leistungsfähigkeit eines Filters hängt ab: 1. von der Porenweite des Filtermaterials und 2. von der Durchflußgeschwindigkeit des Wassers. Beide müssen aufeinander abgestimmt sein. Für die Wahl der Filtermasse und der Durchflußgeschwindigkeit ist natürlich die Beschaffenheit des Wassers maßgebend. Die Filterwirkung wird nicht allein vom Filtermaterial ausgeübt, sondern in ganz erheblicher Weise von den Schwebestoffen selbst, die sich in den Poren festsetzen, deren Weite verringern und dadurch den Kläreffekt vergrößern. Die Filtrationsgeschwindigkeit ist im allgemeinen abhängig von dem jeweiligen Verunreinigungsgrand des Wassers und auch von dem Verschmutzungsgrad des Filters. Verschlammte Filter werden durch Reinigung, Auflockerung oder teilweise Erneuerung der Filtermasse wieder wirksam gemacht. Als Filtermaterial kommen in Betracht: Kies, Sand, Koks, Holzwolle, Sägespäne usw. Bei der Wahl der Filtermasse sind folgende Punkte von Wichtigkeit:

1. Besteht die Filtermasse aus Holzwolle, so darf bei der Erneuerung des Filters keine frische Holzwolle verwendet werden, da diese einen Teil ihrer Bestandteile an das Wasser, besonders wenn dieses alkalisch und warm ist, abgibt. Die gelösten organischen Stoffe rufen im Kessel Schaumbildung hervor. Um diesen Mißstand zu vermeiden, soll die Holzwolle vorerst in etwa 3—10% heißer Sodalösung ausgelaugt und dann gut ausgewaschen werden.

2. Alkalische heiße Wässer greifen Kies- und Sandfilter unter Auflösung von Kieselsäure an. Für solche Wässer — in Frage kommen

---

[1] Haupt: Z. Untersuchung der Lebens- u. Genußmittel 54 1, 2 (1927).

meist chemisch gereinigte Wässer — darf also kein kieselsäurehaltiges Material verwendet werden. Als Ersatz wird Magnesit oder Koks vorgeschlagen.

Die Bauarten der Filter lassen sich auf vier Grundtypen zurückführen.

1. Kiesfilter in Verbindung mit Absitzbecken. Von einem solchen Filter zeigt die Abb. 24 einen Längs- und einen Querschnitt.

Das Rohrwasser tritt aus der Sammelgrube in einen Kanal, von dem aus es in die senkrecht zum Kanal angeordneten Siebbehälter fließt. Hier werden die groben Verunreinigungen vom Kiesfilter zurückbehalten, die feineren sollen sich in den überstehenden Klärräumen niederschlagen. Jede einzelne Filter- und Klärzelle ist für sich zu reinigen.

2. Offene Filter. Diese bestehen, wie Abb. 25 erkennen läßt, aus einem zylindrischen Behälter, in den ein Siebboden eingebaut ist, der mit einer genügenden Schicht Filtermaterial bedeckt ist. Die Reinigung des verschlammten Filters erfolgt durch Druckluft, bei abgesperrtem Rohwasserzulaufschieber.

3. Geschlossene Filter. In Fällen, wo das filtrierte Wasser vom Filter nicht frei ablaufen kann, sondern in einen höherstehenden Behälter gedrückt werden muß, muß ein geschlossenes Filter angewendet werden,

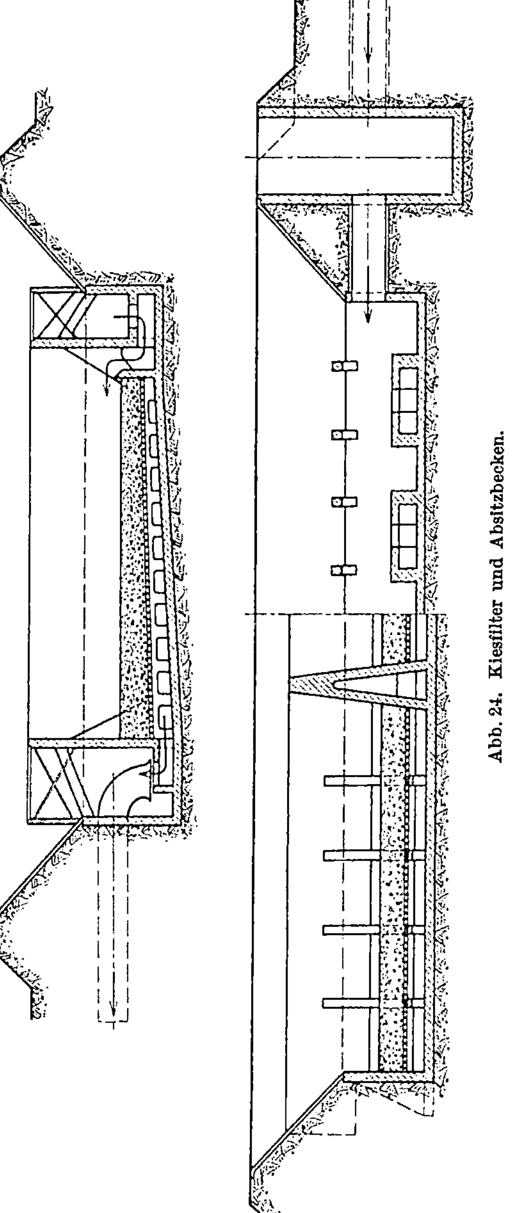
Abb. 24. Kiesfilter und Absitzbecken.

wovon Abb. 26 eine Bauart zeigt. Das Rohwasser tritt hier unter Druck zunächst auf eine im Innern des Filters angeordnete Prellplatte, so daß

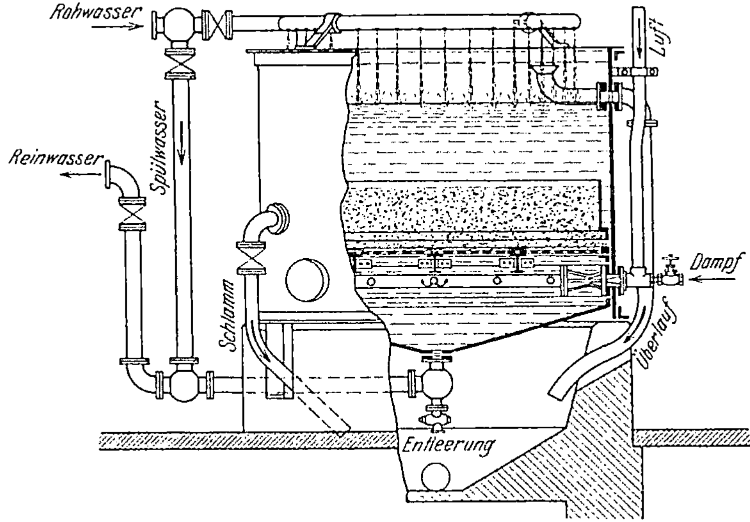

Abb. 25. Offener Filter (Bauart Seiffert).

sich das zu klärende Wasser möglichst gleichmäßig über das gesamte Filterbett verteilt. Die Filtration geht von oben nach unten vor sich.

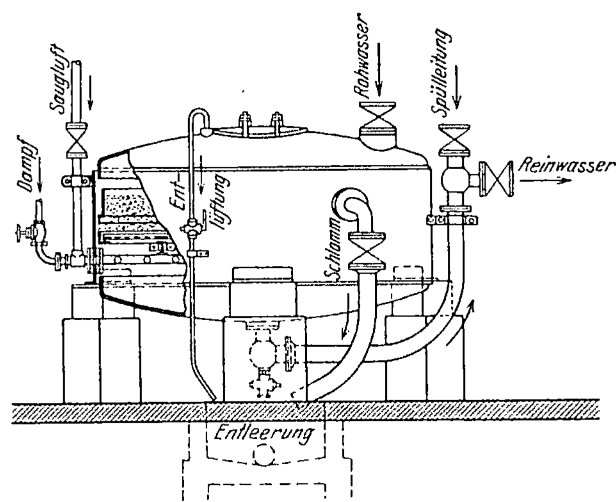

Abb. 26. Geschlossener Filter (Bauart Seiffert).

Die Auswäsche erfolgt wie bei den offenen Apparaten, also durch Druckluft. Es kann aber auch Spülwasser verwendet werden.

4. Filter mit mechanischem Rührwerk (Abb. 27). Diese Filter sind mit einem Rührrechen ausgerüstet, dessen Zinken tief in das Filter-

material hineintauchen. Der Antrieb der Rührrechen kann mittels ein- oder doppelseitiger Handkurbel oder auch elektromotorisch erfolgen. Die Auswäsche des verschlammten Filters erfolgt durch Spülwasser von geeignetem Druck unter gleichzeitiger Betätigung des Rührrechens.

Mitunter erhöht man die Spülwirkung des Wassers durch ein Strahlgebläse, das die Filtermasse heftig durcheinanderwirbelt. Zu erwähnen ist schließlich die Anwendung von Filterpressen bei der Wasserenthärtung durch A. L. Dehne, Halle.

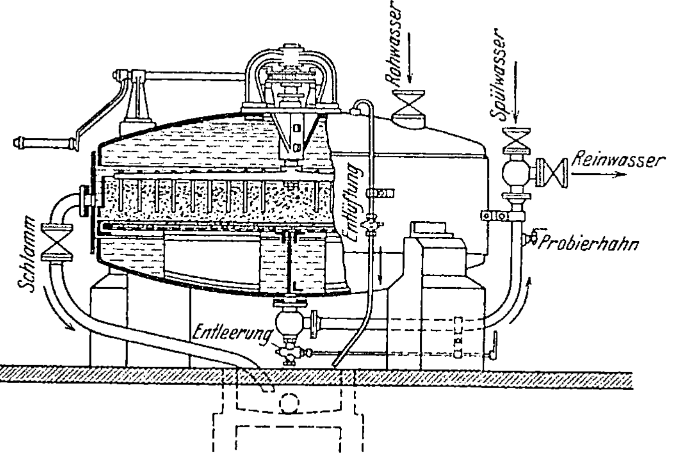

Abb. 27. Geschlossener Filter mit Rührrechen (Bauart Seiffert).

Zur Steigerung des Kläreffektes der Filter wird oft eine chemische Vorbehandlung des Wassers mit Flockungsmitteln vorgenommen, wodurch ein Doppeltes erreicht wird: erstens eine Verringerung der Porenweite des Filters infolge der sich bildenden unlöslichen Flocken und zweitens eine Oberflächenwirkung der kolloidalen Flocken, sowohl in der Wassermasse selbst wie in den Porenräumen des Filters.

Im allgemeinen ist es anzuraten, die chemischen Enthärtungsanlagen durch ein geschlossenes Filter zu ergänzen, was leider sehr oft aus falschen Sparsamkeitsrücksichten versäumt wird.

II. Entfernung der kolloidalen Verunreinigungen.

Zur Entfernung der kolloiddispersen Verunreinigungen des Wassers, also vor allem der organischen Kolloide (Humusstoffe) des Rohwassers, sowie der im Maschinenkondensat emulgierten Öle und Fette sind folgende Verfahren von praktischer Bedeutung:

1. Adsorption an Flockungsmitteln,
2. elektrolytische Ausflockung.

Beide Verfahren müssen durch Filter ergänzt werden, da die sonst notwendigen Absitzbecken wegen des langsamen Trennungsvorganges allzu große Abmessungen einnehmen müßten.

Als Fällungsmittelzusatz kommen in Frage: Tonerdesulfat, Eisensulfat, Natriumaluminat und Baryumaluminat. Im allgemeinen wird Tonerdesulfat verwendet, das mit der vorübergehenden Härte des Wassers nach folgender Gleichung reagiert:

$$Al_2(SO_4)_3 + 3\,Ca(HCO_3)_2 = 3\,CaSO_4 + 2\,Al(OH)_3 + 6CO_2.$$

Das flockige Aluminiumhydrat bildet im Wasser eine Art von Netzwerk, das die kolloidalen und grobdispersen Verunreinigungen einfängt und mit niederreißt. Beim Durchgang durch das Filter bildet es dort eine schleimige Filterhaut von großem Adsorptionsvermögen.

Aus der obigen Reaktionsgleichung erkennt man, daß die vorübergehende Härte des Wassers nach dem Zusatz von Aluminiumsulfat zurückgeht, während die Gesamthärte unverändert bleibt. Die Sulfate und die freie Kohlensäure nehmen zu. Die chemische Betriebskontrolle eines solchen Behandlungsverfahrens erstreckt sich auf die veränderlichen Werte in Roh- und Klärwasser, wobei die Vollständigkeit der Ausflockung sich aus der Zunahme des Sulfatgehaltes und des Rückganges der vorübergehenden Härte ermitteln läßt. Ist z.B. die der ersteren entsprechende Härte größer als der festgestellte Härterückgang, so liegt Unvollständigkeit der Ausflockung vor.

Der geeignete Fällmittelzusatz hängt selbstverständlich von der Rohwasserbeschaffenheit ab, jedoch dürften im allgemeinen 20—50 mg $Al_2(SO_4)_3$ je Liter ausreichend sein.

Abb. 28 zeigt eine solche Kläranlage für geringen Platzbedarf (Bauart R. Reichling & Co., Krefeld-Königshof). Das Rohwasser tritt durch die Rohrleitung a ein, dieser Zufluß wird in gleicher Weise wie der der Aluminiumsulfatlösung durch Schwimmerventile l automatisch geregelt. In dem zentralen Reaktionsrohr findet die Mischung von Rohwasser und Aluminiumsulfatlösung statt. Die bei der chemischen Wechselwirkung entstehenden großgallertigen Flocken schlagen sich samt den kolloiden Verunreinigungen· in dem unten eingebauten Schlammsammler nieder, der periodisch durch den Hahn h entleert wird. Das Reinwasser, das vorher das Filter F durchfließt, läuft bei K ab.

Im allgemeinen gelten für derartige Kläranlagen die folgenden Betriebsvorschriften: Nach dem Zusatz des Flockungsmittels soll das Wasser kurze Zeit in starker Bewegung bleiben, dann müssen die Reagenzien etwa 20—30 Minuten in Reaktionskammern auf das Wasser einwirken. Der Durchflußquerschnitt der letzteren ist so zu wählen, daß die Wassergeschwindigkeit 0,3—0,75 m/sec beträgt. Der Koagulationsbehälter soll so bemessen sein, daß eine Aufenthaltsdauer des Wassers von 3 bis 6 Stunden gewährleistet ist und die Durchflußgeschwindigkeit etwa 10 mm/sec. beträgt. Für die Fällung mit Tonerdesulfat spielt die Reaktion des Wassers eine große Rolle, da das Flockungsoptimum bei einer bestimmten Säurestufe ($p_H = 5,7$—$6,5$) liegt. Oberhalb der Säurestufe $p_H = 8$ (= alkalisch) werden die Tonerdeflocken infolge Aluminatbildung wieder aufgelöst, so daß eine vorherige Behandlung des Wassers mit Soda oder Kalk zu vermeiden ist, es sei denn, daß die Eigenart des Wassers dies verlangt. In diesem Falle muß man die chemische Betriebskontrolle schärfer ausführen und die Bauart des Reinigers entsprechend umändern.

Entölung.

Die Entölung des Maschinenkondensates kann auf gleiche Weise wie die Entfernung der kolloiden Verunreinigungen des Rohwassers, also durch Flockungsmittel erfolgen. Die Maschinenfabrik A. L. G. Dehne, Halle, entfettet das Wasser durch Zugabe eines feinverteilten Tonerde-

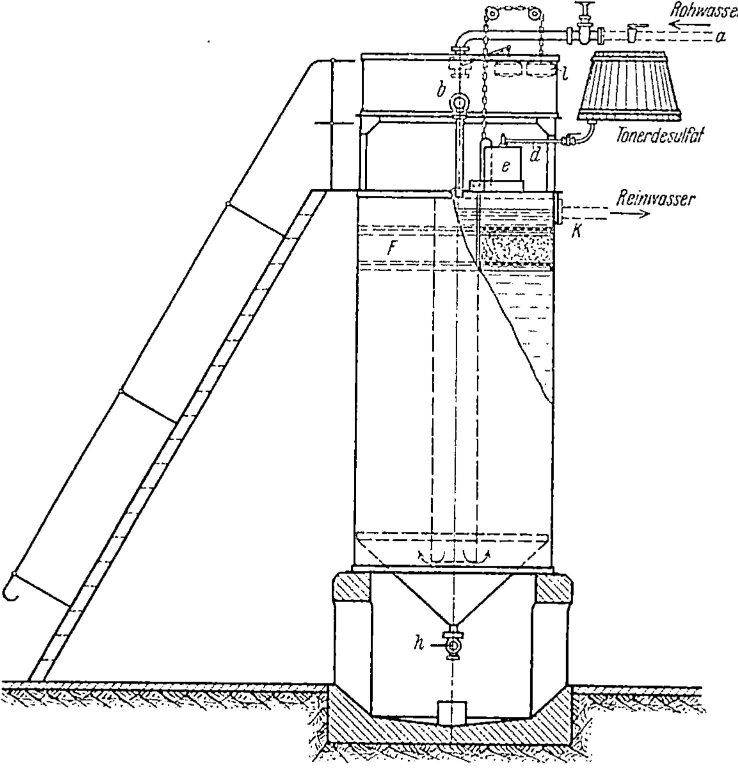

Abb. 28. Kläranlage (Aluminiumsulfatreiniger, Bauart R. Reichling & Co., Krefeld-Königshof).

silikates. Eine Entölung durch einfaches Filtrieren über Holzwolle, Putzwolle, Sägespäne, Badeschwämme, Tuch, scheint ungenügend zu sein. Neuerdings verspricht man sich daher viel von den elektrolytischen Entfettungsverfahren, wobei das ölhaltige Wasser nach einer ersten, groben mechanischen Ölabscheidung dem elektrolytischen Strom ausgesetzt ist. Durch die elektrolytische Wirkung (Kataphorese) ballen die Ölteilchen sich zusammen und werden von einem dahinter geschalteten Kiesfilter zurückgehalten.

Die Beseitigung des Öles beginnt man am besten bereits vor der

Kondensation, also durch Abdampfentöler, die gleichzeitig eine Öl-
rückgewinnung ermöglichen[1].

III. Die Entkieselung.

Besondere Entkieselungsverfahren für die Rohwässer sind bisher
noch nicht technisch ausgeführt worden. Allerdings tritt beim Kalk-
Soda-Verfahren eine Teilentkieselung ein, die je nach den vorliegenden
Verhältnissen 10—40% der vorhandenen Kieselsäure entfernt. Ein
Entkieselungsverfahren auf einseitiger kolloidchemischer Grundlage
bringt ebenfalls bloß Teilresultate. So hat es sich zum Beispiel gezeigt,
daß die Behandlung mit Aluminiumsalzen bloß 20% der gelösten Kieselsäure beseitigt.

Wir erinnern hier an die Auseinanderlegungen, die wir im Abschnitt II
(S. 36) über die elementaren theoretischen Grundlagen der Entkieselungs-
verfahren gebracht haben und wiederholen, daß nur solche Verfahren
Aussicht auf Erfolg haben, die die chemische Eigenart der gelösten
Kieselsäure erfassen unter Berücksichtigung ihrer Kondensation zu
kolloidaler Polykieselsäure.

Die Überführung der Kieselsäure in unlösliche Silikate, insbesondere
Kalziumsilikat, ließe sich zwar leicht bei der einfachen Kalk-Soda-
Enthärtung durchführen, jedoch müßten zur Verringerung der Löslichkeit der entstehenden Kalziumsilikate sehr große Mengen Kalk verwendet werden, was darüber hinaus auch einen entsprechend hohen
Sodaverbrauch zur Fällung des überschüssigen Kalkes verlangt. Hierüber liegen die wichtigen Untersuchungen von Seyb[2] vor. Seyb
kommt zu folgender Schlußfolgerung: Eine Entkieselung des von ihm
untersuchten Rohwassers bis auf den Restwert von 2 mg/l ist praktisch
durchführbar. Außer dem Kalk und der Soda, welche ohnehin für die
Enthärtung benötigt werden, wird für das Ausfällen der Kieselsäure
ein Mehrverbrauch von 1 kg CaO und 2 kg Soda pro Kubikmeter Wasser
entstehen. Ein solches Verfahren ist nach meiner Meinung aber kaum
praktisch durchführbar, und zwar nicht allein wegen der hohen Kosten
(Sodaverbrauch!), sondern wegen der großen Mengen Ätznatron, die
dabei entstehen und unausgenutzt bleiben.

Auch hat das Kalkverfahren, das von Berl und Staudinger[3] als
Entkieselungsverfahren vorgeschlagen wurde, keine praktische Bedeutung, da im günstigsten Falle noch 19 mg/l im Reinwasser verbleiben,
bei Verwendung von Gips und Kalziumchlorid noch wesentlich mehr,
also Gehalte, die für den neuzeitlichen Kesselbetrieb noch viel zu hoch
sind.

Ausgehend von der Erwägung, daß ein kombiniertes, also chemisches
und kolloidchemisches Verfahren wohl am besten geeignet ist, um die

---

[1] Eine vorzügliche Zusammenstellung der wichtigsten Entölungsverfahren gibt
V. Kammerer im Bulletin des associations françaises de propriétaires d'appareils
à vapeur. 11, 145 (1930).

[2] Mitt. Vereinig. Großkesselbesitzer 1928, 49, Nr 20.

[3] Berl u. Staudinger: Z. angew. Chem. 1927, 1313.

Kieselsäure des Wassers zu entfernen, hat Verfasser seit einigen Jahren diese Frage näher untersucht. Als bisheriges wichtigstes Ergebnis dieser noch nicht abgeschlossenen Untersuchungen sei mitgeteilt, daß das beschränkt lösliche Kalziumaluminat eine sehr gute Entkieselung ermöglicht. Die beste Entkieselung wird mit diesem Verfahren (DRPa.) unter folgenden Bedingungen erreicht:

1. Günstigste Wassertemperatur: 15—25°.
2. Günstigste Reaktion des Wassers: neutral. (pH $\sim$ 7).
3. Reaktionsdauer: Bei Umrühren $^1/_2$ Stunde; bei langsamem Durchfluß 2—4 Stunden.
4. Günstigster Kieselsäuregehalt des Rohwassers: nicht über 50 mg/l. Unter diesen Bedingungen gelingt es selbst Wässer mit bloß 6—7 mg/l SiO$_2$ auf 0,5—1 mg/l SiO$_2$, ja sogar bis auf Null, zu entkieseln. Ein Vorteil dieses Verfahrens liegt ferner darin, daß es als einfaches Filterverfahren ausgebildet wird, am besten in Verbindung mit einer nachträglichen Enthärtung. Die Abb. 29 zeigt in graphischer Darstellung einige Versuchsergebnisse. Man erkennt, daß es möglich ist, trotz sehr verschiedener Beschaffenheit des Rohwassers, Entkieselungseffekte von 95% zu erzielen.

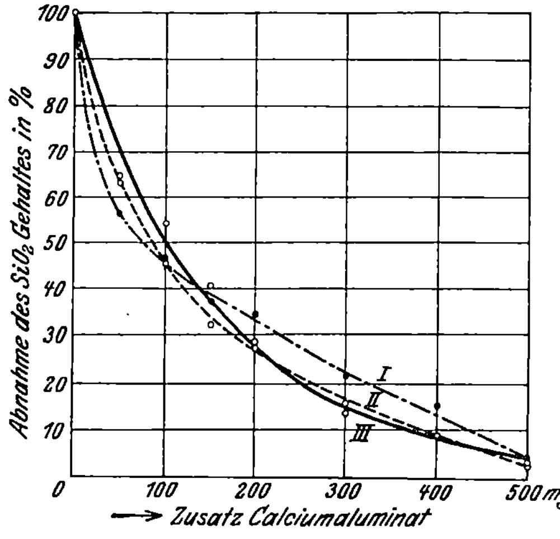

Abb. 29. Entkieselung mit Kalziumaluminat.
Kurve *I:* Wasser mit 7,4 mg/l SiO$_2$ und 12° d. H. Gesamthärte.
Kurve *II:* Wasser mit 17,4 mg/l SiO$_2$ und 32,7° d. H.
Kurve *III:* Wasser mit 17,8 mg/l SiO$_2$ und 54° d. H.

Baryumaluminat und andere Aluminate können ebenfalls als Entkieselungsreagenz verwendet werden, jedoch dürfte Kalziumaluminat als geeigneter anzusehen sein. Die Gesamtuntersuchungen des Verfassers über die Entkieselung des Wassers werden nach Abschluß der Arbeit an geeigneter Stelle veröffentlicht werden. Es sei bloß angedeutet, daß diese umfangreichen Untersuchungen die Entkieselungswirkung folgender Stoffe ermitteln soll: Kalziumaluminat, Baryumaluminat, Strontiumaluminat, Magnesiumaluminat, Zinkaluminat, Eisenaluminat, Kalksalze, Magnesiumsalze, Eisensalze, Aluminiumsulfat, Kohydrol, aktive Kohle usw.

In Anbetracht des bereits erwähnten Umstandes, daß die Kies- und Sandfilter unter gewissen Bedingungen Kieselsäure an das durchströmende Wasser abzugeben vermögen, erscheint es ratsam, die Kalziumaluminatentkieselung als Filterverfahren auszubilden, wobei die eben angegebenen Mißstände verschwinden werden. Allerdings müßte zur Entfernung der grobdispersen Verunreinigungen ein Sandfilter (oder ein Magnesit- bzw. Kalzitfilter) vorgeschaltet werden.

IV. Entfernung der molekulardispersen Verunreinigungen.

A. Entsalzen.

Das beste Kesselspeisewasser, insbesondere für Hochdruck- und Hochleistungskessel, ist offenbar ein vollständig salzfreies und entgastes Wasser. Die Vorteile eines solchen Speisewassers bestehen im wesentlichen in dem Wegfall schädlicher Salzanreicherungen im Kessel, in der Verhinderung jedweden Kesselsteinansatzes und jeder Korrosion, wodurch nach W. Otte[1] im Betrieb folgendes erreicht wird:

1. Möglichkeit der Leistungssteigerung, da das salzarme Kesselwasser nicht schäumt.

2. Verbesserung des Wirkungsgrades und Vereinfachung der Betriebsführung, da das Abschäumen der Kessel während des Betriebes wegfällt.

3. Schonung der Kessel und Armaturen durch Vermeidung der Wirkungen von Alkalikonzentration.

4. Schonung der Überhitzer, Rohrleitungen und Turbinen durch Vermeidung von Wasserschlägen und Salzablagerungen.

5. Möglichkeit der wirtschaftlichen Verwertung von Anzapf- oder Abdampf der Hauptturbinen, sowie der Antriebsturbinen der Speisepumpen usw.

6. Zuverlässige Speisung der Kessel bei Verwendung automatischer Wasserstandsregler.

Im Höchstdruckkesselbetrieb können allerdings selbst mit dem reinsten Wasser Rohschäden auftreten, da nach den neuesten Erfahrungen Wasserspaltung in Siederohren eintreten kann, wenn die Wasserzirkulation ungünstig ist. In diesem Falle bilden sich dünne Schichten von Eisenoxyden (Rost) auf der Rohrwandung, die genügen, um ein Durchbrennen oder Ausbeulen der Rohre herbeizuführen.

Die ideale Wasserwirtschaft der Dampfkraftanlagen besteht demnach in der restlosen Rückgewinnung der Kondenswässer und der Deckung der unvermeidlichen Verluste durch absolut salz- und gasfreies Wasser. Diesem Idealfall werden in der Praxis gewisse Einschränkungen auferlegt. Zunächst stellt sich die Frage der Wirtschaftlichkeit, denn bei dem Überschreiten eines bestimmten, von den jeweils vorliegenden Verhältnissen abhängigen Höchstwertes der Menge des benötigten Zusatzwassers, wird die Herstellung des vollständig entsalzten Zusatzwassers zu teuer. Ferner ist bis heute eine restlose Entsalzung noch nicht erreicht worden. Man rechnet zum Beispiel bei den heutigen Verdampferanlagen immer noch mit einem Restsalzgehalt von 5—15 mg/l (Abdampfrückstand) und einer Resthärte von etwa 0,1—0,2° deutsche Härte. Daß diese Werte aber einen gewaltigen Vorteil gegenüber den der chemisch aufbereiteten Zusatzwässer bedeuten, muß vorbehaltslos eingeräumt werden. Es ist deshalb in der modernen Großkraftanlage

---

[1] Otte, W., in Zur Sicherheit des Dampfkesselbetriebes. S. 152. (Vereinig. d. Großkesselbes.) Berlin: Julius Springer 1927.

stets anzustreben, das Zusatzwasser durch Verdampfung zu entsalzen und nur dort, wo es die Betriebsverhältnisse verlangen oder erlauben, das Zusatzwasser chemisch aufzubereiten.

Die Entsalzung des Wassers ist auf zwei verschiedene Arten durchführbar: 1. durch Destillieren des Rohwassers und 2. durch Elektroosmose. Hiervon verdient die Destillatherstellung eine besondere Beachtung, weil sie billiger und vor allem einfacher ist als das elektroosmotische Verfahren.

1. Die Verdampf-Verfahren.

a) Allgemeines.

Bei der Betrachtung der Destillatherstellung gelten immer noch die von W. Otte[1] aufgestellten Grundsätze: Verdampferanlagen sind ihrem Wesen nach als Dampfkessel anzusehen und demgemäß nach den gesetzlichen Vorschriften auch genehmigungs- und überwachungspflichtig. Eine große Zahl von Betriebsfragen, die im Dampfkesselwesen von Bedeutung sind, treten auch im Betriebe von Verdampferanlagen auf. Hierzu gehört vor allem die Frage der Beschaffenheit und Pflege des Speisewassers, welche für Verdampfer eine ebenso wichtige Rolle spielt wie für feuerbeheizte Kessel, jedoch mit dem Unterschiede, daß die steinbildenden Bestandteile des Speisewassers zwar nicht die Sicherheit, dafür aber in größerem Maße die Leistungsfähigkeit und Wirtschaftlichkeit beeinträchtigen, da das an der Verdampferheizfläche zur Verfügung stehende Wärmegefälle ungleich geringer ist als beim Dampfkessel. Enthärtung des Verdampferspeisewassers ist daher in der Regel eine ebenso wichtige Forderung wie die des Kesselspeisewassers, eine Tatsache, der sich manche Werke bei der Beschaffung einer Verdampferanlage verschließen. Es empfiehlt sich in allen Fällen, wo die Absicht besteht, an Stelle der bisher verwendeten chemischen Enthärtungseinrichtungen des Zusatzwassers eine Verdampferanlage aufzustellen, den alten Wasserreiniger nicht kurzerhand zu beseitigen, sondern ihn für die Aufbereitung des Verdampferspeisewassers bestehen zu lassen.

Praktisch kann die Enthärtung nach irgendeiner der zur Aufbereitung von Kesselspeisewasser in Benutzung befindlichen Methoden erfolgen. In Anbetracht der hohen Löslichkeit der Nichtkarbonatbildner wird bei vielen Rohwässern, insbesondere solchen mit vorwiegender Karbonathärte, die Beseitigung der letzteren allein einen hinreichenden Schutz gegen die Versteinung der Heizkörper des Verdampfers gewähren. Zu diesem Zweck wird das Rohwasser mit Ätzkalk oder mit Salzsäure (Impfverfahren) behandelt. Am einfachsten müßte die Karbonathärte durch Auskochen des Rohwassers vertrieben werden können; leider bleibt aber bei vielen Wässern auch nach mehrstündigem Kochen ein erheblicher Teil der Karbonathärte zurück, weshalb z. B. die Firma Balcke das Auskochen nicht mehr wie früher als Mittel zur Enthärtung des Rohwassers verwendet.

Was Otte über die Versteinung der Verdampfer sagt, gilt auch für

---

[1] Otte, W.: a. a. O. S. 152.

das Schäumen und Spucken. Die bei Dampfkesseln gewonnenen Erfahrungen über diese Erscheinungen sind grundsätzlich auch auf Verdampferanlagen zu übertragen. Auch über diese Fragen hat W. Otte in den Mitteilungen der Vereinigung der Großkesselbesitzer eingehend berichtet. Es gelten hier grundsätzlich dieselben Verhältnisse wie im Dampfkessel, und zwar ist das Schäumen und Spucken im allgemeinen auf vier Ursachen zurückzuführen:

1. Bauart des Dampferzeugers.

2. Physikalische Beschaffenheit des Kesselwassers, insbesondere der Oberfläche.

3. Chemische Beschaffenheit des Kesselwassers.

4. Belastung der Heizfläche.

Was den Einfluß der Bauart des Verdampfers auf das Schäumen und Spucken anbelangt, so sind folgende Umstände von Einfluß auf den Feuchtigkeitsgrad des erzeugten Dampfes:

1. Der Abstand des Heizflächenschwerpunktes vom Wasserspiegel.

2. Das Verhältnis des Wasserspiegels zur Heizfläche.

3. Die Bemessung und Gestaltung des Dampfraumes oberhalb des Wasserspiegels.

Über den Einfluß der Wasserbeschaffenheit gelten die in Abschnitt F, Kapitel I (S. 26) dargelegten Gesetzmäßigkeiten.

Die Erfahrungen mit Verdampferanlagen, die in der Vereinigung der Großkesselbesitzer gesammelt wurden, hat H. Knodel im Heft 15 ihrer Mitteilungen folgendermaßen zusammengefaßt:

1. Vielfach werden die Verdampfer infolge ihrer hohen Anlagekosten zu klein geliefert.

2. Die Verkrustung der Rohre verringert die Leistungsfähigkeit der Anlagen innerhalb von 14 Tagen um etwa 50%. Die Reinigung der versteinten Heizröhren ist infolge des harten Kesselsteines teilweise sehr zeitraubend.

3. 30—50% des zu enthärtenden Wassers müssen als Lauge abgelassen werden und gehen somit zu Lasten der Erzeugungskosten.

4. Wässer mit reichlichem Gehalt an Schwebestoffen müssen filtriert werden, da sonst sehr leicht Störungen in den Verdampfern durch Mitreißen dieser Bestandteile bzw. Überschäumen des Wassers auftreten.

5. Beim Fehlen jeglicher Alkalität im Kesselwasser, sowie vollständig reinen Heizflächen wird das Kesselmaterial infolge Säurewirkung des Speisewassers angegriffen. Es treten Abrostungen auf, die an den Stellen stärkster Zirkulation, d. h. wo in der Zeiteinheit am meisten saures Wasser mit dem Kesselmaterial in Berührung kommt, am größten sind.

6. Infolge des unter 2 genannten Übelstandes der Verkrustung muß eine chemische Vorreinigung in den weitaus meisten Fällen vorgeschaltet werden. Nur bei Wässern mit wenigen Härtegraden, soweit keine Karbonathärte in Frage kommt, dürfte sich diese erübrigen.

7. Die Aufbereitungskosten für 1 cbm destilliertes Wasser betragen mindestens 30 Rpf.

Wieweit diesen Punkten heute noch eine Allgemeingültigkeit zukommt, entzieht sich meiner praktischen Erfahrung, jedoch darf anzunehmen sein, daß die Verdampferanlagen heute in verschiedenen Punkten verbessert sind, und daß besonders die Punkte 2, 3 und 7 heute als überholt angesehen werden müssen. Jedenfalls ist es möglich, durch Erhöhung der Wassergeschwindigkeit in den Verdampfern eine Verminderung der Kesselsteinbildung zu verwirklichen. Ebenso ist es möglich, durch gewisse Vorrichtungen (wie Aufbau von Dampfdomen, die mit Raschigringen oder Metallkugeln gefüllt sind) den Feuchtigkeitsgrad des Dampfes und mithin den Abdampfrückstand des Destillates zu verringern. Anderseits garantieren verschiedene Herstellerfirmen einen Gestehungspreis des Destillats von 5—20 Rpf. Über die allgemeine Verwendbarkeit der Verdampferanlagen gelten die Annahmen, daß Verdampfer nur bei einem Zusatzwasserbedarf von höchstens 15% der Gesamtspeisewassermenge wirtschaftlich sind, und daß die oberste Grenze für die Härte des Verdampferspeisewassers bei $10°$ deutsche Härte liegt, andernfalls das Rohwasser chemisch behandelt werden muß. Es ist aber selbstverständlich, daß bei dem Verbrauch größerer Mengen Destillates, insbesondere für Fabrikationszwecke (chemische Industrie, Brauereien usw.) die Frage des Gestehungspreises sich anders, und zwar günstiger, stellt als in reinen Kraftwerken. Es ist im allgemeinen vorauszusehen, daß die europäischen Dampfkraftanlagen immer mehr dazu übergehen, das Zusatzwasser durch Verdampfen aufzubereiten und hierin dem Beispiel der amerikanischen Kraftanlagen folgen, wo schon 1924 nicht weniger als 64% der vom Prime Mover Commitee der Electric Light Association untersuchten Werke mit Verdampferanlagen ausgerüstet gewesen sind (gerechnet nach der installierten Maschinenleistung). Es darf aber nicht vergessen werden, daß eine chemische Vorreinigung überall dringend anzuraten ist, wo sie nur notwendig erscheint. Es ist interessant, im Vergleich mit den S. 76 entwickelten Anschauungen europäischer Kesselfachleute, die Meinung amerikanischer Fachleute über die Verdampferfrage kennenzulernen. Hierüber gibt der wichtige Reisebericht (1929) von Professor Haupt[1] Aufschluß, aus dem die nachfolgenden Erörterungen hervorzuheben sind:

Die amerikanischen Kesselfachleute stehen fast einmütig auf dem Standpunkt, daß eine vollkommene Enthärtung des Speisewassers stets dann erforderlich ist, wenn die Kesselbelastung stündlich mehr als 17 kg/m^2 beträgt. Dieses Ziel kann man nach amerikanischer Auffassung auf zwei Wegen erreichen, die man je nach der Zweckmäßigkeit im Einzelfall zu wählen hat: entweder durch Anwendung des Zeolithaustauschverfahrens (Permutit) in Verbindung mit ständiger Wasserabführung und mit Wärmeaustauschern oder durch Verdampferanlagen. Die Mehrzahl der großen, in den letzten Jahren angelegten Kraftwerke besitzen Verdampferanlagen verschiedener Typen. Die Vorteile solcher Verdampfer, in deren Konstruktion Europa nicht zurücksteht, faßt S. T. Powell wie folgt zusammen:

1. Das Destillat enthält weniger feste Bestandteile (Gesamtrückstand) als das bei irgendeinem anderen Wasserreinigungsverfahren gewonnene Reinwasser.

---

[1] Haupt: Wärme 52, 733 (1929).

2. Die chemische Zusammensetzung des Destillates ist — sorgsame Bedienung vorausgesetzt — eine gleichmäßige, gute, ganz gleichgültig wie das Rohwasser beschaffen war.

Es werden keinerlei Chemikalien verwendet, so daß man weder Anschaffungs- noch Transportkosten hierfür benötigt.

4. Das Ablassen der Kessel wird überflüssig, vorausgesetzt, daß nicht durch Kondensatorundichtigkeiten Rohwasser in den Kessel gelangt.

5. Unter der gleichen Voraussetzung ist praktisch Kesselsteinbildung ausgeschlossen.

6. Die Kessel können, ohne das Spucken oder Schäumen zu befürchten ist, hoch beansprucht werden.

7. Die Gefahr der Laugenbrüchigkeit wird vermindert.

8. Geringe Abnutzung der Kessel, da nicht abgeblasen und kein Kesselstein entfernt zu werden braucht.

9. Die Kessel zeigen größere Gesamtleistung, da die Rohre rein bleiben, und da man nur wenig oder gar nicht abzublasen braucht und die Außerbetriebsetzung wegen Kesselsteinentfernung unterbleiben kann.

Die Kosten der Verdampfung sind verhältnismäßig niedrig.

Dem stehen indessen folgende Nachteile gegenüber:

1. Hohe Anschaffungskosten, so daß unter Umständen die Anlagekosten die zu erlangenden Vorteile aufwiegen, falls die Menge des erforderlichen Zusatzwassers groß ist. Sobald die Zusatzwassermenge mehr als 20% beträgt, ist es schwierig, die Aufstellung einer Verdampferanlage noch zu rechtfertigen.

2. Das verdampfte Wasser ist gewöhnlich annähernd neutral. Eine ganz geringe Menge freier Säure oder irgendeines Salzes, das in der Hitze freie Säure abspaltet, wirkt daher ganz außerordentlich stark angreifend, da ja im Destillat nichts vorhanden ist, was die korrodierende Wirkung abbremsen könnte.

3. Hieraus folgt die unbedingte Notwendigkeit einer völligen Entlüftung des Speisewassers, um jeglicher Korrosionsgefahr zu begegnen.

4. Die Verdampfer besitzen ein weit komplizierteres Rohrsystem im Vergleich zur Enthärtung durch Chemikalien oder Zeolith. Dies trifft besonders für die Mehrfachverdampferanlagen zu.

5. Es besteht die Möglichkeit eines sehr harten dichten Kesselsteines in den Kesselrohren, der durch die Gegenwart von Kesselsteinbildnern im Kondensat infolge von Kondensatorundichtigkeit veranlaßt wird.

Es gibt amerikanische Ingenieure, die der Ansicht sind, daß auch die Unterhaltungskosten für die Verdampfer durch die häufigen Reinigungen sich zu stark erhöhen, und daß durch Verdampfer lediglich die Kesselsteinbildung aus dem Kessel in die Verdampfersysteme verlegt werde. Man krackt zwar den Kesselstein von den Rohren ab, aber trotzdem ging man, um den obengenannten Nachteilen zu begegnen, neuerdings dazu über, unbedingt eine ordnungsmäßige Aufbereitung des zu verdampfenden Rohwassers zu empfehlen. Man speist also jetzt die Verdampfer mit enthärtetem Wasser. Dieses Verfahren soll dadurch

Ersparnisse mit sich bringen, daß die Kesselsteinbildung auf den Verdampferrohren verringert wird, und daß das Destillat nicht mehr korrosiv ist, da der hohe Alkaligehalt des vorbehandelten enthärteten Wassers das Entstehen sauerer Destillate verhindert.

Man erkennt, daß der Standpunkt der amerikanischen Fachleute sich im allgemeinen mit dem der deutschen Fachleute deckt. Hinzuzufügen ist allerdings, daß man eine dauernde Alkalität von 0,4 g Ätznatron je Liter im Kesselwasser aufrechterhalten soll, um die Gefahr der Korrosion und der Steinbildung soweit wie möglich zu verringern.

b) Ausführungsarten.

Man unterscheidet zwischen Vakuum-, Niederdruck- und Hochdruckverdampfern.

1. **Vakuumverdampfer.** Als Hauptvertreter dieser Bauart sind der Balcke-Bleicken- und der C. A. Schmidt-Verdampfer anzuführen. Dieser Verdampfer ist in solchen Betrieben am Platze, in denen größere Mengen Abdampf oder Abwärme für die Verdampfung zur Verfügung stehen. Die Arbeitsweise beruht darauf, daß warmes Wasser im Vakuum schon bei einer viel niedrigeren als der normalen Siedetemperatur von 100° verdampft, ohne daß ihm während der Verdampfung Wärme zuzuführen wäre, wenn die Wassertemperatur höher ist als die dem Vakuum entsprechende Dampftemperatur. Der Betrieb geht in der Weise vor sich, daß das mit der verfügbaren Abwärme in einem Vorwärmer erwärmte Wasser in den Verdampfer eingeführt wird, in dem ein mäßiges Vakuum unterhalten wird. Dieses Vakuum muß niedriger sein als es der Temperatur des eingeführten vorgewärmten Wassers enstpricht. Die Verdampfungswärme wird vom Wasser selbst abgegeben, das sich also abkühlt. Über die theoretisch benötigten Wassermengen M zur Erzeugung von 1 kg Dampf bei verschiedenen Temperaturdifferenzen T_1-T_2 zwischen eingeführtem und abgeführtem Wasser gibt die Abb. 30 Aufschluß, in das außerdem die Temperaturspannungskurve des Wasserdampfes eingetragen ist. Man sieht, daß die benötigte zirkulierende Wassermenge um so größer wird, je geringer der Temperaturunterschied T_1-T_2 wird, daß hingegen etwa von einer Temperaturdifferenz von 40—50° an die benötigte Wassermenge nur noch langsam abnimmt.

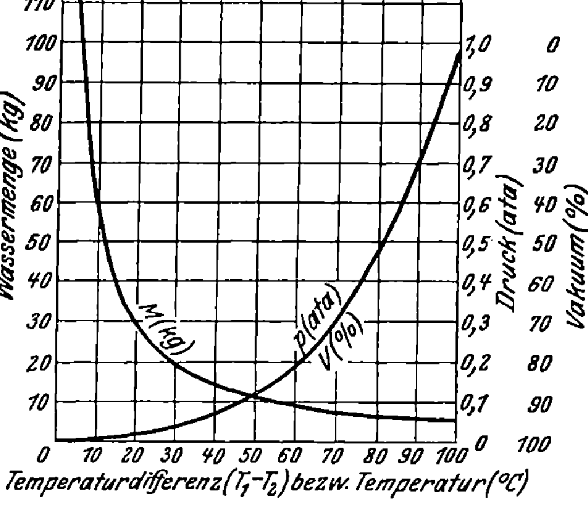

Abb. 30. Abhängigkeit der für die Vakuum-Verdampfung benötigten Wassermenge M vom verfügbaren Wärmegefälle (T_1-T_2).

In dem Verdampfer fließt das Wasser in feiner Verteilung über einen Rieseleinbau. Ein Teil des Wassers wird verdampft, das übrige Wasser kühlt sich entsprechend ab und wird wieder in den Vorwärmer gepumpt, um seinen Kreislauf von neuem zu beginnen. Es ist also ein kleines Pumpwerk erforderlich, um das Rieselwasser in Umlauf zu halten und den Kondensator, in dem die Brüdendämpfe aus dem Verdampfer zu Destillat niedergeschlagen werden, zu entlüften und zu entwässern. Die Abb. 31 zeigt eine schematische Darstellung eines Vakuumverdampfers, der aus dem Vorwärmer a, dem eigentlichen Verdampfer b, dem Kondensator c, und dem Pumpwerk besteht. Dieses wird durch eine Kleindampfturbine f angetrieben, welche die Umwälz- und die Kondensatpumpe d und e gemeinsam antreibt, wobei der Abdampf der Kleinturbine f und der Luftpumpe g dem Vorwärmer zugeführt werden.

Infolge der niedrigen Verdampftemperaturen ist die Gefahr der Steinbildung gering.

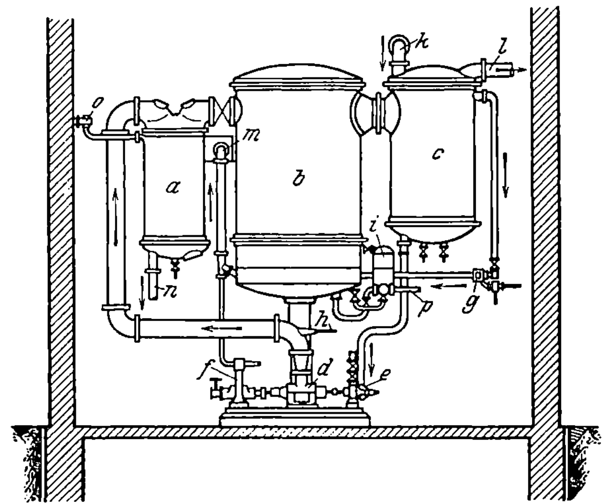

Abb. 31. Vakuum-Verdampfer (Balcke-Bleicken).

Der Verdampfer hat keine Heizrohre und ist dementsprechend auch weniger empfindlich gegenüber Steinbildung. Aus diesem Grunde ist er längere Zeit betriebsfähig als die Röhrenverdampfer und läßt sich auch leichter reinigen als diese.

Als interessante Sonderform des Vakuumverdampfers verdient der Kühlwasserverdampfer angeführt zu werden, der dazu dient, die beim Verdunsten des warmen Kühlwassers von Kondensationsanlagen im Kaminkühler verlorengehende Wärmemengen zur Herstellung von Destillat zu verwenden[1].

Die Schwierigkeit der praktischen Durchführung dieses Verfahrens liegt darin, daß die zur Verfügung stehende Temperaturdifferenz gering ist, und daß daher gemäß der Abb. 30 die umzuwälzenden Wassermengen sehr groß sind und auch die Verdampfer entsprechend groß sein müssen.

Die Arbeitsweise eines Kühlwasserverdampfers ist folgende: Das warme Kühlwasser einer Turbinen- oder Kolbenmaschinenkondensation wird einem Verdunster zugeführt, der unter einem durch einen Hilfskondensator erzeugten höheren Vakuum steht als der Kondensator der Hauptkondensation. Bei dieser Anordnung verdampft ein Teil des warmen Wassers in dem Verdunster, und zwar so viel, bis sich der Rest durch die Abgabe der Verdampfungswärme auf die dem Vakuum im

---

[1] Wintermeyer: Feuerungstechnik 14, 263 (1926).

Verdunster entsprechende Temperatur abgekühlt hat. Der Rest fließt ab. Das Kühlwasserverdampfverfahren besteht also im wesentlichen in der Einschaltung eines Hilfskondensators in die Gesamtanlage.

2. Niederdruckverdampfer. Der Balcke-Niederdruckverdampfer mit Brüdenkompressor arbeitet ohne Kondensator. Er wird ein- oder mehrstufig hergestellt. Die Wärme des aus dem Rohwasser entwickelten Dampfes wird zur Erzeugung neuer Brüden mit Hilfe des Brüdenkompressors nutzbar gemacht, der mit Frischdampf oder Entnahmedampf geeigneter Spannung betrieben wird. Er saugt die Brüden aus dem Dom des Verdampfers an und drückt sie in den Heizraum, den Wärmefluß des Systems durch diese Förderung der Dampfwärme auf einen höheren Wärmegrad unterhaltend. In den Heizrohren des Verdampfers verdichten sich die Brüden zusammen mit dem Betriebsdampf des Brüdenkompressors. Das Kondensat wird zu dem Speisewasserbehälter gefördert. Ein Teil des entwickelten Brüdendampfes dient zur Vorwärmung des Rohwassers in einem Oberflächenvorwärmer. Für kleine Destillatmengen genügt der einstufige

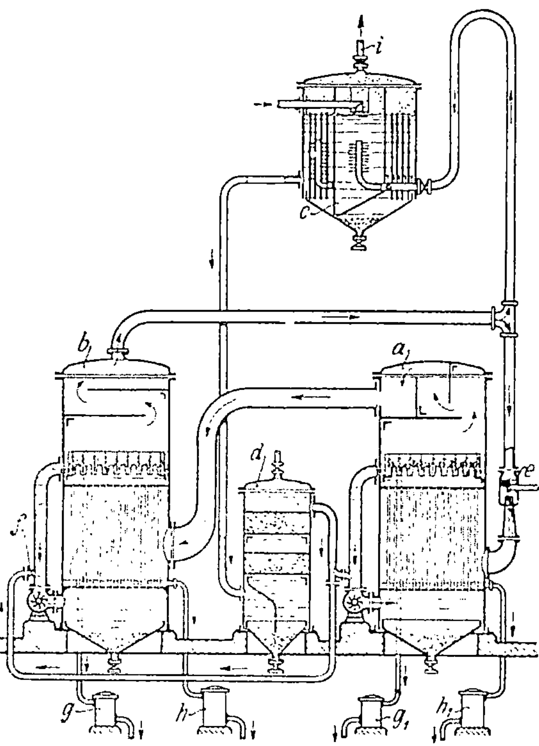

Abb. 32. Verdampferanlage mit Brüdenverdichter (Bauart Balcke).

Apparat; für größere Betriebe kommen die Verbundverdampfer in Frage, die mit 1 kg Frischdampf bis zu 5 kg Destillat erzeugen.

Abb. 32 stellt die Gesamtanordnung einer zweistufigen Verdampferanlage mit Brüdenkompressor System Balcke dar. Das Rohwasser tritt in den Plattenkocher c ein, in dem es durch überschüssigen Brüdendampf auf 100° erwärmt und dadurch thermisch enthärtet und entgast wird. Die Karbonate fallen teils schlammartig aus, teils setzen sie sich an den federnden Platten fest, während die Gase durch die Entlüfter i entweichen. In dem Nachentkalker d wird das Wasser von dem mitgeschwemmten Schlamm befreit und gelangt dann in die Verdampfer I und II, wo es durch Umwälzpumpen in dauernder Zirkulation gehalten wird, die sich durch den Verdampfvorgang an Universalstoffen anreichernde Lauge wird durch selbsttätige Schlammwasserablasser dauernd abgelassen unter Rückgewinnung ihres Wärmeinhaltes im Wärmeaustauscher. Die beiden Verdampfer sind hintereinander ge-

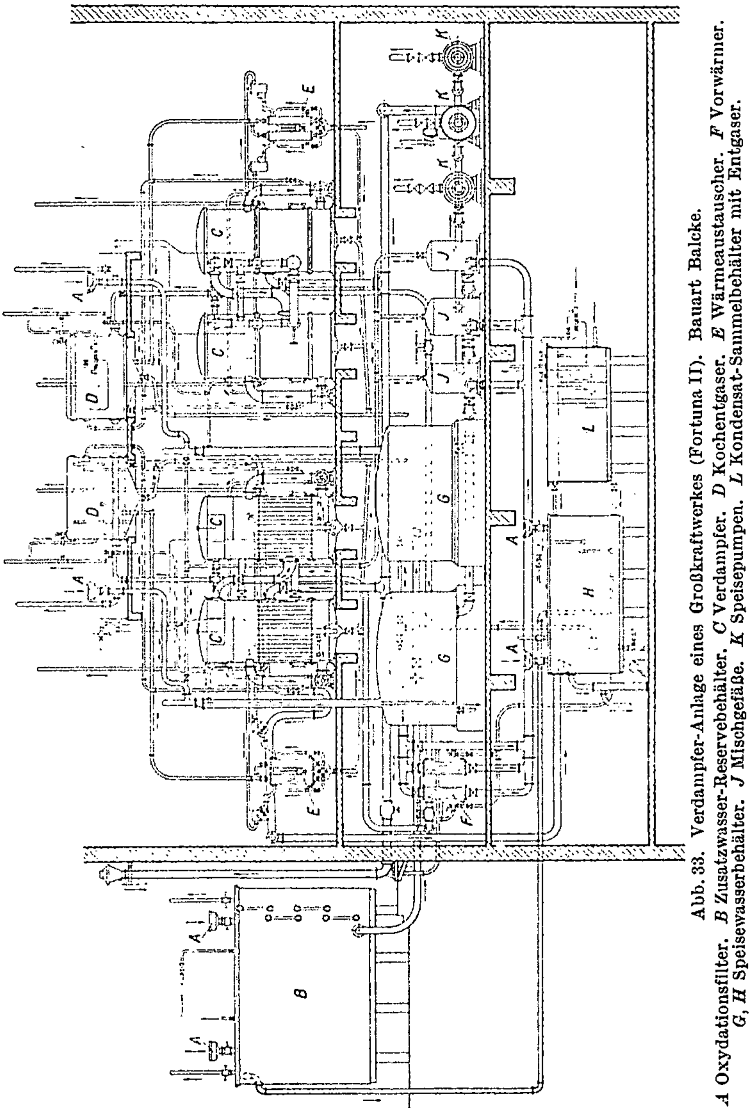

Abb. 33. Verdampfer-Anlage eines Großkraftwerkes (Fortuna II). Bauart Balcke.
A Oxydationsfilter. *B* Zusatzwasser-Reservebehälter. *C* Verdampfer. *D* Kochentgaser. *E* Wärmeaustauscher. *F* Vorwärmer. *G, H* Speisewasserbehälter. *J* Mischgefäße. *K* Speisepumpen. *L* Kondensat-Sammelbehälter mit Entgaser.

schaltet und werden durch Brüden unter Zusatz von Frischdampf mittels des Brüdenkompressors behitzt. Dieser saugt die Brüden aus dem Niederdruckverdampfer *I* (0,1 atü) an, wodurch die angesaugten Brüden von 0,1 auf 0,5 atü verdichtet, in den Hochdruckverdampfer *II* hinein-gedrückt und infolge der Temperaturerhöhung zur Verdampfung weiterer

Wassermengen geeignet gemacht werden. In dem unteren Teil des Heizraumes sammelt sich das Destillat an und wird durch geeignete selbsttätige Vorrichtungen abgeleitet.

Die Gesamtanlage einer nach diesem Prinzip arbeitenden Verdampfaufbereitung (Kraftwerk — Fortuna II) ist auf Abb. 33 wiedergegeben[1].

3. Die Hochdruckverdampfer.
Die Hochdruckverdampfer beruhen auf dem Grundsatz, ein höheres Wärmegefälle des Heizdampfes auszunutzen, um dadurch kleinere, da-

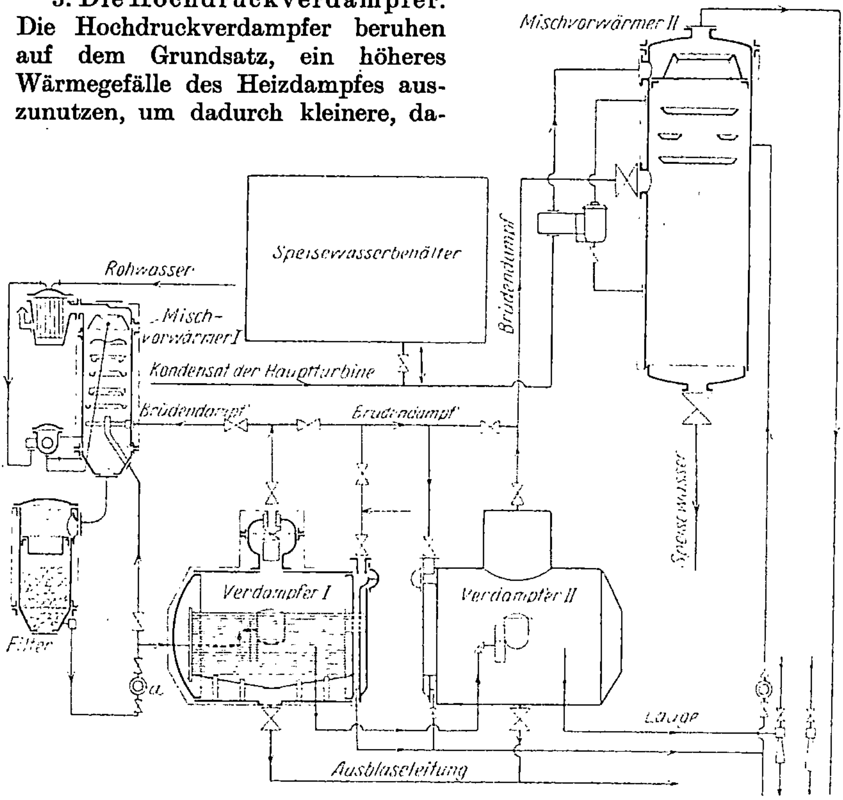

Abb. 34. Zweistufen-Verdampfer (Bauart Atlas-Werke).

her billigere Verdampferkörper zu erhalten und auch um die Verdampferanlagen ohne weitere Komplikationen in den allgemeinen Dampffluß einschalten zu können. Sie werden mit Frischdampf, Anzapfdampf oder dem Abdampf von Gegendruckmaschinen beheizt. Beim Einbau der thermischen Aufbereitungsanlagen ist es ausschlaggebend, welche Dampfmenge ohne Schädigung des Wirkungsgrades der Anlage entnommen werden kann. Von dieser Dampfmenge hängt es ab, ob ein- oder mehrstufige Verdampfer anzuraten sind.

Die Wirkungsweise einer Zweistufenverdampferaufbereitung, Bauart Atlas-Werke, geht aus der Abb. 34 hervor. Das Rohwasser geht vor dem Eintritt in den Verdampfer f_1 durch einen Mischvorwärmer b und

[1] Siemens Handbuch Bd 5.

ein Filter *e*. In dem Mischvorwärmer wird es durch den Brüdendampf des Verdampfers bei wiederholtem Umlauf bis zur Entgasungstemperatur angewärmt, wobei Sauerstoff und Kohlensäure ausscheiden und die Karbonate zum Teil ausfallen. In dem nachgeschalteten Filter werden die ausgefällten Stoffe zurückgehalten. Das Wasser tritt bereits mit stark verminderter vorübergehender Härte in den zweistufigen Verdampfer ein; hier wird es bei möglichst niedriger Spannung verdampft. Die Brüden werden dem Mischvorwärmer und Entgaser *k*, durch den das ganze Kondensat fließt, zugeführt und erwärmen das Kondensat. Damit die Entgasung möglichst hoch getrieben wird, wird im Entlüfter ein der Mischtemperatur Unterdruck durch Wasserstrahlluftpumpen hergestellt. Vom Mischvorwärmer *k* muß das Speisewasser unmittelbar den Kesselspeisepumpen zufließen und darf nicht wieder Gelegenheit haben, mit Sauerstoff in Berührung zu kommen. Der vor den Mischvorwärmer geschaltete Speisewasserbehälter *h* dient dazu, Ungleichheiten im Wasserverbrauch auszugleichen. Ein besonderer Gasschutz ist hierbei überflüssig, weil alles Wasser durch den Entgaser fließt, bevor es zu den Speisepumpen kommt.

Abb. 35 zeigt eine dreistufige Atlas-Verdampferanlage (Kraftwerk Harbke der Braunschweigischer Kohlenbergwerke, Helmstedt). Es wurde hier eine dreistufige Anlage gewählt, weil nur geringe Abdampfmengen zur Verfügung standen und die Vorwärmung durch den Rauchgasvorwärmer begrenzt war. Der Heißdampf des ersten Verdampfers ist Abdampf einer der Dampfturbinen für die Kesselspeisepumpen von 1,5 at Druck.

Abb. 36 zeigt einen liegenden Verdampfer, Bauart Schmidt-Söhne, Hamburg, und Abb. 37a einen Engisch-Verdampfer mit rotierenden Plattenheizelementen (statt Rohre).

An dieser Stelle dürften einige Angaben über ausländische Verdampfertypen von Interesse sein, wobei wir uns auf die kurze Beschreibung eines französischen und eines englischen Verdampfers beschränken.

a) **Verdampfer Prache u. Bouillon, Paris.** — Die Abb. 37 b zeigt diesen Verdampfer für Speisewasserdestillation. Er besteht aus dem Vorwärmer *h*, dem eigentlichen Verdampfer *e* und dem Brüdenkompressor *a*. Das Rohwasser fließt unter Mitwirkung des Schraubenrades *f* nach dem Röhrenwärmer *h*, in dem es durch einen Teil der aus dem Verdampfer stammenden Brüden auf 100° erhitzt wird. Das vorgewärmte Wasser fließt dann durch das Absitzbecken *i* dem Verdampfer zu, wo es durch das Schraubenrad *k* in stetigem Kreislauf gehalten wird, während ein kleiner Teil dieses sich durch den Verdampfvorgang an Verunreinigungen anreichernden Wassers durch einen Stutzen entfernt wird. Das Wasser wird in dem Röhrensystem des Verdampfers zum Sieden gebracht und der entstehende Dampf größtenteils durch den Thermokompressor *a* in Heizdampf für den Verdampfer umgeformt. Der andere Teil des Dampfes dient zum Vorwärmen des Rohwassers in *h*. Das destillierte Wasser tritt durch die Anschlüsse *m* aus dem Vorwärmer und dem Verdampfer aus. Bei *n* treten die überschüssigen Brüden mit atmosphärischem Druck aus, werden unter Umständen zu

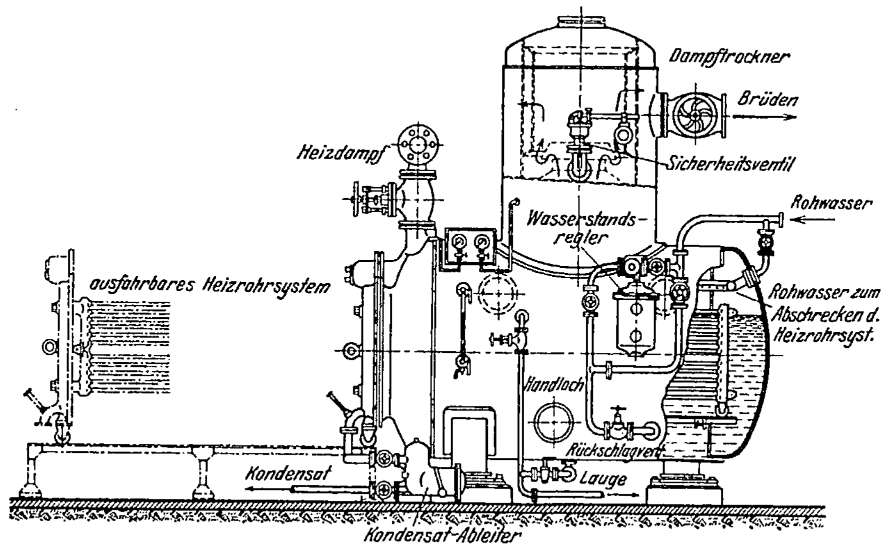

Abb. 35. Thermische Speisewasseraufbereitung mit dreistufigem Verdampfer (Bauart Atlas-Werke). Leistung: 7 t/h Destillat und 135 t/h entgaste Kondensat.

a Mischvorwärmer und Filter I für Rohwasser. b_1, b_2, b_3 Verdampfer. c_1, c_2 Speisepumpen für den Verdampfer. d_1, d_2 Förderpumpen für das Heizdampfkondensat des Verdampfers nach Mischvorwärmer II. e Mischvorwärmer und Entgaser II. f Laugeejektor. g_1, g_2 Wasserstrahl-Luftpumpe für Mischvorwärmer II. h Regler. i Strahlwasserpumpe. k_1, k_2 Speisewasserbehälter.

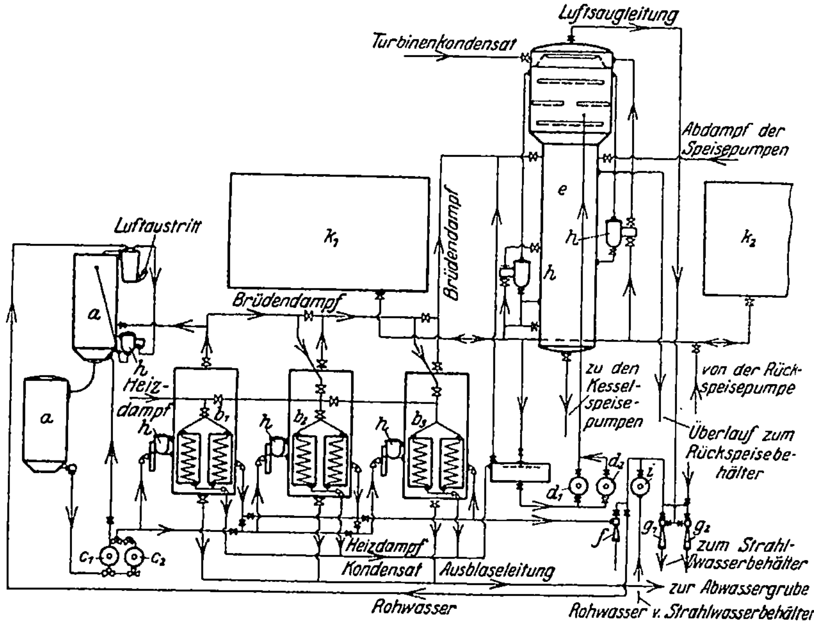

Abb. 36. Liegender Verdampfer (Bauart Schmidt Söhne).

Fabrikationszwecken verwendet oder auch im Speisewasserbehälter kondensiert.

b) **Verdampfer der Vickers Ltd., London.** — Abb. 37c. Der Speisewasserzufluß wird durch ein Schwimmerventil geregelt. Aus dem

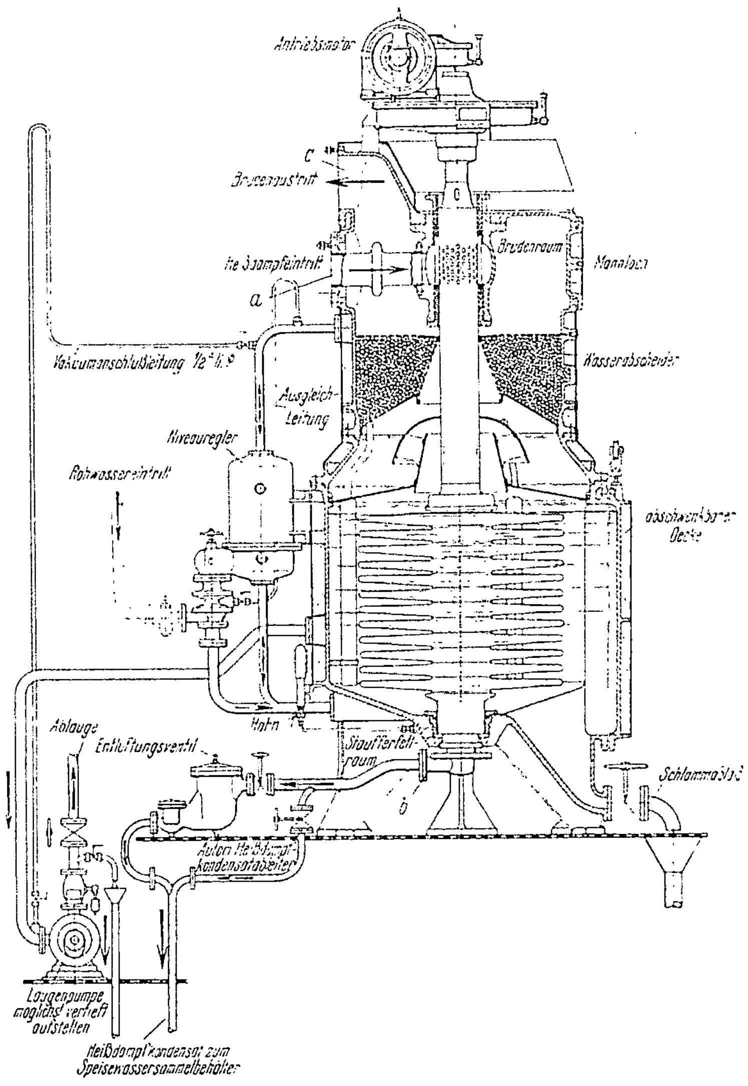

Abb. 37 a. Engisch-Verdampfer (Engisch-Maschinen- und Apparatebaugesellschaft, Hamburg).

Raum b befördert die Umwälzpumpe a es durch den unteren Raum c in die vertikalen Heizröhren d, wo es durch Niederdampfdruck erhitzt wird. Das heiße aber nicht kochende Wasser wird durch Düsen e in den Raum b zurückbefördert. Ein Brüdenkompressor g ermöglicht die

Umformung der Brüden in Heizdampf, so daß die Temperatur des durch die Heizrohre strömenden Wassers höher ist als die, dem Druck in der Kammer b entsprechende Temperatur. Ein Teil des Wassers wird somit verdampft und strömt durch den Stutzen f ab und wird in einem als Vorwärmer ausgebildeten Kondensator verdichtet. Als Heizquellen für diese Brüden kommen Abdampf, niedrig gespannter Dampf oder auch Frischdampf in Betracht, nur in letzterem Falle ist der Verdampfer mit dem Injektionskompressor g ausgerüstet, in den beiden anderen

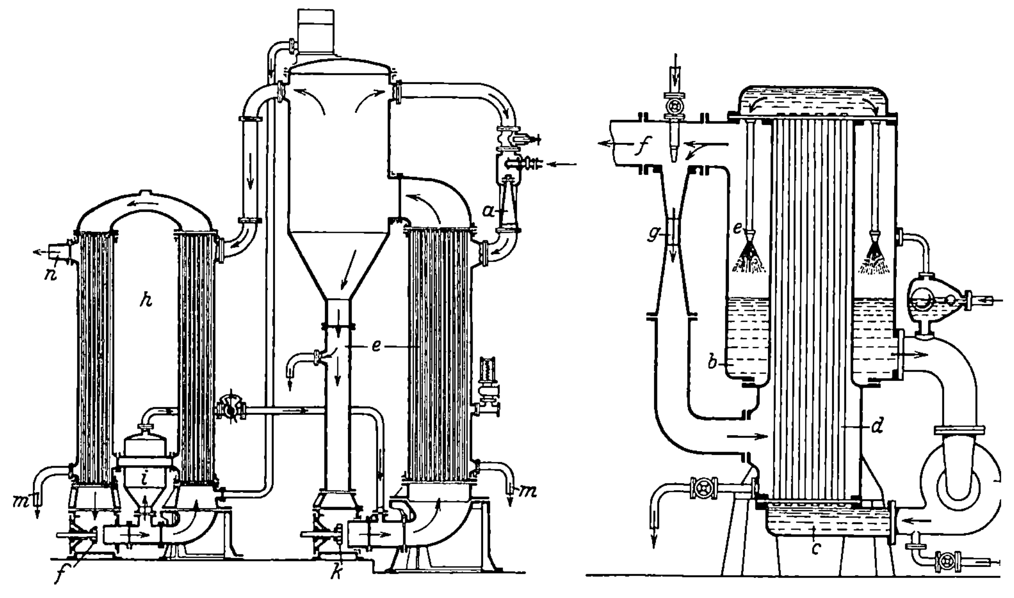

Abb. 37 b. Verdampfer Prache et Bouillon, Paris.   Abb. 37 c. Verdampfer der Vickers Ltd.

Fällen kommt er in Wegfall. Ein Vorteil dieser Bauart ist der Umstand, daß das Wasser in den Heizelementen nicht kocht, wodurch die Heizflächen längere Zeit sauber bleiben. Die Verunreinigungen werden hauptsächlich in den Kammern b abgeschieden und von hier mit Leichtigkeit entfernt.

2. Die elektroosmotische Entsalzung.

Das elektroosmotische Entsalzungsverfahren des Wassers beruht auf der Ionenwanderung bei der Elektrolyse, wodurch es grundsätzlich möglich ist, die Mittelzone der elektrolytischen Zelle zu entsalzen, während in dem Anoden- und Kathodenraum sich die Verunreinigungen anreichern und an den Elektroden entladen. Die Apparatur besteht aus einer Reihe hintereinandergeschalteter Zellen mit Diaphragmen, die den Mittelraum von den beiden Elektrodenräumen abtrennen. Die ganze Zelle wird mit Wasser gefüllt. Unter dem Einfluß der Stromspannung wandern die Kationen Ca$\cdot\cdot$, Mg$\cdot\cdot$, Na$\cdot$, H$\cdot$ durch das der Kathode vorgeschaltete Diaphragma, werden an dieser niedergeschlagen, wobei entsprechende chemische Umsetzungen vor sich gehen: Wasserstoff entweicht gasförmig, Natrium bildet Ätznatron, Kalzium und Magnesium fallen als Hydrat bzw. als Karbonat nieder. Die Anionen (Säureradikale) Sulfat SO_4'', Chlor Cl' usw. wandern zur Anode, wo das Chlor gasförmig entweicht und das Sulfation Schwefelsäure bildet. Infolge der auf diese Weise entstehenden Ionenwanderung wird die Mittelzone immer salzärmer, gleichzeitig steigt der elektrische Widerstand an, so daß zur Fortsetzung des Vorganges die Spannung erhöht werden muß. Von der Firma Siemens & Halske wurde auf Grund größter Versuche dieses Verfahren so ausgeschaltet, daß es praktische Verwertung erlangen kann. Abb. 38 zeigt ein Schema eines solchen aus 10 Dreizellenaggregaten zu-

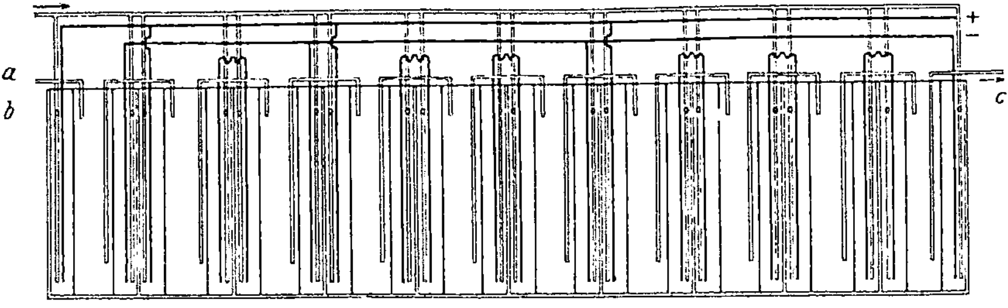

Abb. 38. Elektroosmotische Entsalzung.

sammengesetzten Apparates zur Entsalzung der verschiedensten Rohwässer[1].

Das Rohwasser wird in den Mittelraum der ersten Zelle geleitet, läuft von da mit Hilfe eines Hebersystems durch sämtliche Mittelräume der 10 Einheiten und fließt aus der letzten Zelle entsalzt wieder heraus. Gleichzeitig werden die Anoden und Kathodenräume von einer besonderen Speiseleitung mit Rohwasser durchspült, um die darin sich ansammelnden Ionenprodukte hinwegzuführen. Die ersten 4—5 Zellen sind in Reihe geschaltet, empfangen somit jede nur $^1/_4$ oder $^1/_5$ der angelegten Spannung von 110 oder 220 Volt. In den anschließenden Zellen wird die Spannung dadurch stufenweise gesteigert, daß man immer weniger Zellen in Reihen schaltet. Dieses Verfahren hat den Vorteil, gleichzeitig die kolloidalen Verunreinigungen zu entfernen. Jedoch wird es für die Entsalzung der großen im Dampfkraftwerk benötigten Wassermengen zu kostspielig und zu umständlich sein, so daß es einstweilen für diese Zwecke nicht in Frage kommt.

B. Enthärten.

Die Entfernung der Härtebildner aus dem Wasser ist auf verschiedene Arten möglich, und zwar gibt es:

---

[1] Chemnitius, F.: Chemiker-Ztg **53**, 378 (1929).

1. thermische Verfahren,
2. chemische Verfahren,
3. thermisch-chemische Verfahren.

1. Thermische Enthärtung.

Das Prinzip der thermischen Enthärtung besteht darin, die Bikarbonate durch Erhitzen des Wassers zu zersetzen und auf diese Weise die entsprechenden Steinbildner Kalzium- und Magnesiumkarbonat auszufällen. Bei diesem Verfahren wird also nur die vorübergehende Härte beseitigt. Es eignet sich deshalb vornehmlich für Wässer mit hoher Karbonathärte und geringer bleibender Härte oder auch für Wässer, deren bleibende Härte Null ist, bzw. die Natriumbikarbonat ent-

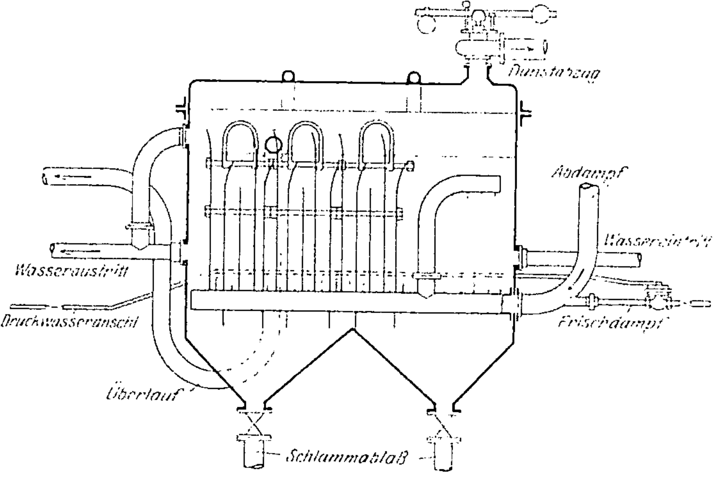

Abb. 39. Plattenkocher (Bauart Balcke).

halten. Als Heizquelle kommt vor allem Abdampf oder Abwärme in Betracht. Wirtschaftlich wird dieses Verfahren nur dort sein, wo billige Wärme zur Verfügung steht und wo die zu enthärtende Menge Wassers nicht zu hoch ist. In der Praxis stehen dem rein thermischen Enthärtungsverfahren Schwierigkeiten entgegen, um in genügend knapper Zeit die Karbonate vollständig auszufällen. Es ist deshalb wichtig, die Gesetze der Bikarbonatzersetzung in allen Einzelheiten zu kennen und vor allem ihre Beeinflussung durch die Kochbedingungen und die Gegenwart anderer Stoffe zu kennen. Hierüber hat Verfasser ausgedehnte Versuche im Laboratorium angestellt, die etwas Klarheit über diese Verhältnisse bringen. Obwohl die Versuche noch nicht abgeschlossen, sei erwähnt, daß die Fällung der Karbonate beim Aufkochen beschleunigt wird: 1. durch Zugabe geringer Mengen Ätznatron (NaOH-Impfverfahren), 2. durch Vergrößerung der Oberfläche des kochenden Wassers und 3. durch intensiven Kochprozeß (Umrühren). Auf Grund dieser Ergebnisse wird es wohl möglich sein, die rein thermische Enthärtung auch praktisch durchzuführen. Jedenfalls geben sie bereits Anhaltspunkte für die Verbesserung der bestehenden thermischen Enthärtungsverfahren.

Der bekannteste thermische Enthärtungsapparat ist der Balckesche Plattenkocher, dessen Schnitt aus Abb. 39 ersichtlich ist. Das Rohwasser wird mittels Heißdampf im vorderen Kocherteil plötzlich auf 100° erhitzt und dann zwangsläufig durch die Plattenelemente geführt. Die Karbonate setzen sich zum Teil an den Platten als Stein ab, während der gleichzeitig ausfallende Schlamm in den Trichtern gesammelt und von hier abgelassen wird. Die Plattenelemente sind zu Bündeln vereinigt und leicht herausnehmbar. Infolge der elastisch gefaßten Plattenelemente springt der Stein leicht ab. Diese Enthärtung erfolgt unter atmosphärischem Druck und hat den Vorteil, daß das enthärtete Wasser gasfrei anfällt. Weiterhin hat das thermische Enthärtungsverfahren den Vorteil, daß die Gesamtsalzmenge

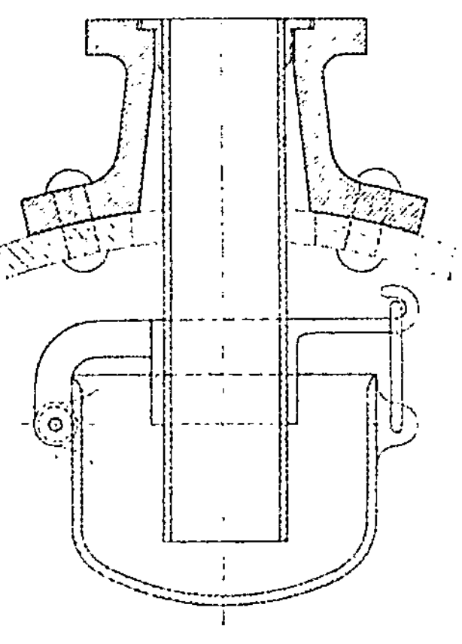

Abb. 40. Speisung in den Dampfraum (Belgische Ausführung).

der enthärteten Wasser geringer wird als bei den chemischen Verfahren.

Man kann die thermische Enthärtung auch in den Kessel selbst ver-

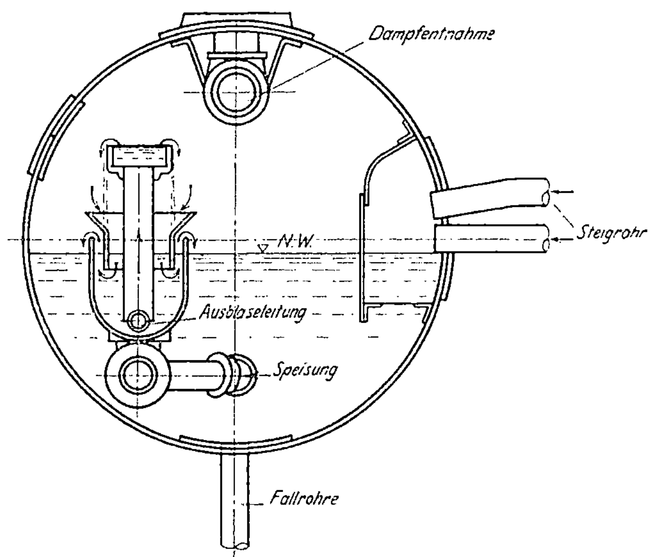

Abb. 41. Speisung in den Dampfraum (Amerikanische Ausführung, nach F. N. Speller).

legen, indem das Speisewasser in den Dampfraum eingeführt wird, wo der Wasserstrom durch einfach oder mehrfach übereinandergelegte Teller oder Prallbleche zerteilt und schon so weit erhitzt wird, daß die

Karbonate ausgefällt und das Wasser entgast wird. Abb. 40 zeigt eine solche Anordnung, wie sie in Belgien vielfach üblich ist, und Abb. 41 eine solche, die in Amerika angewendet wird. Der Nachteil dieser Verfahren ist aber das Ausfällen der Karbonate im Kessel selbst, was jedenfalls für Hochdruck- und Hochleistungskessel sehr ins Gewicht fällt und seine Anwendung nur auf wenig empfindliche Kesseltypen beschränkt.

Zu den thermischen Enthärtungsverfahren zählt gewissermaßen auch der Wärmespeicher, und es ist lohnend, ihn im Hinblick auf einen höheren Enthärtungseffekt zu vervollkommnen. Die thermische Enthärtung, verbunden mit gleichzeitiger Entlüftung gestaltet sich außerordentlich aussichtsreich in großen Kraftwerken, wo sie sich mit der Vorwärmung durch Anzapfdampf verbinden läßt. Es liegen in diesen neuesten Entwicklungsrichtungen des Dampfkraftwesens noch viele Möglichkeiten der Wasserpflege, die bei weitem noch nicht alle erschöpft sind.

2. Die chemische Enthärtung.

Die Aufgabe der chemischen Enthärtung liegt darin, dem Wasser die steinbildenden Kalzium- und Magnesiumsalze durch geeignete Behandlung zu entziehen. Je nach der Art der hierbei stattfindenden Umsetzungen sind zu unterscheiden: a) die Ausfällungsverfahren und b) die Austauschverfahren.

Das Impfverfahren ist keine eigentliche Enthärtung des Wassers, sondern bloß eine Überführung der in der Hitze unlöslich werdenden Bikarbonate in Salze mit größerer Löslichkeit. Es gehört daher nicht in diesen Abschnitt und wird später als Sonderverfahren behandelt.

a) Das Ausfällungsverfahren.

Die Enthärtung des Wassers durch Ausfällen beruht auf der Überführung der Kalzium- und Magnesiumsalze in unlösliche Verbindungen: der Kalk soll dabei als Kalziumkarbonat $CaCO_3$ und die Magnesia als Hydrat $Mg(OH)_2$ gefällt werden. Man erreicht dies durch Behandlung des Wassers mit Ätznatron (NaOH), Ätzkalk (CaO), Soda (Na_2CO_3), Ätzbaryth ($Ba[OH]_2$), Bariumkarbonat ($BaCO_3$) oder Bariumaluminat ($Ba[AlO_2]_2$). Grundsätzlich ist auch Natriumphosphat Na_3PO_4 anwendbar, jedoch steht einer ausschließlichen Verwendung von Natriumphosphat wie auch von Bariumverbindungen der hohe Preis dieser Chemikalien im Wege. Immerhin verdienen sie als Korrektiv-Zusätze unsere volle Beachtung.

Die Wasserenthärtung strebt danach, ein möglichst härtefreies Wasser zu liefern. Bei den Ausfällungsverfahren müssen folgende Bedingungen erfüllt sein, um einen genügenden Enthärtungseffekt zu gewährleisten:

1. Herstellung der Chemikalienlösung von gleichbleibender und passender Zusammensetzung;

2. Dauernde und gleichmäßige Dosierung dieser Lösungen, wobei der Fällmittelzufluß stets im richtigen Verhältnis zur jeweiligen Zusammensetzung und zur Gesamtmenge des durchfließenden Wassers stehen muß;

3. Möglichst kurze Reaktionsdauer;
4. Weitgehender Enthärtungsgrad;
5. Vermeidung von störenden Nebenreaktionen;
6. Große Klärgeschwindigkeit;
7. Abwesenheit von unzuträglichem Reagenzienüberschuß;
8. Abwesenheit von Nachreaktionen.

Das Merkmal aller Enthärtungsverfahren durch Ausfällen ist die Trägheit der dabei ablaufenden chemischen Reaktionen, d. h. ihre geringe Geschwindigkeit. Die Ursache dieses Mißstandes liegt aber in der Natur der Vorgänge selbst, nämlich in dem hohen Verdünnungsgrad der angewandten chemischen Systeme. Zur Verkürzung der Reaktionszeit stehen folgende Wege offen: Steigerung der Temperatur, starkes Umrühren der Mischung Wasser $+$ Fällmittel, inniges Mischen des Fällmittels mit dem Wasser bereits zu Beginn des Zutritts des erteren und endlich Zugabe spezifischer Katalysatoren. Von diesen Wegen wird im allgemeinen bloß der erste praktisch benutzt, während die bisher bekannten Verfahren ausnahmslos eine Verbesserung der Mischungsgeschwindigkeit und der Mischungsintensität zulassen. Spezifische Katalysatoren hat man bisher noch nicht aufgefunden, jedoch hat man die Impfwirkung der bereits ausgeschiedenen Härtebildner zur Reaktionsbeschleunigung vorgeschlagen. (Wasserreiniger Halvor Breda.) Die geringe Geschwindigkeit der Enthärtungsreaktionen verlangt ferner große Reaktionsräume, damit dem Wasser genügend Zeit gelassen wird, um das chemische Gleichgewicht zu erreichen und auch damit die ausfallenden Härtebildner sich absetzen können. Es ist zum Klären des enthärteten Wassers in allen Fällen anzuraten, hinter die Enthärtungsanlagen ein Filter geeigneter Bauart zu schalten.

Bei Zugabe der theoretisch notwendigen Fällungsreagenzien liegt der Gleichgewichtszustand der im allgemeinen umkehrbaren Enthärtungsreaktionen

bei 5—7 Härtegraden und kalter Enthärtung und

bei 3—5 Härtegraden und heißer Enthärtung.

Diese Grenzwerte wechseln noch etwas mit der Zusammensetzung des Rohwassers: bei magnesiareichen Wässern und solchen, die reichlich organische Kolloide enthalten, liegen sie bei 6—8° und kalter Enthärtung und bei 4—7° bei heißer Enthärtung. Wässer, die nur Spuren Magnesia und gleichzeitig auch keine Humusstoffe enthalten, werden bei theoretischer Chemikalienzugabe auf 4—5 Härtegrade bei kalter und auf etwa 3 Härtegrade bei heißer Enthärtung gebracht.

Man muß deshalb in der Praxis einen 10—20%igen Chemikalienüberschuß verwenden, wodurch man 1—2 Härtegrade gewinnt. Abb. 42 veranschaulicht dies auf Grund von Versuchen (Kalk-Soda-Reinigung). Die Enthärtung bis unter 1° d. H. Resthärte ist bei den einfachen Ausfällungsverfahren nur durch Zugabe von ganz unzuträglichen Reagenzienüberschüssen zu erreichen.

Eine für die praktischen Verhältnisse im allgemeinen genügende Enthärtung läßt sich erreichen, wenn man die nachstehenden Punkte berücksichtigt:

1. Genügende Bemessung der Reaktions- und Klärbehälter. Der Fassungsraum der Anlage muß mindestens das Doppelte bis das Dreifache des stündlichen Speisewasserbedarfes betragen.

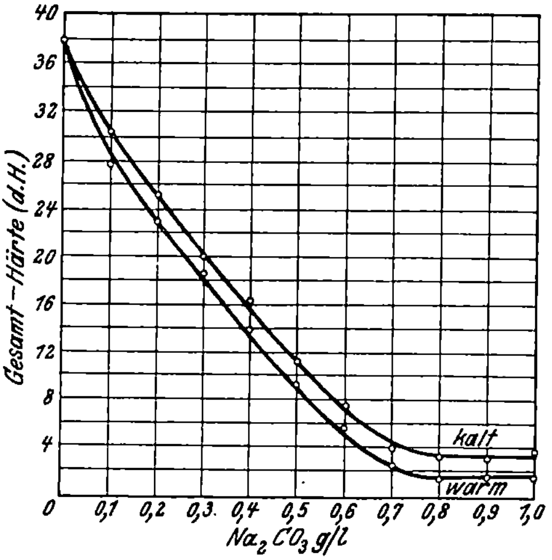

2. Die Geschwindigkeit des Wasserflusses im Reiniger soll bei warmer Enthärtung kleiner als 1 mm/sec und bei kalter Enthärtung kleiner als 0,35 mm/sec sein.

3. Die Temperatur im Reiniger soll mindesten 80° betragen.

4. Die Anlage muß dauernd von geschultem Personal überwacht werden.

In Amerika legt man der Durchflußgeschwindigkeit durch den Reiniger ebenfalls einen großen Wert bei. Als Soll-Werte gelten Geschwindigkeiten von 0,25—0,35 mm/sec.

Abb. 42. Schaubildliche Darstellung des Enthärtungsvorgangs bei steigender Zugabe von Soda (und gleichbleibendem Kalk-Zusatz; Kleinversuch).

Wir kommen nunmehr zu einer kurzen Übersicht der wichtigsten Enthärtungsverfahren. Es ist zunächst zu unterscheiden zwischen den Einstoff-Enthärtungsverfahren und den Zweistoff-Enthärtungsverfahren.

Übersichtstabelle 1. S c h e m a d e r K a l k - S o d a - E n t h ä r t u n g.

Im Wasser vorhanden		Fällungs-mittel	Reaktionsprodukte	
			ausgefällt	löslich
vorübergehde Härte Karbonat-Härte	Kalziumbikarbonat $Ca\,(HCO_3)_2$ + Magnesiumbikarbonat $Mg\,(HCO_3)_2$ +	$Ätzkalk$ $Ca\,(OH)_2=$ $Ca(OH)_2=$	Kalziumkarbonat $2\,CaCO_3$ + Magnesiumhydrat $Mg(OH)_2$ $Ca\,CO_3$ +	Wasser $2\,H_2O$ Wasser und Kohlensäure $H_2O + CO_2$
	Kohlensäure CO_2 +	$Ca(OH)_2=$	$Ca\,OO_3$	H_2O
bleibende Härte Nichtkarbonat-Härte	Kalziumsulfat (Gips) $Ca\,SO_4$ + Kalziumchlorid $CaCl_2$ + Magnesiumsulfat $MgSO_4$ + Magnesiumchlorid $MgCl_2$ +	Soda $Na_2CO_3 =$ $Na_2CO_3 =$ $Na_2CO_3 =$ $Na_2CO_3 =$	$CaCO_3$ + $CaCO_3$ + Magnesiumkarbonat bzw. Magnesiumhydrat $MgCO_3$ bzw. $Mg(OH)_2$ + $MgCO_3$ bzw. + $Mg(OH)_2$	Glaubersalz Na_2SO_4 Kochsalz $2\,NaCl$ Na_2SO_4 $2\,NaCl$

Übersichtstabelle 2. Schema der Kalk-Soda-Enthärtung.

Im Wasser vorhanden		Fällungs-mittel	Reaktionsprodukte	
			ausgefällt	löslich
vorübergehende Härte · Karbonat-Härte	Kalziumbikarbonat $Ca(HCO_3)_2$ + Magnesiumbikarbonat $Mg(HCO_3)_2$ +	Ätzkalk $Ca(OH)_2 =$ $Ca(OH)_2 =$	Kalziumbikarbonat $2\,CaCO_3$ + Magnesiumhydrat $Mg(OH)_2$ + $CaCO_3$	Wasser $2\,H_2O$ Wasser und Kohlensäure $H_2O + CO_2$
	Kohlensäure CO_2 +	$Ca(OH)_2 =$	$CaCO_3$ +	H_2O
Bleibende Härte Nichtkarbonat-Härte	Kalziumsulfat (Gips) $CaSO_4$ + Kalziumchlorid $CaCl_2$ +	Soda $Na_2CO_3 =$ $Na_2CO_3 =$	$CaCO_3$ + $CaCO_3$ +	Glaubersalz Na_2SO_4 Kochsalz $2\,NaCl$
	Magnesiumsulfat $MgSO_4$ + Magnesiumchlorid $MgCl_2$ +	Ätzkalk $Ca(OH)_2 =$ $Ca(OH)_2 =$	Magnesiumhydrat $Mg(OH)_2$ + $Mg(OH)_2$ +	Gips $CaSO_4$ Kalzium-chlorid $CaCl_2$
Bei der $Ca(OH)_2 =$ Behandlung entstanden	$CaSO_4$ + $CaCl_2$ +	$Na_2CO_3 =$ $Na_2CO_3 =$	$CaCO_3$ + $CaCO_3$ +	Na_2SO_4 $2\,NaCl_2$
Nebenreaktionen. $Ca(OH)_2$ + Na_2CO_3 = $CaCO_3$ + $2\,NaOH$ $Ca(HCO_3)_2$ + $2\,NaOH$ = $CaCO_3$ + $Na_2CO_3 + 2\,H_2O$ $Mg(HCO_3)_2$ + $2\,NaOH$ = $Mg(OH)_2 + Na_2CO_3 + CO_2 + H_2O$ usw.				

Die Einstoffverfahren benutzen zum Enthärten ein einziges Fäll-
reagenz, und zwar eines der folgenden: Kalk, Soda, Ätznatron, Baryth,
und Bariumaluminat.

Die Zweistoffverfahren kombinieren die Wirkung von zwei Fäll-
chemikalien, die sich in ihrer Wirkung gegenseitig ergänzen sollen. Das
verbreiteste Enthärtungsverfahren, nämlich die Kalk-Soda-Reinigung
gehört hierher. Es hat keinen Zweck, an dieser Stelle sämtliche Einzel-
verfahren durchzugehen, die praktisch wichtigsten genügen vollauf.

1. Das Kalk-Soda-Verfahren. Bei diesem Verfahren fällt der
Kalk die im Wasser vorhandenen Bikarbonate des Kalziums und Magnesiums, die Magnesiumsalze und die freie Kohlensäure als unlösliche Verbindungen $CaCO_3$ und $Mg(OH)_2$ aus, während der Sodazusatz die noch
bleibenden Kalksalze nebst dem überschüssigen Kalk ausfällt. Eine
Übersicht über den Enthärtungsvorgang bieten die beiden Übersichtstafeln
1 und 2, wovon die erste den Enthärtungsverlauf darstellt, wie er meist

angegeben wird, aber ungenügend und falsch ist, während die zweite den tatsächlichen Reaktionsverlauf, mit Angabe der wichtigsten Nebenreaktionen zusammenfaßt.

Die im Schrifttum häufig anzutreffende Angabe, daß die Kieselsäure im Kalk-Soda-Reiniger ebenfalls entfernt wird, ist nach eigenen Betriebs-

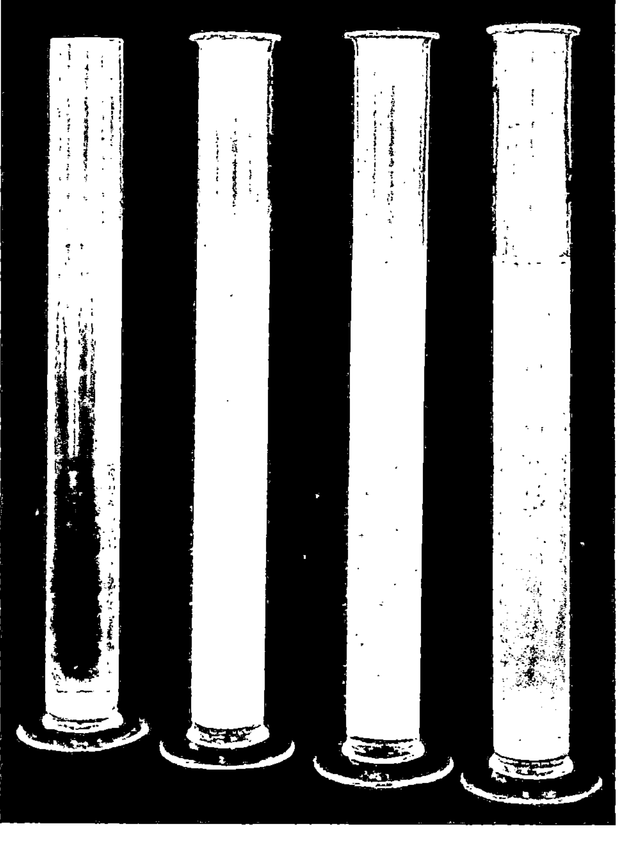

1   2   3   4

Abb. 43. Einfluß der Art des Kalkzusatzes auf die Ausscheidung der vorübergehenden Härte
Gefäß 1: Zugabe von klarem Kalkwasser. Gefäß 2: Zugabe von Kalkpulver. Gefäß 3: Zugabe von
konzentrierter Kalkmilch. Gefäß 4: Zugabe von verdünnter Kalkmilch.

erfahrungen falsch, denn es werden beim Kalk-Soda-Verfahren höchstens 30—50% der vorhandenen Kieselsäure als Kalziumsilikat niedergeschlagen.

Kalk und Soda werden in der Regel in der Form von gesättigtem Kalkwasser und von Sodalauge zugegeben. Bei der Herstellung des Kalkwassers ist zu beachten, daß die Löslichkeit des Kalkes im Wasser mit steigender Temperatur abnimmt, und daß daher das dem Kalksättiger zufließende Wasser nicht angewärmt werden darf. Eine Verwendung von Kalkmilch oder sogar von Kalkpulver ist zu verwerfen, weil einerseits eine zuverlässige Bemessung des Kalkzusatzes dabei nicht zu erreichen ist und andererseits die Ausflockung der Härtebildner ungünstig beeinflußt wird. Diese Vorgänge sind auf der Abb. 43 dargestellt. Im Gefäß 1 wurde ein natürliches Wasser mit Kalkwasser behandelt, in Gefäß 2 mit Kalkpulver, in Gefäß 3 mit konzentrierter Kalkmilch und in Gefäß 4 mit verdünnter Kalkmilch. Alle Zusätze sind gleichzeitig zugegeben worden. Man erkennt ohne weiteres die Rolle der Art der Kalkzugabe: Das Kalkwasser hat bereits ausreagiert und die grobflockigen Ausscheidungsprodukte haben sich bereits fast vollständig abgesetzt. Im Gegensatz hierzu ist bei der Zugabe von Kalkpulver und von konzentrierter Kalkmilch die Reaktion und die Ausflockung noch nicht beendet, während bei der Zugabe der verdünnten Kalkmilch sich der Reaktionsverlauf dem Fall 1 nähert.

Die Sodalösung muß ebenfalls sorgfältig zubereitet werden, denn kalzinierte, wasserfreie Soda backt am Boden des Sodaauflösungsbehälters zu Klumpen zusammen und löst dann nur langsam. Die Zugabe der Soda soll deshalb in kleinen Portionen erfolgen, und diese Portionen sind an verschiedenen Stellen des Behälters aufzugeben. Am besten löst man dann die Soda unter Anwärmen mittels einer Dampfbrause und unter energischem Umrühren, bis die erforderliche passende Dichte der Lauge erreicht ist, die öfters mit der Spindel nachzuprüfen ist.

Die Kalk-Soda-Reiniger setzen sich in der Regel aus vier Teilen zusammen: Kalksättiger, Sodalösungsgefäß, Dosierungsvorrichtung, Misch- und Klärbehälter. Dringend anzuraten ist es, ein Schnellfilter anzuschließen, am besten sogar zwei, die wechselweise in Betrieb sind, während der außer Betrieb befindliche Filter gereinigt wird. Ebenso dringend notwendig ist die Einschaltung eines Vorwärmers, wobei aber zu achten ist, daß das dem Kalksättiger zufließende Wasser nicht mit angeheizt wird.

Die Kalk-Soda-Reiniger arbeiten alle grundsätzlich auf folgende Weise: Das zufließende Rohwasser wird in der Dosierungsvorrichtung geteilt, wobei ein angepaßter Teil in den Kalksättiger läuft, und eine entsprechende Menge Kalkwasser in den Misch- und Klärbehälter überführt. Der zweite Teil des Rohwassers betätigt entweder unmittelbar oder mittelbar die Zumeßvorrichtung für die Sodalösung, die ebenfalls dem Mischbehälter in passender Menge zufließt. Der dritte Teil durchfließt den Vorwärmer oder, wenn mittels eingebauten Heizschlangen der Reinigerinhalt selbst angewärmt wird, fließt er unmittelbar in den Mischbehälter.

Der Schwerpunkt — und auch der wunde Punkt — der Kalk-Soda-Reinigung wie übrigens sämtlicher Ausfällungsverfahren, liegt in der Dosierungsvorrichtung, die eine der jeweiligen Rohwassermenge und ihrer chemischen Zusammensetzung genau angepaßte Menge an Kalkwasser und an Sodalösung in den Mischraum leiten muß. Die Erbauer suchen diese Bedingung durch die verschiedenartigsten Anordnungen zu erfüllen: Regelbare Ventile und Hähne, verstellbare Schlitze und Proportionalitätsschneiden, Kippschaufeln, Schwimmerventile, Heber,

Schöpfräder, Differenzialdruckregler u. a. m. Die Abb. 44 und 45 zeigen zwei wichtige Dosierungsvorrichtungen, deren Arbeitsweise zur Genüge aus den Zeichnungen hervorgeht. Ganz neuartige amerikanische Zumeßvorrichtungen[1] zeigen die beiden Abb. 46 und 47. Die erstere (Abb. 46) ist ein physikalisch-chemischer Zuteiler, der folgendermaßen arbeitet: die chemische Lösung wird dem Behälter entnommen und

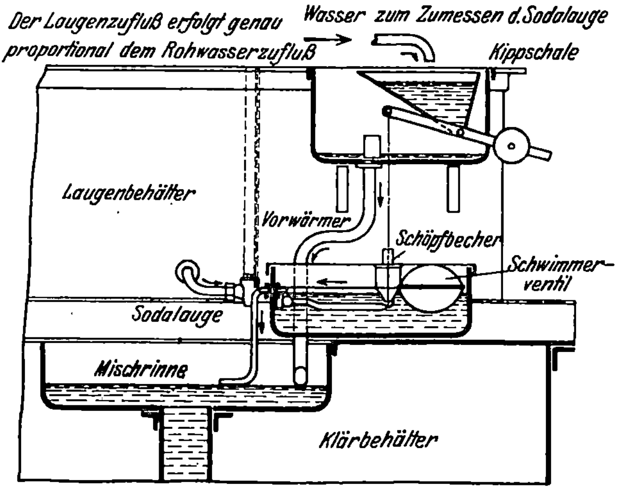

Abb. 44. Schlitz-Chemikalienverteiler (Bauart R. Reichling).

durch eine Schleuderpumpe gegen die Scheibe getrieben, Kolben, Kolbenstange und Scheibe bilden ein Stück, das sich unter dem Einfluß der ange-

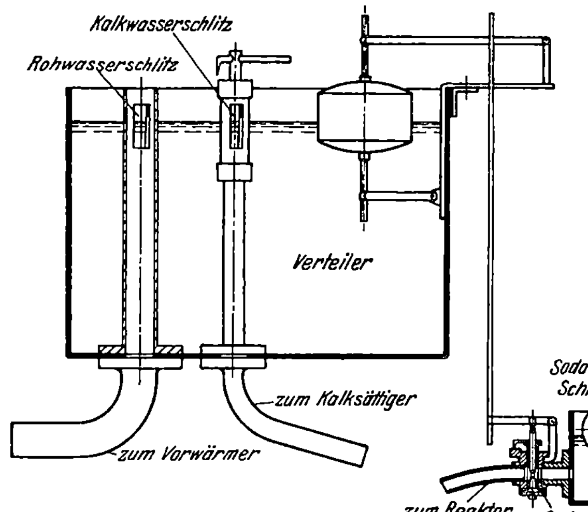

Abb. 45. Kippschaufel-Schöpfbecherzuteiler (Bauart F. Seiffert).

wandten Drücke frei bewegt und so eine Gleichgewichtslage zwischen den beiden auftretenden Kräften einnimmt, von denen die eine infolge des Differenzialdruckes nach unten, die andere infolge des chemischen

[1] Yoder, I. D.: Ind. Chem. 21, 829 (1929).

Lösungsdruckes nach oben gerichtet ist. Die Strömung durch die Düse ist daher proportional der durch die Rohwasserdüse strömenden Wassermenge. Die durch die Düse für die chemische Lösung strömende Flüssigkeit wird der Pumpe durch diese zugeführt und in den Reiniger gebracht. In Abb. 47 ist ein durch Luft ausgeglichener Differenzialdruckzuteiler dargestellt.

Die große Gefahr bei allen Reinigungsanlagen der Ausfällungsverfahren ist das blinde Vertrauen in die automatischen Dosierungsvorrichtungen. Die einzige Gewähr für ein einwandfreies Arbeiten ist und bleibt die dauernde und scharfe Betriebsüberwachung, die sich auf die chemische Untersuchung des Kalkes, der Soda, des Kalkwassers, der Sodalösung, des Rohwassers und des gereinigten Wassers zu erstrecken hat und wovon die chemische Analyse des Rohwassers einmal pro Tag und die des gereinigten Wassers einmal bis zweimal pro Schicht vorgenommen werden soll.

Es sollen laufend untersucht und bestimmt werden:

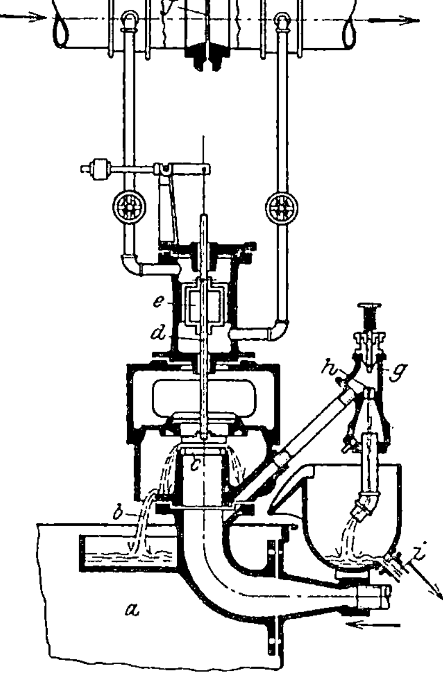

Abb. 46. Physikalisch-chemischer Zuteiler.

a) Rohwasser: vorübergehende und bleibende Härte, Grobdispersoide, Chloride, Sulfate, freie Kohlensäure, Sauerstoff und organische Stoffe (Kaliumpermanganatverbrauch).

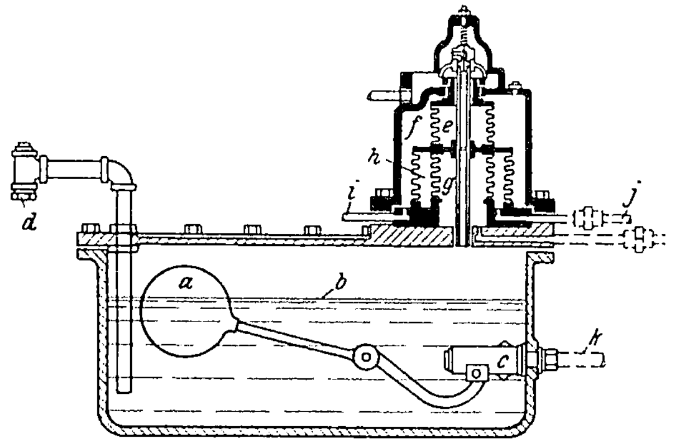

Abb. 47. Differentialdruck-Chemikalienzuteiler.

b) Aufbereitetes Zusatzwasser: wie das Rohwasser, außerdem auf Reagenzienüberschuß, wie Soda, Ätznatron, Natriumbikarbonat.

7*

c) Kondenswässer: Härte, Abdampfrückstand, Kohlensäure und Sauerstoff.

d) Speisewasser: (Mischung von b und c) Härte, Chloride, Sulfate, Alkalität, gelöste Gase.

e) Kesselwasser (einmal täglich): Alkalität (Soda und Ätznatron), Stärke, Chloride, Sulfate, Kieselsäure, Nitrate, Natronzahl, Na_2CO_3-Na_2SO_4-Verhältnis.

f) Kalkwasser: Kalkgehalt.

g) Sodalösung: Dichte.

h) Ätzkalk und Soda: Einmalige Wertbestimmung bei der Lieferung, ab und zu Stichproben.

Bei regelmäßiger Durchführung dieses Untersuchungsprogrammes sind vorgedruckte Formulare zu beschaffen, die täglich ausgefüllt und der Betriebsleitung unterbreitet werden sollen, versehen mit den Anmerkungen des Chemikers, der sich nicht damit begnügen soll, die Analysen anzufertigen bzw. zu überwachen, sondern der durch sein tägliches Gutachten sich aktiv am Betriebe beteiligen muß. Ersprießliche Arbeit kann nur dann geleistet werden, wenn Betrieb und Laboratorium harmonisch zusammenarbeiten. Ferner ist auf Grund der jeweiligen Betriebsbedingungen ein Prämiensystem für die Arbeiter, die mit der Wartung der Reinigungsanlage betraut sind, auszuarbeiten, das sich etwa auf zwei Punkte: Enthärtungseffekt und Chemikalienverbrauch, stützen soll. Diese Ausführungen über die Überwachung der Reiniger haben Allgemeingültigkeit für alle Systeme, allerdings nicht für alle Kesselhäuser, denn nur große Kraftzentralen und Industrien mit gut eingerichtetem Laboratorium können das entwickelte Programm restlos durchführen. Kleinere Betriebe sollen aber nichts unterlassen, um, ihren Verhältnissen nach, die Betriebskontrolle so scharf wie nur möglich durchzuführen und wenn nur irgend möglich ein kleines Betriebslaboratorium einrichten. Die hierdurch entstehenden Mehrkosten einschließlich Lohn des Chemikers machen sich durch erhöhte Wirtschaftlichkeit der Gesamtanlage bezahlt.

Abb. 48 zeigt einen Kalk-Soda-Enthärter neuartiger Bauart, mit Vorwärmung des Rohwassers nach Abzweigung des in den Kalksättiger geleiteten Wasserstromes und mit nachgeschaltetem Filter.

Die Filter werden oft oben in den aufsteigenden Wasserstrom des Klärbehälters verlegt. Abgesehen davon, daß diese Filter in der Regel zu klein sind, verdienen sie Beachtung, wenn das Filtermaterial aus Holzwolle besteht. Diese muß öfters ausgewechselt werden, wobei die vorherige Auslaugung mit heißer Sodalösung nicht zu vergessen ist.

Über die Betriebsführung des Kalk-Soda-Reinigers sei noch hinzugefügt, daß der obere Durchmesser des kegelförmig gestalteten Kalksättigers so bemessen wird, daß die Abflußgeschwindigkeit des Kalkwassers nicht mehr als 0,1 mm/sec beträgt, bezogen auf die größte erforderliche Kalkwassermenge und die Oberfläche des Wasserspiegels im Kalksättiger. Der Reagenzienüberschuß soll so bemessen sein, daß im gereinigten Wasser etwa 20 mg/l Ätznatron und 50 mg/l Soda verbleiben.

Diese Zahlen lassen selbstverständlich gewisse Abweichungen je nach den Betriebsverhältnissen zu.

Dieser Überschuß an Fällungsreagenzien reichert sich im Kessel an und wird von dort periodisch abgelassen. Zur Vermeidung der dabei entstehenden Verluste hat man die Kalk-Soda-Reiniger mit einer Kessel-

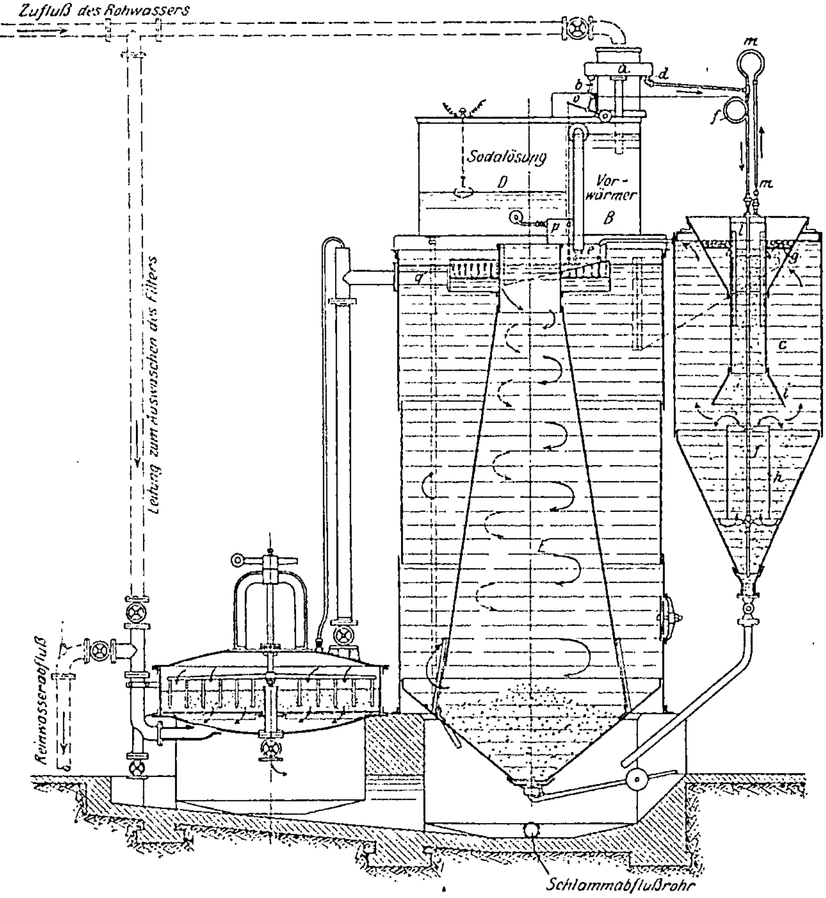

Abb. 48. Kalk-Soda-Reiniger mit Vorwärmer und Filter (Bauart Steinmüller).

wasser-Rückführung verbunden. Ein gewisser Teil des Kesselwassers wird hierbei dauernd in den Reiniger geleitet, wo die überschüssigen Reagenzien ausgenutzt werden, gleichzeitig das Wasser in Enthärter angewärmt wird und die Nachreaktionen im Kessel zum Teil in den Reiniger verlegt werden. Der andere Teil des dauernd angeführten Kesselwassers wird durch Wärmeaustauscher geleitet, wo es seine Wärme an das Rohwasser abgibt. Die Anwendung eines solchen neuzeitlichen Kalk-Soda-Reinigers mit Kesselwasser-Rückführung und Entgaser ist auf Abb. 49 ersichtlich. In diesen Reinigern ist eine Enthärtung auf

1° deutsche Härte und darunter im gut überwachten Dauerbetrieb zu erreichen. Die zusetzbaren Fällungsreagenzien Kalk und Soda verringern sich selbstverständlich entsprechend den vom rückgeführten Kessel-wasser zugebrachten Mengen an Ätznatron und Soda. Aus diesem Grunde ist eine Meß-vorrichtung des rückge-führten Wassers notwen-dig (Beispiel: Neckar Meßverfahren[1]).

Berechnung der zum Enthärten notwen-digen Kalk- und Sodamengen.

Die Berechnung er-folgt am zweckmäßig-sten auf Grund der Äqui-valentgewichte der im Rohwasser vorhandenen Härtebildner und der Fällreagenzien. Nachfol-gende Formeln erlauben die rasche Ermittlung der erforderlichen Mengen. Die Buchstaben haben folgende Bedeutung:

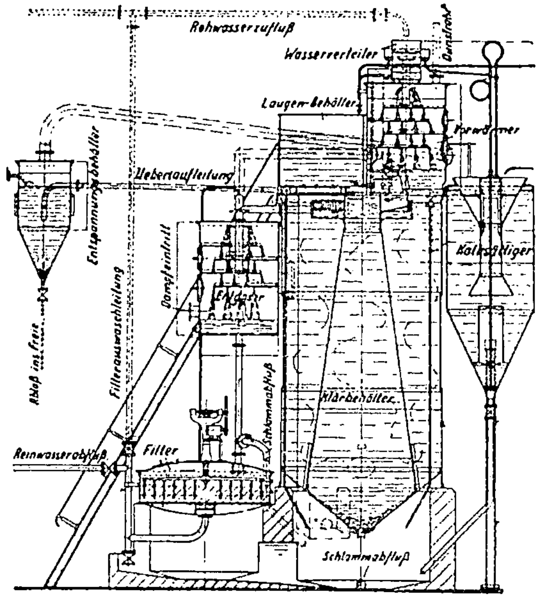

Abb. 49. Kalk-Soda-Reiniger mit Kesselwasserrückführung, Vorwärmer, Entgaser und Filter (Bauart L. und C. Stein-müller, Gummersbach).

V   = Milliäquivalente Bikarbonat (vorübergehende Härte)
Ca =   „   Kalzium (Kalkhärte)
Mg =   „   Magnesium (Magnesiahärte)
CO_2 =   „   freie Kohlensäure
a) Benötigte Kalkmenge: $(V + Mg + CO_2) \cdot 28$ g/m³
b) Soda: $(Ca + Mg - V) \cdot 53$ g/m³.

Die erhaltenen Zahlen sind durch den Nutzwert der betreffenden Chemikalien zu dividieren. Findet man z. B. einen CaO-Gehalt des Ätz-kalkes von 80%, so beträgt sein Nutzwert a 0,8. Der entsprechende Nutzwert der Soda sei mit b bezeichnet. Ferner ist mit einem notwendigen Reagenzienüberschuß von 10—20% zu rechnen, so daß die erhaltenen Zahlen mit 1,1 oder mit 1,2 zu multiplizieren sind. Die tatsächlich benö-tigten Reagenzienmengen betragen somit: (Reagenzienüberschuß 10%)

a) Für Kalk:
$$\frac{(V + Mg + CO_2) \cdot 28 \cdot 1{,}10 \text{ g/m}^3}{a}$$

b) für Soda:
$$\frac{(Ca + Mg - V) \cdot 53 \cdot 1{,}10 \text{ g/m}^3}{b}.$$

Im allgemeinen kann man hierbei die freie Kohlensäure vernach-lässigen, besonders bei heißer Enthärtung.

---
[1] Haas, E.: Wärme 51, 934 (1928).

Die Milliäquivalente errechnet man einfach aus der chemischen Analyse, indem man die in mg/l angegebenen Gehalte durch die entsprechenden Äquivalentgewichte teilt. Die gebräuchlichen Äquivalentgewichte sind:

Kalzium: Ca 20; Kalk CaO 28 — Bikarbonat HCO_3: 61
Magnesium Mg: 12,16 Magnesia MgO 20,16 — Soda Na_2CO_3: 53
Kohlensäure CO_2: 22

2. Ätznatron-Verfahren. Das Kalk-Soda-Verfahren kann man auch dahingehend umändern, daß man statt Kalk Ätznatron NaOH zur Fällung der vorübergehenden Härte und der Magnesia verwendet. Die chemischen Umsetzungen sind dabei grundsätzlich dieselben wie bei dem Kalk-Soda-Verfahren, mit dem Unterschied, daß, wie die folgende Übersichtstafel lehrt, durch die Einwirkung des Ätznatrons auf

Übersichtstabelle 3. Schema der Ätznatron-Soda-Enthärtung.

Im Wasser vorhanden		Fällungs-mittel	Reaktionsprodukte	
			ausgefällt	löslich
vorübergehende Härte Karbonat-Härte	Kalziumbikarbonat $Ca(HCO_3)_2$ +	Ätznatron 2 NaOH	Kalziumkarbonat 2 $CaCO_3$	Soda und Wasser Na_2CO_3 + 2 H_2O
	Magnesiumbikarbonat $Mg(HCO_3)_2$ +	2 NaOH	Magnesiumhydrat $Mg(OH)_2$	Na_2CO_3 + 2 H_2O
	Kohlensäure CO_2 +	2 NaOH	$CaCO_3$	Na_2CO_3 + 2 H_2O
bleibende Härte Nichtkarbonat-Härte	Kalziumsulfat (Gips) $CaSO_4$ +	Soda Na_2CO_3 =	$CaCO_3$ +	Glaubersalz Na_2SO_4
	Kalziumchlorid $CaCl_2$ +	Na_2CO_3 =	$CaCO_3$ +	Kochsalz 2 NaCl
	Magnesiumsulfat $MgSO_4$ +	Na_2CO =	Magnesiumkarbonat bzw. Magnesiumhydrat $MgCO_3$ bzw. + $Mg(OH)_2$	Na_2SO_4
	Magnesiumchlorid $MgCl_2$ +	Na_2CO_3 =	$MgCO_3$ bzw. $(Mg(OH)_2)$ +	2 NaCl

die Karbonathärte die Hälfte weniger Kalziumkarbonat (Schlamm) entsteht, dafür aber eine äquivalente Menge Soda. Auch bei der Neutralisation der freien Kohlensäure entsteht Soda und kein Kalziumkarbonat. Hierdurch verringert sich um einen entsprechenden Teil der notwendige Sodazusatz. Dieses Verfahren ist dort angezeigt, wo ein Rohwasser vorliegt, dessen vorübergehende und bleibende Härte annähernd einander gleich sind, denn dann genügt schon die Ätznatronbehandlung allein, weil die bei der Fällung der vorübergehenden Härte entstehende Soda für die Fällung der bleibenden Härte ausreicht. Ist aber in diesem Fall der Magnesiagehalt hoch im Vergleich zu dem Kalkgehalt, so genügt die Ätznatronbehandlung allein nicht mehr.

Die für dieses Verfahren notwendigen Chemikalienmengen errechnen sich nach folgenden Formeln, wobei den Zeichen dieselbe Bedeutung wie beim Kalk-Soda-Verfahren zukommt und c der Nutzwert des Ätznatrons bedeutet:

a) Ätznatronzusatz:

$$\frac{(V + Mg + CO_2)\, 40 \cdot 1{,}1}{c} \quad \text{angelieferte NaOH g/m}^3$$

b) Sodazusatz: Theoretisch notwendig:

$$(Ca + Mg - V) \cdot 53 - (V + Mg + CO_2)\, 53 = (Ca - 2\,V - CO_2) \cdot 53.$$

Praktisch notwendig:

$$(Ca - 2\,V - CO_2)\, 53 \cdot 1{,}1 \text{ g/m}^3 \text{ angelieferte Soda.}$$

Gibt man dieser Gleichung die Form:

$$(Ca - [2\,V + CO_2]) \cdot \frac{53 \cdot 1{,}1}{b}\,.$$

so ergibt sich, daß eine Sodazugabe überflüssig wird, wenn $2\,V + CO_2$ gleich oder größer ist als Ca. In diesem Falle ist das Wasser durch einfache Ätznatronbehandlung zu enthärten.

Es stellt sich die Frage, ob die Verwendung von Kalk oder von Ätznatron einander ebenbürtig ist oder ob eines dieser Fällmittel Vorteile gegenüber dem anderen aufweist. Kalk hat im allgemeinen den Vorteil der Billigkeit, dagegen hat Ätznatron den Vorteil der großen Löslichkeit, wodurch sich eine Lauge von konstantem NaOH-Gehalt leicht herstellen läßt. Dagegen ist der Wirkungswert des Kalkwassers im Betrieb stets mehr oder weniger großen Schwankungen unterworfen. Eingehende eigene Versuche haben ferner gezeigt, daß die Resthärte bei Verwendung von Ätznatron allein etwas niedriger liegt als die bei Verwendung von Kalkwasser.

Was die praktische Durchführung der Ätznatron- bzw. des Ätznatron-Soda-Verfahrens betrifft, so vereinfacht sich die Analyse durch den Wegfall des Kalksättigers.

3. Sodaenthärtung mit Kesselwasserrückführung. Die einfache Enthärtung mit Soda allein ist nur bei solchen Wässern angezeigt, die keine vorübergehende Härte und keine Magnesia enthalten, sie kommt also praktisch kaum in Frage. Aus diesem Grunde erfolgt die Sodaenthärtung heute nur in Verbindung mit der Kesselwasserrückführung, wobei das im Kessel hydrolytisch entstehende Ätznatron zur Fällung der vorübergehenden Härte und der Magnesia im Reiniger dienen soll. Die bei diesem Verfahren ablaufenden chemischen Umsetzungen sind die gleichen wie beim Ätznatron-Soda-Verfahren. (Siehe Übersichtstabelle.)

Wichtig bei diesem Verfahren ist die Ermittlung der notwendigen Menge des abzuführenden Kesselwassers. Diese richtet sich nach dem Gesamtsalzgehalt des Kesselwassers unter Berücksichtigung der gegebenen Betriebsverhältnisse. Die Nachteile des Rückführungsverfahrens sind einerseits die fehlende Entsalzung und anderseits die Wärmeverluste. Neuerdings sind jedoch das Neckarverfahren und die übrigen Rückführungsverfahren in diesem Sinne verbessert worden. Man führt nur einen Teil des Kesselwassers in den Reiniger, während der andere Teil in Wärmeaustauschern seine Wärme abgibt unter Wiederverwertung der Entspannungswärme[1]. Abb. 50 zeigt die Anordnung der Neckar-Rückführungs-Enthärtung

Die Berechnung der notwendigen Sodamenge erfolgt auf Grund der chemischen Zusammensetzung des Rohwassers und des abgeführten Kesselwassers, wobei zur Vereinfachung das Verhältnis Rohwasser : zugeführtes Kesselwasser konstant gehalten werden soll. Immerhin ist

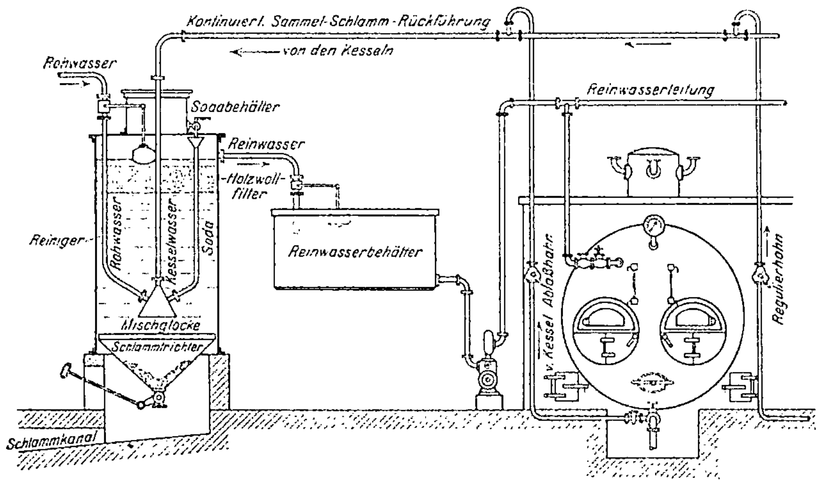

Abb. 50. Neckar-Reiniger.

selbst bei konstantem Zufluß des Kesselwassers die Zusammensetzung dieses ziemlich großen Schwankungen unterworfen, so daß eine genaue Berechnung der notwendigen Sodamenge eine heikle Sache ist. Im Betrieb richtet man sich daher am besten nach dem Reinigunsgrad des Speisewassers und regelt den Zufluß an Soda an Hand von häufigen Analysen.

Das Sodaverfahren mit Kesselwasserrückführung erlaubt auch im Dauerbetrieb eine Resthärte des gereinigten Wassers von unter 1° deutsche Härte einzuhalten.

4. Wege zur Verbesserung der Ausfällungsverfahren. Eine kritische Durchprüfung aller bisher bestehenden Enthärtungsverfahren und besonders der entsprechenden technischen Ausführungsarten zeigt dem objektiven Beurteiler, daß jedes Verfahren seine Mängel hat und daß es grundsätzlich möglich ist, die Verfahren und ihre technischen Ausführungen zu verbessern. Nachstehend seien einige Möglichkeiten für diese Verbesserung angegeben, mit entsprechenden Vorschlägen für die konstruktive Ausführung.

1. Verbesserung der Mischvorrichtungen des Rohwassers mit den Chemikalienlösungen. Hierzu sind ins Auge zu fassen: Aufprallbleche, Wirbelbleche, Überlaufwehre, Blecheinsätze, Schaufelräder usw.

---

[1] Haas, Eugen: Wärme 51, 932 (1928).

2. Starkes Umrühren des in Reaktion befindlichen Gemisches, was erreicht werden kann durch: Rührwerke, tangentiales Einführen von Druckwasser usw.

3. Trennung der Kalkreaktionsräume und der Sodareaktionsräume.

4. Zugabe von Reaktions- und Klärbeschleunigern, z. B. Flockungsmittel.

5. Verbesserung der Abscheidung der festen Reaktionsprodukte z. B. auf mechanischem Wege oder durch Umänderung der Bauart.

6. Verbesserung der rein thermischen Enthärtung durch NaOH-Impfverfahren und Anpassung der Kocherbauart an die Eigenart der chemischen Vorgänge.

7. Automatische Reinigerüberwachung. Ein Mittel hierzu gibt uns die Messung der elektrischen Leitfähigkeit, deren Empfindlichkeit neuerdings durch Elektronenröhren verstärkt werden kann. Die automatische Messung der Säurestufe (pH) bietet eine weitere Möglichkeit. Diese Angaben haben selbstverständlich keinerlei Anspruch auf Vollständigkeit, sie sollen lediglich Wegweiser für die Weiterentwicklungsmöglichkeiten der chemischen Enthärtungsverfahren darstellen.

b) Das Austauschverfahren.

Bei diesem Verfahren macht man sich den Basenaustausch durch gewisse hydrierte Tonerdesilikate zu Nutzen. Das typische Austauschverfahren ist das Permutit- bzw. das Neopermutitverfahren.

Permutit ist ein künstlich hergestelltes, Neopermutit ein aufbereitetes natürliches Natrium-Tonerde-Silikat. Beide haben die Eigenschaft, das in ihnen enthaltene Natrium gegen Kalk und Magnesia umzutauschen, wobei Kalzium- und Magnesiumpermutit entstehen und die entsprechenden Natriumsalze dafür in Lösung gehen. Leitet man daher ein hartes Wasser durch ein aus Permutit bestehendes Filter, so tritt eine Enthärtung des Wassers und ein entsprechender Übergang von Natrium ins Wasser ein. Wenn das Permutitfilter erschöpft ist, d. h. das Natrium gegen Kalk und Magnesia ausgetauscht ist, kann das aufgebrauchte Permutit durch Behandlung mit Kochsalzlösung (Chlornatrium) regeneriert werden. Hierbei wird das Kalzium- und Magnesiumpermutit in Natriumpermutit zurückverwandelt, während Kalk und Magnesia in die Kochsalzlösung übergehen und mit dieser entfernt werden. Die chemischen Umsetzungen, die sich bei diesen Austauschverfahren abspielen, sind in der Übersichtstabelle 4 zusammengestellt. Die Anlagen bestehen, wie Abb. 51 und 52 zeigen, nur aus einem (bzw. mehreren) die Permutitmasse enthaltenden Filter, das entweder offen oder geschlossen ausgeführt wird. Außerdem befindet sich neben den Permutitfiltern die Aufbereitungsanlage der Kochsalzlauge. Bei großen Permutitanlagen ist es zweckmäßig, die Kochsalzlösung 2—3mal zu gebrauchen, wodurch sich der Kochsalzverbrauch und damit die Reinigungskosten entsprechend verringern lassen. Man arbeitet in diesem Falle etwa folgendermaßen: Die gebrauchte Kochsalzlauge wird in einem besonderen Behälter aufbewahrt und wird bei der Regenerierung eines Filters durch diesen durchgepumpt und in den Behälter zurückgepumpt. Dann läßt

Übersichtstabelle 4. Schema der Permutit-Reinigung.

Im Wasser vorhanden		Bei der Filtration über Permutit	Im Filter zurück- behalten:	Ins Wasser über- gegangen:
Vorübergehende Karbonat-Härte	Kalziumbikarbonat $Ca(HCO_3)_2$ +	Permutit $P—Na_2 =$	Kalziumpermutit $P—Ca$ +	Natriumbikarbonat $2\,NaHCO_3$
	Magnesiumbikarbonat $Mg(HCO_3)_2$ +	$P—Na_2 =$	Magnesiumpermutit $P—Mg$ +	$2\,NaHCO_3$
	Kohlensäure CO_2			CO_2
Bleibende Härte Nichtkarbonat-Härte	Kalziumsulfat (Gips) $CaSO_4$ +	$P—Na_2 =$	Kalziumpermutit $P—Ca$ +	Glaubersalz Na_2SO_4
	Kalziumchlorid $CaCl_2$ +	$P—Na_2 =$	$P—Ca$ +	Kochsalz $2\,NaCl$
	Magnesiumsulfat $MgSO_4$ +	$P—Na_2 =$	Magnesiumpermutit $P—Mg$ +	Na_2SO_4
	Magnesiumchlorid $MgCl_2$ +	$P—Na_2 =$	$P—Mg$ +	$2\,NaCl$

Regeneration des erschöpften Permutitfilters			
Kalzium und Magnesium- permutit $P—Ca$ $P—Mg$ +	Kochsalz $2\,NaCl$	Natriumpermutit $P—Na_2$	Chlorkalzium bzw. Chlormagnesium $CaCl_2$ $MgCl_2$

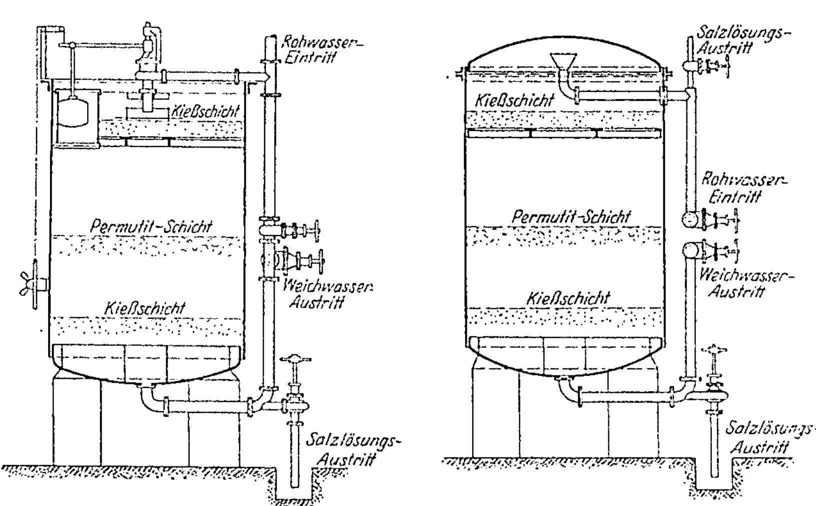

Abb. 51. Offenes Permutitfilter. Abb. 52. Geschlossenes Permutitfilter.

man frische Kochsalzlauge durch das Filter laufen, die die Reste Kalzium und Magnesium wegspült und die Regenerierung vollendet. Diese Lauge wird in einen zweiten Behälter geleitet. Fängt die Lauge des ersten Behälters an, sich zu erschöpfen, d. h. wird ihr Ca- und Mg-Gehalt zu hoch, so wird ein Teil abgelassen und durch einen entsprechenden Teil Lauge des Behälters II aufgefrischt.

In den großen Basenaustauschanlagen wird das Wasser gewöhnlich unter Druck enthärtet. Die Größe vertikaler Anlagen kann zwischen einem Durchmesser von wenigen Zentimetern und 0,6 m Höhe im Falle kleiner Haushaltapparate einerseits und solchen von 2—3 m Durchmesser und ebensolcher Höhe andererseits wechseln, während bei horizontalen Anlagen Zylinder von 6,1 m Länge und 2,5 m Durchmesser vorkommen. Man kennzeichnet die Basenaustauschstoffe[1] durch die „Austauschzahl‘‘, worunter man die Anzahl Kilogramm Kalk (CaO) versteht, die aus dem Wasser durch 100 kg des betreffenden Materials entfernt werden, wenn durch die Enthärtungsanlage solange hartes Wasser geleitet wird, bis das ausströmende Wasser eben aufhört, die Härte Null zu haben. Dieser Austausch kann jedoch durch die Tiefe der Filterschicht, durch die Durchflußgeschwindigkeit, die Größe der Materialkörner und die Menge des zum Regenerieren benutzten Salzes beeinflußt werden.

Das Basenaustausch- (oder auch Zeolith-) Verfahren gewährleistet, sorgfältige Überwachung und zweckentsprechende Filtergeschwindigkeit vorausgesetzt, eine Enthärtung bis praktisch auf 0° deutsche Härte.

Gegenüber den Enthärtungsverfahren durch Ausfällen weist das Basenaustauschverfahren folgende Hauptunterschiede auf, wobei bemerkt werden muß, daß in Deutschland das Permutitverfahren das älteste und bekannteste Verfahren ist.

1. Das Basenaustauschverfahren liefert Wasser von 0° deutsche Härte, das Kalk-Soda gewöhnlich nur solches von 3—5° deutsche Härte, das Kesselwasserrückführungsverfahren allerdings solches von weniger als 1° deutsche Härte.

2. Die Kalzium- und Magnesiumsalze werden in äquivalenter Menge (1 Ca = 1 Mg = 2 Na) durch Natrium ersetzt, so daß sich der Gesamtsalzgehalt des gereinigten Wassers beim Austauschverfahren höher stellt, als bei dem einfachen Ausfällungsverfahren.

3. Es paßt sich den Härteschwankungen des Rohwassers von selbst an, so daß die unzuverlässigen Dosierungsvorrichtungen wegfallen.

4. Es entstehen keine Niederschläge, so daß sich die Permutitanlagen einfacher gestalten als die Enthärtungsanlagen durch Ausfällen.

5. Die Permutitanlagen beanspruchen im allgemeinen weniger Raum als die anderen Verfahren.

6. Das Austauschverfahren ist bei trübem, eisenhaltigen, manganhaltigen und saurem Wasser unanwendbar, wenn nicht eine angepaßte Vorbehandlung vorgeschaltet wird. Neopermutit ist jedoch säureunempfindlicher als Permutit.

7. Die Anlagekosten sind im allgemeinen für beide Verfahren nicht sehr verschieden, während die Betriebskosten beim Austauschverfahren hinsichtlich der bleibenden Härte niedriger, hinsichtlich der vorüber-

---

[1] Chem. Trade J. a. chem. Engg. **86**, 29 (1930). — Wärme **53**, 341 (1930). — Chimie et Industrie **22**, 249 (1929).

gehenden Härte jedoch größer sein dürften als beim Kalk-Soda-Verfahren. Bei dem Ätznatron-Soda-Verfahren wird dieser Unterschied jedoch wohl wegfallen.

Über die Betriebsweise beim Basenaustauschverfahren sei folgendes angeführt:

Die Enthärtung kann nur auf kaltem Wege erfolgen, mechanische Verunreinigungen, Eisen und Mangan müssen vorher entfernt werden. Eine gewisse Höchstleistung darf nicht überschritten werden, weil sonst die Durchflußgeschwindigkeit größer zu werden beginnt als die Austauschgeschwindigkeit. Die vorübergehende Härte wird in Natriumbikarbonat umgewandelt, das im Kessel zu Soda und Ätznatron sich umwandelt. Infolgedessen muß einer allzu hohen Anreicherung dieser Stoffe im Kessel vorgebeugt und im besonderen die Natronzahl und das Soda-Sulfat-Verhältnis eingehalten werden. Das dadurch unvermeidlich werdende dauernde Ablassen von Kesselwasser soll durch Wärmeaustauscher wirtschaftlich gestaltet werden unter Rückgewinnung des Ätznatron- und Sodagehaltes der Kesselwasser in besonderen Reinigern. Wegen der sehr geringen Resthärte ist bei den Austauschverfahren ein besonderes Augenmerk auf die Kieselsäure zu richten und vor allem dafür zu sorgen, daß durch Unachtsamkeiten die Resthärte nicht vorübergehend über den Sollwert ansteigt.

Beim Permutitverfahren ist, wie bereits angedeutet, zu unterscheiden zwischen dem alten Permutitverfahren und den verbesserten Neopermutitverfahren. Der Unterschied besteht in der Verschiedenheit des Natrium-Tonerde-Silikates.

Permutit wird durch Kohlensäure zersetzt und unbrauchbar gemacht, weshalb man die Rohwässer vor dem Permutieren entsäuern muß. Ferner ist es gegenüber Eisen und Mangan empfindlich, die seine Reaktionsfähigkeit vermindern. Die zulässige Höchsttemperatur der Rohwässer beträgt 30°.

Das Neopermutit dagegen ist unempfindlich gegenüber Kohlensäure und auch gegenüber Eisen. Die Höchsttemperatur des zu reinigenden Wasser beträgt 40°. Im allgemeinen schätzt man den Verlust (Verschleiß) an Permutit- und Neopermutitmasse auf 3—5%, die periodisch zu ersetzen sind.

Die hauptsächlichsten Verfahren für die Herstellung von Basenaustausch-Silikaten sind folgende:

1. Schmelzung geeigneter Rohstoffe (Kaolin, Quarz und Soda) und nachfolgendes Auslaugen mit Wasser. Dieses Verfahren liefert ein Produkt von verhältnismäßig niedrigem Austauschwert und wird praktisch nicht mehr angewendet.

2. Aufbereitung natürlicher Zeolithe, wie gewisser Grünsande (Glaukonit) und Tone z. B., Auswaschen mit verdünnter Ätznatronlauge und nachfolgendes Rösten bis etwa 700° oder auch durch Einweichen in mit Aluminiumsulfat versetzter Natriumsilikatlösung.

3. Fällen durch Vermischen einer Natriumaluminat- und einer Natriumsilikatlösung mit nachfolgendem Auswaschen und Trocknen der Niederschläge.

Die einfache Betriebsweise des Austauschverfahrens hat es mit sich gebracht, daß seine Verbreitung in den letzten Jahren stark zugenommen hat. Auch in Verbindung mit anderen Verfahren wird es angewandt, jedoch scheint sich die Kombination mit solchen Verfahren, die alkalisches Wasser liefern, nicht besonders gut zu bewähren.

C. Das Impfverfahren.

Zur Verhinderung der Karbonat-Steinbildung infolge der Zersetzung der Bikarbonate kann man die Bikarbonate des Wassers in Chloride überführen. Es vollziehen sich dabei folgende Umsetzungen:

$$Ca(HCO_3)_2 + 2\,HCl = CaCl_2 + 2\,H_2O + 2\,CO_2$$
$$Mg(HCO_3)_2 + 2\,HCl = MgCl_2 + 2\,H_2O + 2\,CO_2.$$

Das bei diesen Umsetzungen sich bildende Kalziumchlorid und Magnesiumchlorid sind Salze mit sehr großer Löslichkeit, die also keine Steinansätze bilden. Das Impfverfahren besteht also darin, das Rohwasser mit angepaßten Mengen Salzsäure zu behandeln, wodurch statt der steinbildenden vorübergehenden Härte entsprechende Mengen Kalzium- und Magnesiumchlorid entstehen. Ein Enthärtungsverfahren im eigentlichen Sinne des Wortes ist es nicht.

Aus den obigen Gleichungen ersieht man, daß das geimpfte Wasser reicher an Chloriden und an freier Kohlensäure als das Rohwasser ist. Für eine unmittelbare Speisung der Kessel kommt es also keineswegs in Frage. Dagegen wird es mit Erfolg zur Verhinderung der Karbonatsteinbildung in Verdampfern und Kondensatoren angewendet. Das Verfahren ist sehr gut anwendbar bei Wässern mit hoher vorübergehender Härte, hingegen ist es nicht angebracht bei hochgipshaltigen und magnesiareichen Wässern, besonders wenn diese sich in Rückkühlanlagen konzentrieren können. In diesem Falle ist eine Gipsausscheidung leicht möglich, während die magnesiareichen Wässer infolge Magnesiumchloridbildung die Baustoffe der Verdampfer und Kondensatoren stark angreifen.

Abb. 53 gibt die Arbeitsweise und den Zusammenhang mit einer Rückkühlanlage zu erkennen[1]. Es stellen dar: a) die Säurespeicherflaschen, b) Heberstiefel, c) Druckbirne, d) Impfanrichtebehälter, e) Filtrierapparat, f) Regulierbehälter, g) Heberbehälter, h) Wassermeßbehälter, i) Mischschale, k) Kaminkühler, l) Wassersammelbehälter, m) Überlaufleitung, n) Warmwasserleitung und o) Laugenauffangschale.

Die Säurezugabe erfolgt automatisch und wird durch periodische Kontrollanalysen des Rohwassers und des geimpften Wassers überwacht.

Bei Anlagen mit Rückkühlung wird das Zusatzwasser geimpft, wobei bei zu hoher Salzkonzentration ein Teil des angereicherten Wassers abgelassen werden muß. Bei Verdampferanlagen wird das zu verdampfende Wasser unmittelbar geimpft, bei Anlagen mit Wasserumlauf wiederum nur das Zusatzwasser.

---

[1] Chem. Fabrik **1929**, 269. — Wärme **1927**, Nr 44/45.

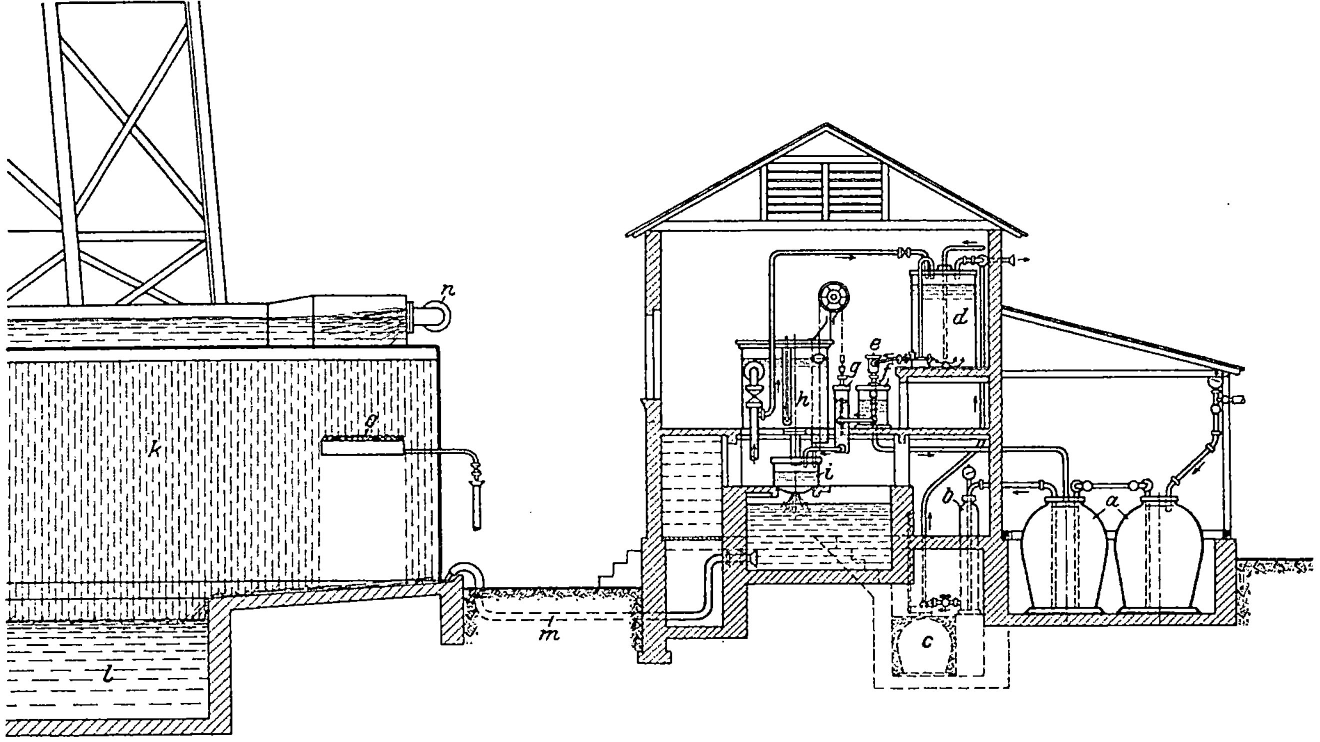

Abb. 53. Balcke-Impfanlage in Verbindung mit Kaminrückkühlung.

Zu den Impfverfahren kann man auch die vom Verfasser untersuchte und anempfohlene Behandlung des Rohwassers mit geringen Mengen Ätznatron zur Beschleunigung der Karbonatfällung bei rein thermischer Enthärtung (etwa in Plattenkochern rechnen).

D. Die Entgasung.

1. Allgemeines.

Aufgabe der Entgasung ist nicht nur die Entfernung der korrosionsfördernden Gase, Sauerstoff und Kohlensäure, aus dem Speisewasser, sondern auch der Schutz des gasfreien Wassers gegen erneute Gasaufnahme auf dem Wege zum Kessel. Das erstere wird durch die Entgasungsanlagen und das zweite durch die Gasschutzvorrichtung erreicht.

Die rostfördernden Gase sind, wie bereits dargelegt, die beiden Luftbestandteile Sauerstoff und Kohlensäure, die sich nach Maßgabe ihrer Partialdrücke im Wasser lösen. Wenn der Kohlensäuregehalt der natürlichen Wässer in der Regel etwas höher als der durch den normalen Partialdruck bedingten Gleichgewichtswert ist, so liegt das bekanntlich an der Tätigkeit von Kleinlebewesen, die Kohlensäure als Stoffwechselprodukt abscheiden.

Aber auch in dem unentgasten Kondensat und Destillat ist der Kohlensäuregehalt höher, als dem Partialdruck entspricht. Dies kommt daher, daß bei der Verdampfung fast der gesamte Kohlensäuregehalt des Wassers oder genauer die freie und die halbgebundene Kohlensäure ins Kondensat und Destillat übergeht. Die Kondenswässer der Dampfmaschinen, Pumpen, Kondenstöpfe, Dampfheizungen enthalten die Gase des Frischdampfes nahezu in unverminderter Menge. Dagegen enthält das Kondensat der Turbinen, gute Betriebsführung vorausgesetzt, nur mehr Spuren der Gase. Das gasfrei gewonnene Turbinenkondensat, wie übrigens sämtliche entgaste Wässer, nimmt begierig Luft auf, wenn es mit dieser in Berührung kommt. Daher die Notwendigkeit eines Gasschutzes einerseits und einer scharfen Betriebsüberwachung andererseits. Die Verhältnisse beim Verdichten des Dampfes aus Normaldruckkondensatoren bzw. Verdampfern stellen sich folgendermaßen:

Vom Dampf wird aus dem Kessel oder aus dem Verdampfer zunächst die Gesamtmenge des Sauerstoffes, vermindert um den Anteil chemisch wirksamen Sauerstoffes (Abrostung, Oxydation organischer Beimengungen), mitgeführt. Ferner teilt sich der Kohlensäuregehalt des Dampfes in folgende Anteile auf: 1. die gelöste freie Kohlensäure, 2. die bei der thermischen Zersetzung der Bikarbonate frei werdende Kohlensäure (die sogenannte halbgebundene Kohlensäure), 3. die bei der Hydrolyse der Soda abgespaltete Kohlensäure und 4. die Kohlensäure, die im Kessel durch Säurewirkungen aus festen Karbonaten frei gemacht wird. Der Hauptanteil entfällt in der Regel auf die Punkte 1 und 2.

Die Menge der im Kondensat vorhandenen Kohlensäure hängt vor allem von dem Gehalt des Speisewassers an freier Kohlensäure und an Bikarbonatkohlensäure ab. Der Anteil der hydrolytisch abgespalteten

Kohlensäure wird natürlich mit steigendem Sodagehalt des Kesselwassers zunehmen. Da die Hydrolyse mit steigendem Betriebsdruck zunimmt, wird auch der CO_2-Gehalt des Dampfes mit steigendem Betriebsdruck zunehmen müssen. Die im Dampf vorhandene Menge Kohlensäure ist stark davon abhängig, nach welchem Verfahren das Wasser enthärtet wird. Bei der Kalk-Sodaenthärtung werden sowohl freie Kohlensäure wie Bikarbonate aus dem Wasser entfernt, so daß hier eigentlich keine Kohlensäure in den Dampf hineinkommen kann. Wenn in der Praxis dennoch bis zu 15 mg im Liter Kondensat vorgefunden werden, so stammen diese geringen Mengen von der hydrolytischen Zersetzung des Sodaüberschusses her oder von einer Säurewirkung auf die Soda (Hydrolyse der Magnesiumsalze, Humussäuren, künstliche Inkohlung) im Kessel.

Bei der Sodaenthärtung mit Kesselwasserrückführung werden dem Kessel zugeführt: eine dem Gehalt an freier Kohlensäure des Rohwassers entsprechende Menge Natriumbikarbonat und schließlich ein gewisser Sodaüberschuß. Folglich muß der CO_2-Gehalt des Dampfes bei diesem Enthärtungsverfahren größer sein als bei dem Kalk-Soda-Verfahren. Immerhin muß aber betont werden, daß im Reaktionsbehälter, wo das Rohwasser mit dem heißen Kesselwasser in Wechselwirkung tritt, bereits eine den gegebenen Betriebsverhältnissen (Temperatur, Umlaufgeschwindigkeit) entsprechende Menge Bikarbonat-Kohlensäure ausgejagt wird.

Beim (kalten) Permutitverfahren gelangt die gesamte Menge der im Rohwasser vorhandenen freien und Bikarbonat-Kohlensäure — als HCO_3'-Ion — in den Kessel und von da in den Dampf. Hier liegen die Verhältnisse also noch ungünstiger als bei dem vorhergehenden Verfahren.

Die thermische Enthärtung bewirkt nicht nur eine der erreichten Temperatur entsprechende Verminderung der freien Kohlensäure, sondern auch der Bikarbonat-Kohlensäure.

Der Brüdendampf der Verdampfer enthält die freie und die Bikarbonat-Kohlensäure des Rohwassers. Die vorstehenden Überlegungen gelten naturgemäß nur unter der Voraussetzung, daß keine Entgasungsvorrichtungen vorhanden sind. Sie lassen die Schlußfolgerung zu, daß in bezug auf den Gehalt an Kohlensäure im niedergeschlagenen Dampf die thermische Enthärtung am günstigsten gestellt ist. Dann folgen Kalk-Soda-Verfahren mit Kesselwasserrückführung, Kalk-Soda-Verfahren mit Vorwärmung, kalte Kalk-Soda-Enthärtung, Sodareinigung mit Kesselwasserrückführung und Permutitverfahren. Die modernen Verdampferanlagen nehmen in dieser Hinsicht insofern eine Sonderstellung ein, als sie stets mit Entlüftern versehen sind. Die angegebene Reihenfolge läßt naturgemäß Ausnahmen zu, da der Kohlensäuregehalt des Kondensates auch von dem Rohwasser selbst abhängig ist. Diese Überlegungen werden durch die Praxis bestätigt: Nach Splittgerber[1] enthält der niedergeschlagene Dampf bei dem Kalk-Soda-Verfahren rund 10—12 mg CO_2 je Liter, bei dem Neckarverfahren

---

[1] Speisewasserpflege S. 32.

rund 40 mg/l und bei dem Permutitverfahren 50—60 mg/l. Vom Dampf wird im Kessel die gesamte vom Speisewasser eingeführte Sauerstoffmenge, vermindert um die vom Rostprozeß der Kesselbleche gebundene Menge, mit fortgeführt.

Es stellt sich nunmehr die Frage, welche Höchstgrenzen des Sauerstoff- und des Kohlensäuregehaltes im Speisewasser zulässig sind. Die Beantwortung dieser Frage hängt zwar von den Betriebsverhältnissen ab, besonders von dem Druck und der Verdampfziffer. Die Entgasung des Zusatzwassers richtet sich ferner nach den Mengenverhältnissen des zusetzenden Wassers. Im allgemeinen rechnet man bei normalen Kesseltypen mit einem Maximalsauerstoffgehalt von etwa 0,5—1 mg/l; Hochdruck und Hochleistungskessel verlangen jedoch ein Speisewasser mit einem Höchstgehalt an Sauerstoff von 0,05—0,1 mg/l, Zahlen, die im Dauerbetrieb bei guter Betriebsüberwachung der Entgasungsanlagen und des Wasserflusses ohne besondere Schwierigkeiten einzuhalten sind.

Für den Kohlensäuregehalt des Rohwassers läßt sich keine Grenze ziehen, da ja die Rostlust des Wassers nicht so sehr von der absoluten Menge der vorhandenen Kohlensäure als durch das Verhältnis $\dfrac{\text{freie Kohlensäure}}{\text{Bikarbonat-Kohlensäure}}$ bestimmt ist. Allerdings ist mit Rücksicht auf die Entweichung der Kohlensäure mit dem Dampf eine weitgehende Entfernung der freien und halbgebundenen Kohlensäure dringend anzuraten.

2. Die technische Ausführung der Entgasung.

Zur Entfernung der Gase aus dem Speisewasser kommen verschiedene Verfahren zur Anwendung:

1. Mechanische Entgasung.
2. Thermische Entgasung.
3. Vakuumentgasung.
4. Chemische Entgasung.
5. Entgasung durch Adsorption.

1. Die Entlüftung auf mechanischem Wege erfolgt in Vorrichtungen, in denen das Wasser zerstäubt oder stark durchgewirbelt wird, wodurch sich die Gase ausscheiden, sich in Windkesseln ansammeln und durch selbsttätige Ventile ins Freie abgelassen werden. Es ist zweckmäßig, diese Entlüftungsvorrichtungen in Heißwasserleitungen (etwas hinter Vorwärmer) einzubauen. Beispiele dieser Entlüftungsart sind: der Äerexentlüfter der Atlaswerke, der Speisewasserentgaser System Bührung und der Spuhrsche Entlüfter, deren Bauart aus den Abb. 54, 55 und 56 zu ersehen ist. Der Äerexentlüfter Abb. 54 besteht aus einem Windkessel, in den spiralförmige Rieselbleche übereinander eingebaut sind. Das Wasser wird durch einen Rohrstutzen in den oberen Teil des Windkessels geleitet, rieselt dann in verteiltem Zustande über die Bleche nach unten, wo es die gelösten Gase abgibt. Diese sammeln sich im Dom an, drücken nach und nach den Wasserspiegel nach unten, wodurch bei einem gegebenen Tiefstand ein Entlüftungsventil betätigt wird, das die an-

gesammelten Gase ins Freie befördert und gleichzeitig das Spiel des Entgasers von neuem in Tätigkeit setzt.

Ähnlich arbeiten die Entlüfter System Bühring Abb. 55 und System Spuhr (Abb. 56). Der Spuhrsche Wasserentgaser arbeitet folgendermaßen: Das Wasser tritt bei a ein,

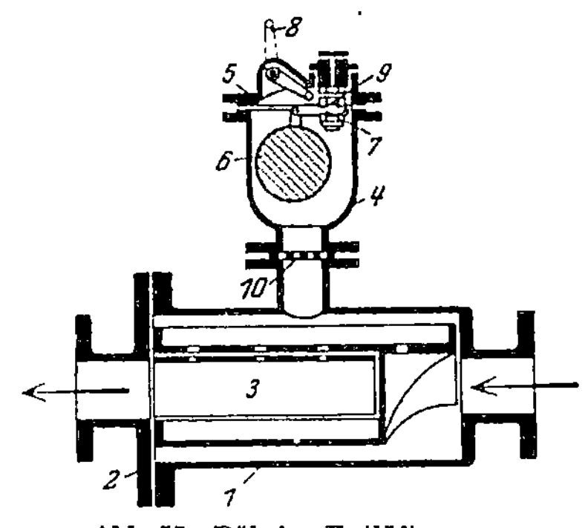

Abb. 55. Bühring-Entlüfter.
1 Gehäuse. 2 Lösbarer Deckel. 3 Einbau.
4 Ventilgehäuse. 5 Deckel des Ventils.
6 Schwimmer. 7 Hebel. 8 Anlüftehebel.
9 Ventil. 10 Sieb.

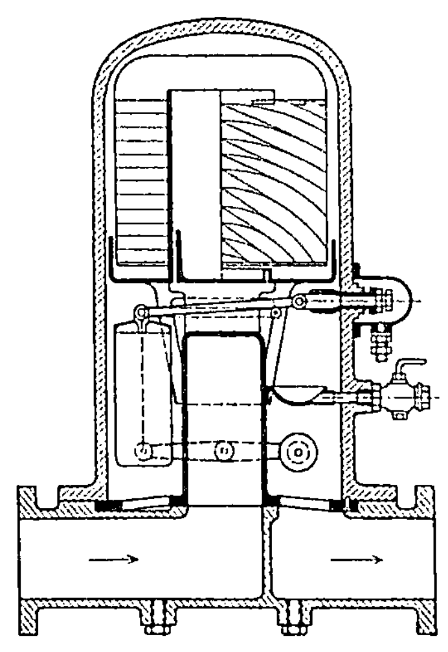

Abb. 54. Aerex-Entlüfter (Atlas-Werke).

wird durch die spiralig angeordneten Grallbleche umgewirbelt, wobei die scharfen Ecken, Kanten und Vorsprünge sowie die Löcher eine beschleunigte Gasausscheidung bewirken. Die Gase sammeln sich in dem Luftkasten, von wo ein selbsttätiges Ventil sie von Zeit zu Zeit ins Freie abbläst. Derjenige Teil der gelösten Gase, der bereits vor dem

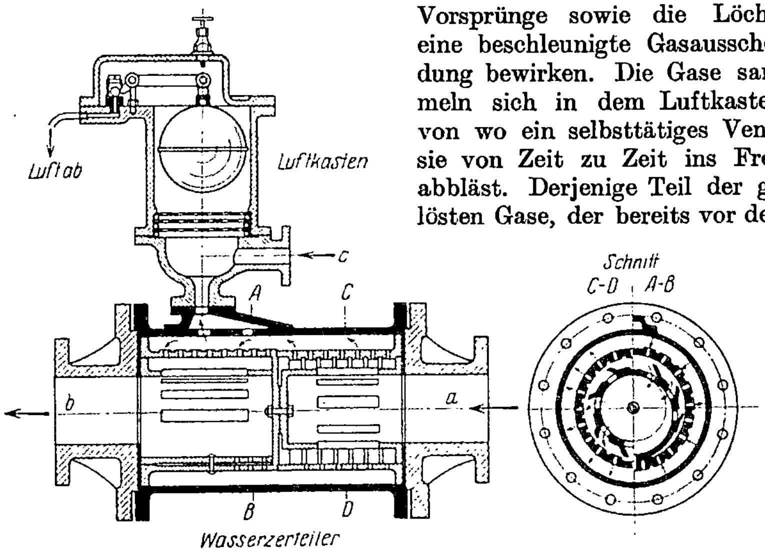

Abb. 56. Spuhrscher Wasserentlüfter.

Entgaser durch die infolge der Temperaturerhöhung eintretende Löslichkeitsverminderung entbunden würde, wird durch eine Zweigleitung c dem Luftkasten zugeführt.

K. Hofer[1] hat an dem Spuhrschen Entgaser folgende Entgasungsergebnisse festgestellt:

	Sauerstoffgehalt in cm³/l	Kohlensäure mg/l
Rohwasser	2,3	7,0
Brunnenwasser	1,8	7,0
Pumpe (50° l)	1,4	—
Vor dem Entlüfter . . .	0,8	—
Nach dem Entlüfter . .	—	—

2. Die **thermische Entgasung** beruht auf der Löslichkeitsverminderung der Gase bei steigenden Temperaturen. Kaskadeneinbauten im Kessel selbst (siehe Abb. 40 und 41) bewirken eine Entfernung der Gase aus dem Wasser, die jedoch restlos mit dem Dampf fortgeführt werden und sich daher im Kondensat wiederfinden. Rieselapparate zur Entgasung werden heute mit den meisten chemischen Reinigungsanlagen verbunden. Oftmals werden diese Entgasungsbehälter zu klein bemessen, wodurch ihre Wirksamkeit herabgesetzt wird. Eine thermische Entgasung wird auch in den Verdampfern bewirkt, die

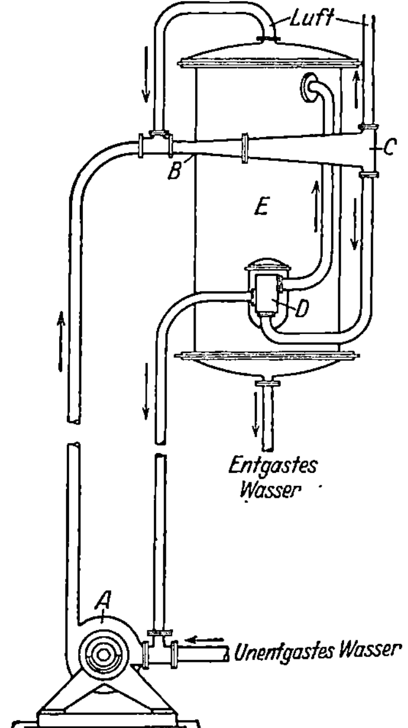

Abb. 57. Balcke-Vakuum-Entgaser.

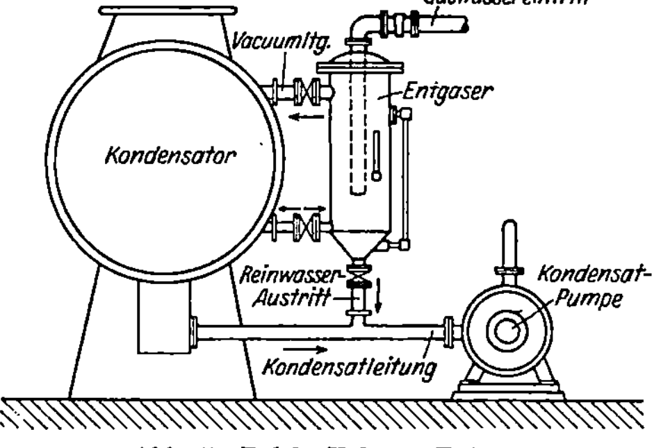

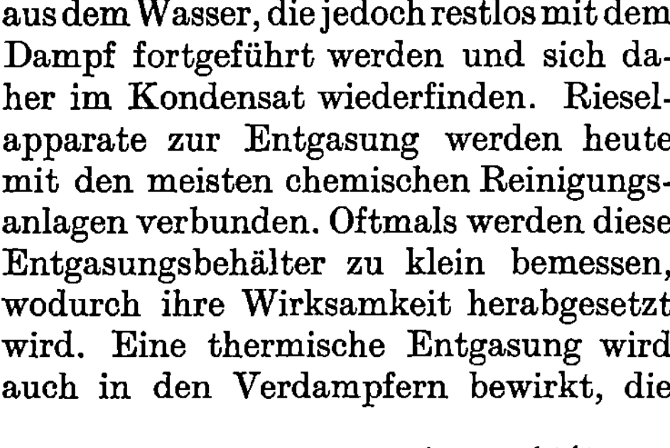

Abb. 58. Atlas-Vakuum-Entgaser.

diesem Zweck entsprechende Anordnungen (Entlüftungsventile und anderes) aufweisen.

Die Löslichkeitsverminderung der Gase bei abnehmendem Druck wird von der Vakuumentgasung ausgenutzt, die entweder kalt oder warm ausgeführt wird. Das kalte Verfahren besteht darin, das zu entgasende Wasser in einen Vakuumraum einzustäuben. Abb. 57 zeigt eine solche von Balcke, Bochum, vorgeschlagene Anordnung, in welcher der Kaltentgaser direkt an den Kondensator angegliedert ist. Das Wasser tritt durch einen Verteiler oben in den Entgaser ein, der unter demselben Unterdruck wie der Kondensator steht. Die Gase werden durch das Druckgefälle frei und durch die Vakuumpumpe evakuiert. Balcke baut auch ähnliche Anordnungen mit gleichzeitiger Anwärmung.

Der Vakuumspeisewasserentgaser der Atlaswerke vermeidet Zer-

---

[1] Hofer, K.: Wärme **51**, 753 (1928).

stäuber und Dampfstrahlpumpen. Das zu entlüftende Wasser ist gleichzeitig Strahlwasser. Diese Anordnung ist in Abb. 57 wiedergegeben. Das gashaltige Wasser wird durch eine Strahlwasserpumpe A dem Luftsauger B zugedrückt, der die im Entlüftungsbehälter E abgeschiedenen Gase abführt. In diesem Behälter sind Siebböden oder Überlaufböden eingebaut, je nachdem es sich um die Entgasung von Kondensat oder von schlammabsetzendem Rohwasser handelt. Der Luftabscheider C trennt die mitgerissenen Gasblasen vom Strahlwasser, das mit dem Schwimmerventil D zufließt. Letzterer läßt das Wasser je nach den Ansprüchen der Bedarfsstellen ganz oder teilweise in den Entgasungsbehälter eintreten, wobei gegebenenfalls das überschüssige Wasser der Saugleitung wieder zur Strahlpumpe A geleitet wird. Im Entgaser E wird eine Luftleere unterhalten, die durch die Wassertemperatur geregelt wird.

In anderen Anordnungen dieser Firma wird der Luftsauger von einer Strahlwasserquelle betrieben, was in der Regel bei den Mischvorwärmern und Entlüftern der von dieser Firma hergestellten Verdampfern der Fall ist.

Eine Verbindung der Vakuumentgasung mit Anwärmung durch Dampf erfolgt in den Entgasern der Firma F. Seiffert, Berlin. In diesen Entgasern wird wie Abb. 59 zeigt, das Wasser durch mit Dampf betriebenen Strahldüsen in einen Vakuumraum hinein zerstäubt, wobei die frei werdenden Gase durch eine Vakuumpumpe fortgeführt werden. Die mitgeführten Brüden werden in einem Kühler verdichtet.

3. Die chemische Entgasung erfolgt durch chemische Umsetzungen der beiden schädlichen Gase, O_2 und CO_2, mit einem geeigneten Stoff unter Bildung von unschädlichen Verbindungen.

Die Kohlensäure wird, wie bei der Erörterung der Enthärtungsverfahren dargelegt wurde, durch Kalkzusatz ausgefällt und unschädlich gemacht. Sie wird auch von den Alkalien Na_2CO_3 und $NaOH$ gebunden, gelangt aber dann als lösliche Verbindung in den Kessel und wird durch thermische Zersetzung der entsprechenden Bikarbonate wieder frei gemacht. Die chemischen Entgasungsverfahren beruhen auf dem zunächst bestechenden Gedanken, den unvermeidlichen Rostprozeß aus dem Kessel in einen geeigneten vorgeschalteten Reaktionsbehälter zu verlegen. Diese Ablenkung der Kesselkorrosion wird durch vorgeschaltete Eisenspanfilter verwirklicht, in denen die agressiven Bestandteile des Speisewassers von den Eisenspänen gebunden und damit entfernt bzw. unschädlich gemacht werden sollen. Zu Erhöhung der Wirksamkeit dieser Eisenspanfilter hat man vorgeschlagen: Verstärkung des Rostangriffes durch Lokalelemente (Eisen-Kupferspäne, Eisenspäne-Koks) Verwendung von besonders rostlustigen Eisenlegierungen, gleichzeitige Anwärmung.

Abb. 60 zeigt ein solches Entgasungsfilter der Firma Hülsmeyer (Rostexfilter). Es besteht aus einem Behälter, in den mit Manganstahlwolle gefüllte, herausnehmbare Körbe eingesetzt sind. Das gashaltige Wasser tritt unten ein, durchquert das Eisenspanfilter, wo Sauerstoff und Kohlensäure vom Eisen gebunden werden. Zur Reinigung des verschmutzten Filters wird das Wasser in umgekehrter Richtung durch den Apparat geschickt.

Seiffert baut Entgaser nach demselben Prinzip (Abb. 61) mit gleichzeitiger Anwärmung. Der Wasserentlüfter der Maschinenfabrik Niederrhein, Duisburg, (Abb. 62) arbeitet

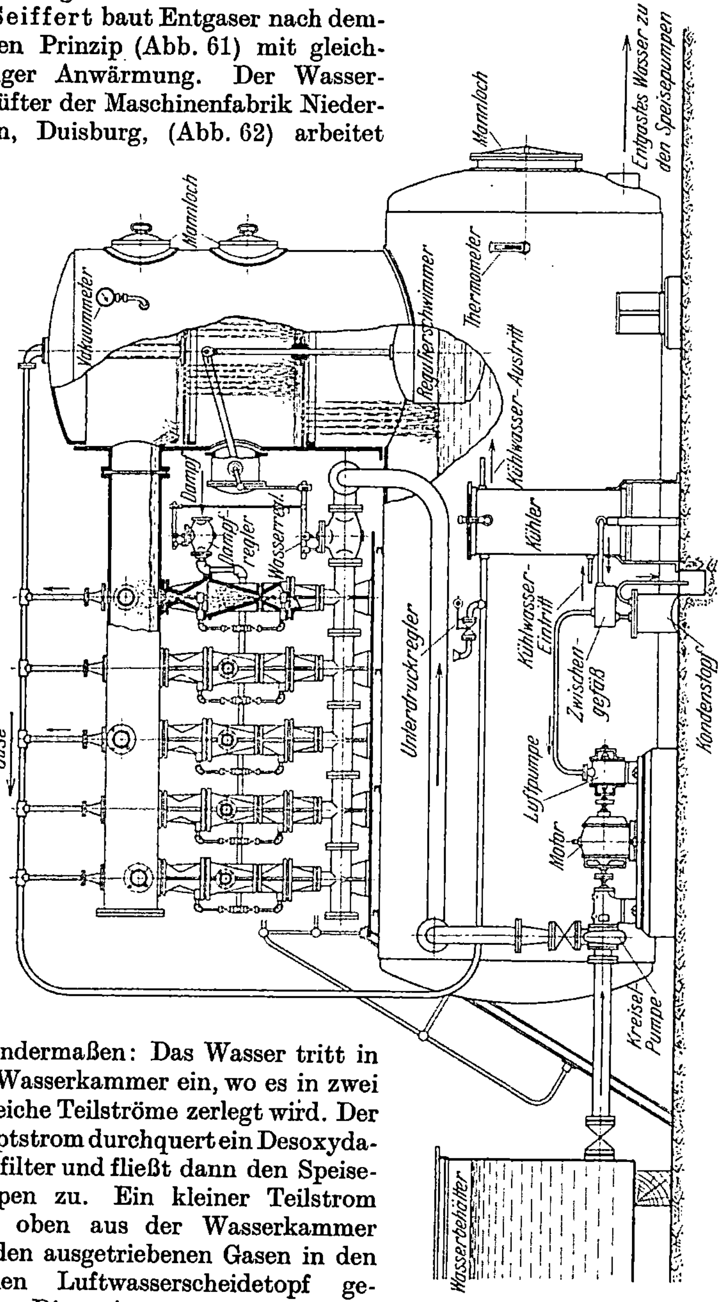

Abb. 59. Speisewasserentgasung der Firma F. Seiffert, Berlin.

folgendermaßen: Das Wasser tritt in eine Wasserkammer ein, wo es in zwei ungleiche Teilströme zerlegt wird. Der Hauptstrom durchquert ein Desoxydationsfilter und fließt dann den Speisepumpen zu. Ein kleiner Teilstrom wird oben aus der Wasserkammer mit den ausgetriebenen Gasen in den offenen Luftwasserscheidetopf geführt. Diese Apparate werden auch mit Beheizung versehen.

Nach den bisherigen Betriebserfahrungen büßen die Eisenspanfilter

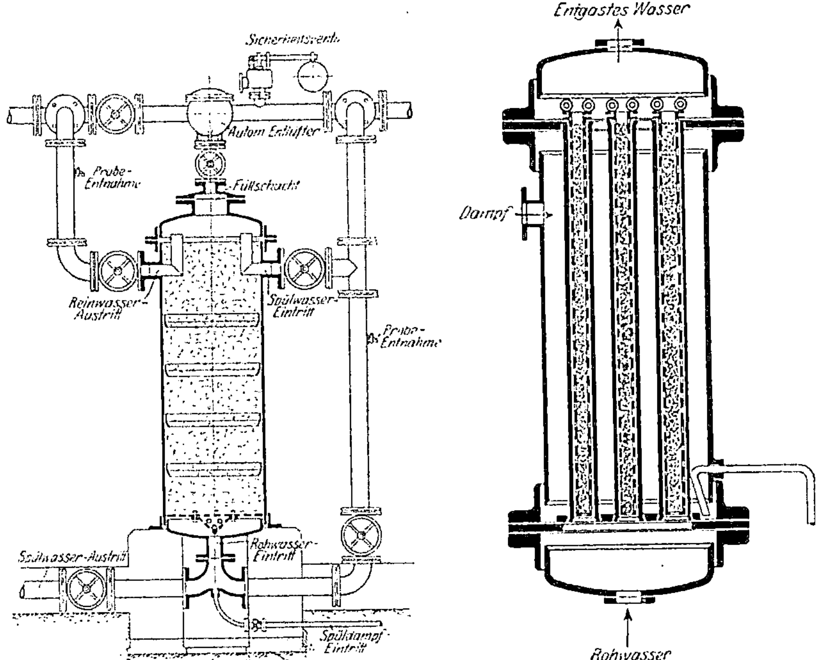

Abb. 60. Rostexfilter.　　Abb. 61. Entgasungsfilter (Bauart Seiffert).

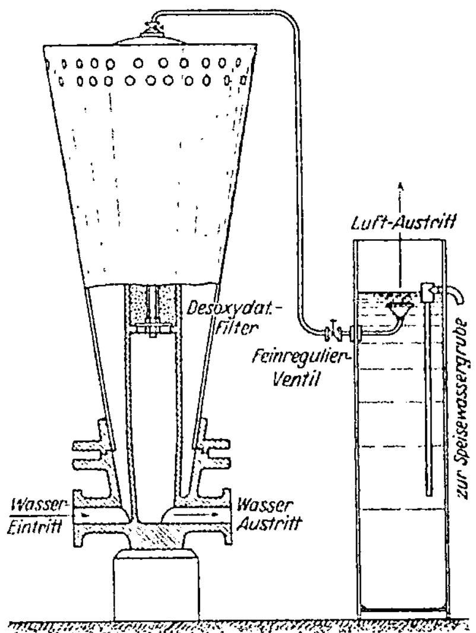

Abb. 62. Entgasungsfilter (Bauart Maschinenfabrik Niederrhein, Duisburg).

nach kurzer Betriebsdauer ihre Wirksamkeit ein, da sich die Späne mit einer schützenden Rostschicht überziehen. Ferner ist dieses Verfahren zu kostspielig, da beispielsweise nach Knodel bei einer zu behandelnden Speisewassermenge von 360 t/h, unter der Annahme eines Sauerstoffgehaltes von 5 mg/l mit einem monatlichen Späneverbrauch von rund 10 t Eisenspänen zu rechnen ist. Handelt es sich aber um die Entfernung von Restmengen Sauerstoff, etwa von 0,5 mg/l an abwärts, so dürften dennoch die Eisenspanfilter nicht ohne weiteres zu verwerfen sein. Zur Ergänzung eines bestehenden und sich als ungenügend erweisenden Entgasungsverfahrens oder auch zur Erhöhung der Betriebssicherheit kann das Eisenspanfilter also doch wohl empfohlen werden, besonders in Industrie-

zweigen, wo reichlich Eisenspäne abfallen (Eisenhüttenwerke, Maschinen-
fabriken usw.).

Diese Filter weisen den Vorteil auf, daß sie automatisch arbeiten,
und daß sie zwischen die Speisepumpen und die Kessel eingebaut werden
können, und daher die Restmengen Sauerstoff und Kohlensäure entfernen. Allerdings arbeiten diese Filter nur solange zufriedenstellend,
wie die Späne nicht allzu verrostet sind, so daß sie öfters und regelmäßig
gründlich durchspült und die Späne öfters erneuert werden müssen.
Ferner müssen die Abmessungen des Filters der zu entgasenden Wassermenge angepaßt sein.

Die Entfernung des freien Sauerstoffes aus dem Wasser läßt sich auch
durch Zusatz von leicht oxydierbaren Stoffen, wie Hydrosulfite, Natriumsulfit und schweflige Säure, erreichen. Es entsteht hierbei Natriumsulfat, wodurch unter Umständen das jeweils erwünschte Soda-Na-
triumsulfat-Verhältnis hergestellt wird. Dieses Verfahren hat angeblich
in Amerika eine ziemlich weite Verbreitung gefunden.

Die Entgasung des Wassers durch Absorption der Gase an oberflächenaktiven Stoffen steht immer noch im Anfangsstadium der Entwicklung. Vahle hat vorgeschlagen, das Wasser über Holzkohle zu
filtrieren. Vielleicht dürfte sich die Anwendung von A-Kohle oder von
sonstigen Adsorptionsstoffen aussichtsreicher gestalten. Jedoch fehlen
hierüber immer noch die planmäßigen Versuche.

3. Gasschutz.

Es genügt nicht, wie eingangs dieses Abschnittes erwähnt wurde,
ein gasfreies Kesselspeisewasser herzustellen, sondern es muß dafür
gesorgt werden, daß dem gasfreien Wasser auf dem Weg zum Kessel
keine Gelegenheit geboten wird, erneut Luft aufzunehmen. Gerade
in einer absolut luftgeschützten Kesselspeisung liegt eine der Haupt
schwierigkeiten der Gasfrage. Das entgaste Wasser nimmt derart
begierig die Luftbestandteile wieder auf, daß es genügt, das Wasser
nur den Bruchteil einer Sekunde mit Luft in Berührung zu bringen, um
jegliche Entgasung sofort illusorisch zu machen. Bei der Verwertung
von Turbinenkondensat und Destillat ist deshalb hierauf ganz besonders
Rücksicht zu nehmen. Die Pumpen und die Saugleitungen sind in
dieser Beziehung die wunden Stellen des Wasserflusses, da hier beständig
die Gefahr vorliegt, daß Luft eingeschnüffelt wird. Zur Verringerung
dieser Gefahr gelten folgende allgemeine Richtlinien: Vermeidung von
Saugleitungen bzw. Herabmindern dieser Leitungen auf ein absolut
notwendiges Mindestmaß, unmittelbare Speisung des Turbinenkondensates und des Destillates unter Vermeidung jeglicher Zwischenbehälter.
Sind Sammelbehälter für entgastes Wasser unumgänglich notwendig, so
verhütet man den Lufteintritt durch ein Dampf- bzw. Stickstoffpolster,
die man mit einem kleinen Überdruck über den Wasserspiegel des allseitig
geschlossenen Behälters lagert. Zur Erhöhung der Sicherheit versieht
Balcke seine Speisewasserbehälter mit einem Oxydationsschutzfilter,
das anscheinend aus Zinkpulver und Natriumsulfit besteht. Die Gasschutzvorrichtung nach Balcke ist auf Abb. 63 wiedergegeben.

Der Engischgasschutz (Abb. 64) gewährt eine doppelte Sicherheit, indem einerseits ein Oxydationsfilter vorhanden ist und anderseits das Dampfpolster des Speisewassersammelbehälters im Augenblick des wirklichen Bedarfs durch ein automatisches Regelventil zugeführt wird.

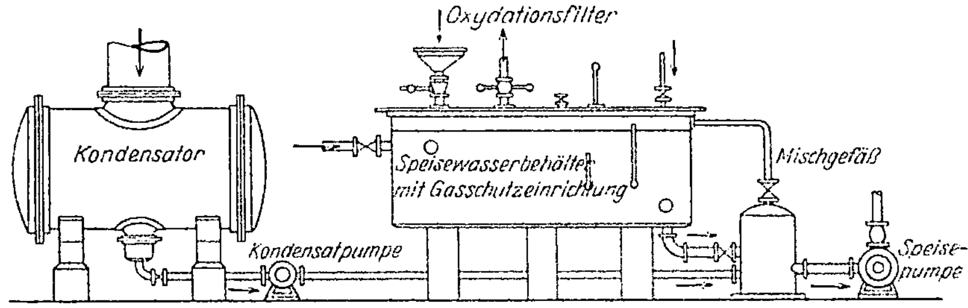

Abb. 63. Balcke-Gasschutz.

In der Praxis hat man die Wirksamkeit der Dampfpolster und der Oxydationsfilter angezweifelt. Morawe hat deshalb ein Verfahren ausgearbeitet, das sich weder auf ein Schutzpolster noch auf Oxydationsfilter verläßt, sondern die gesamte Entgasung von Kondensatwasser und

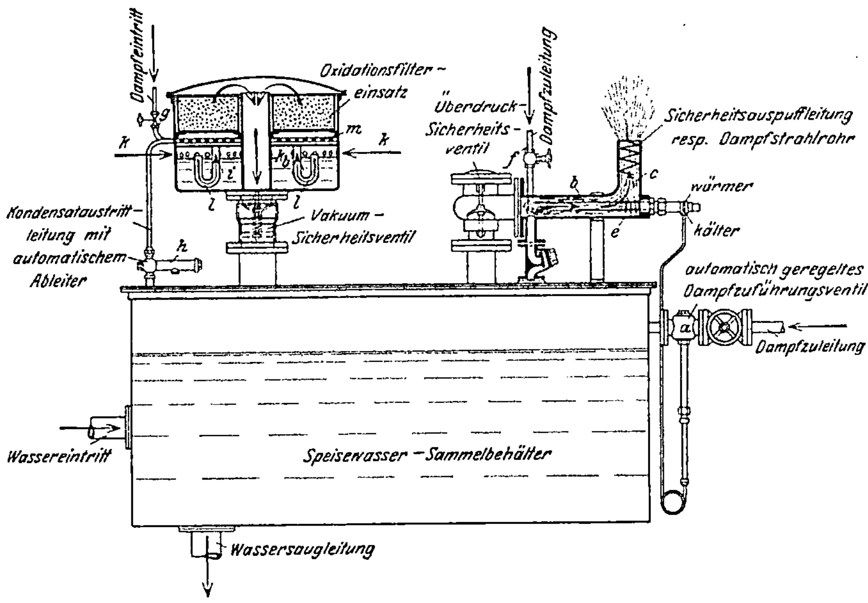

Abb. 64. Englisch-Gasschutz (Englisch-Maschinen- und Apparatebaugesellschaft, Hamburg).

Zusatzwasser zusammen ausführt. Er verbindet hierzu den Speisewasserbehälter mit dem Entgaser. Aus Abb. 65 ist die Arbeitsweise dieser Anordnung ersichtlich (Hersteller: Permutit-Gesellschaft). Das in den Speicher und den Entgaser A eintretende Wasser befindet sich dauernd im Siedezustand, wobei die ausgeschiedenen Gase mit den abgesogenen Brüden ständig über den Vorwärmeraustauscher B durch eine Vakuumpumpe abgeführt werden. Das im Behälter A zurückbleibende Wasser wird durch die Speisepumpe unmittelbar dem Kessel zugeführt. Die Temperatur im Entgaser beträgt etwa 60°, entsprechend einem Sattdampfdruck von 0,2 ata. Dieses aus Kondensat und Zusatzwasser bestehende Speisewasser hat im Speisewasserbehälter eine Temperatur von etwa 40°. Durch das im Entgaser A herrschende Vakuum wird das Speisewasser über den Vorwärmer B und A eingeführt, wobei unter Einschaltung eines Schwimmers für einen gleichbleibenden Wasserstand gesorgt wird. Die Entgasung erfolgt in A, indem das Wasser über Rieselbleche geführt wird.

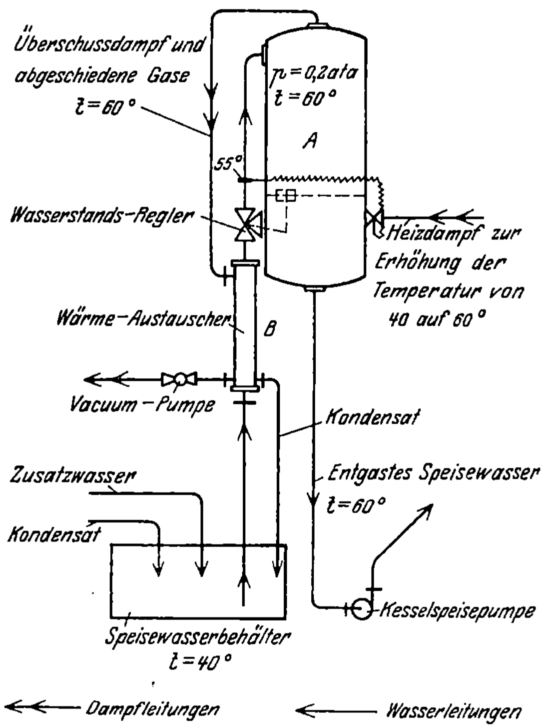

Diese Ausführung ist dort angezeigt, wo ölfreier Heizdampf zur Verfügung steht.

Wenn ölhältiger Abdampf für die Entgasung verwendet werden soll, ist eine etwas abgeänderte Apparatur von der Permutit-A. G. vorgeschlagen worden.

In diesem Falle durchfließt das Wasser zwei hintereinander geschaltete Wärmeaustauscher, bevor es in den Entgaser gelangt. In diesen Vorwärmern wird das Wasser auf eine etwas höhere Temperatur gebracht, als es dem Druck im Entgaser entspricht, so daß ein Teil des Wassers unter entsprechender Abkühlung verdampft, indem es den Rest zersprüht. Die gashaltigen Brüden werden im ersten Wärmeaustauscher niedergeschlagen. Die Vorwärmung im zweiten Wärmeaustauscher erfolgt durch Heizdampf.

Dieses Verfahren hat, wie Br. Schulz angibt, günstige Ergebnisse gezeitigt[1].

Es sei noch erwähnt, daß auch thermische Entgasungsverfahren, bei denen das Wasser durch Anzapfdampf oder andere wirtschaftliche Wärmequellen oberhalb 100° (bis 120°) erhitzt wird, vorgeschlagen wurden.

Abb. 65. Permutit-Entgasung für ölfreien Heizdampf.

---

[1] Schulz, Br.: Wärme **51**, 765 (1928).

V. Die Behandlung des Kesselinhaltes.

Eines der wichtigsten Ergebnisse der neuzeitlichen Dampfkesselchemie ist die Erkenntnis, daß die rationelle Wasserbehandlung nicht vor dem Kessel aufzuhalten hat, sondern den Kesselinhalt voll und ganz berücksichtigen muß. Bei den außerordentlich hohen Wärmedurchgangszahlen der heutigen Kessel bilden schon papierdünne Steinbeläge eine Gefahr, so daß man danach trachtet, die Heizflächen dauernd in unbedingt sauberem Zustande zu halten. Es gibt nun kein Enthärtungsverfahren, das eine Enthärtung auf absolut Null Härtegrade durchzuführen erlaubt. Bei allen Verfahren, selbst dem Verdampf- und Permutitverfahren bleibt eine Resthärte von 0,1 bis manchmal 1° deutsche Härte im Reinwasser übrig und diese an sich geringe Mengen Härtebildner genügen schon, um unter gewissen Bedingungen einen Steinbelag zu erzeugen. Auch ist immer mit zeitweiligen Störungen der Reinigungsanlagen und auch mit Undichtheiten der Kondensatoren zu rechnen, wodurch die Resthärte des Wassers über den Sollwert steigen kann. Man ist deshalb berechtigt, im Hinblick auf die Betriebssicherheit der modernen Kesselanlagen zu verlangen, daß der Kesselinhalt nicht nur dauernd überwacht werden muß, sondern daß man ihm eine passende Behandlung angedeihen läßt, die zum Zweck hat die Resthärte unschädlich zu machen.

Das Problem der Kesselsteinverhütung in diesem neuzeitlichen Sinne lautet folgendermaßen:

Welche Mittel haben wir zur Verfügung, um die physikalisch-chemischen Vorgänge der Steinbildung dergestalt zu beeinflussen, daß keine harten, fest anhaftenden Steinkrusten entstehen, sondern lockerer Schlamm?

Letzterer ist für die Betriebssicherheit unbedingt als günstiger anzusehen als Steinbeläge, vorausgesetzt, daß Ansammlungen von größeren Schlammengen im Kessel rechtzeitig vorgebeugt wird. Diese Fragestellung hat zu ganz neuen Möglichkeiten der Wasserpflege geführt, die man als Korrektivverfahren kennzeichnen kann. Korrektivverfahren deshalb, weil sie bezwecken, über die normale Speisewasseraufbereitung hinaus, die Vorgänge im Kessel selbst in günstigem Sinne zu beeinflussen, indem sie die ja nie gänzlich zu entfernenden Härtebildner im Kessel zwingen, in der am wenigsten gefährlichen Form des Schlammes auszufallen. Eine andere Möglichkeit wäre eine derartige Behandlung, daß eine Ausfällung im Kessel gänzlich verhindert oder doch stark abgebremst würde. Solche Verfahren gibt es jedoch nicht, wenn auch gewissen Kolloiden eine entsprechende Wirkung nicht abzustreiten ist. Den gleichen Zweck verfolgen die bekannten Kesselsteinverhütungsmittel, die immer noch als Allheilmittel unter den abenteuerlichsten Bezeichnungen den Markt überschwemmen. Abgesehen davon, daß ihre Wirkung meist recht zweifelhaft ist, steht diese Wirkung auch meist in einem äußerst ungünstigen Verhältnis zu dem Preis dieser Geheimmittel. Sie zerfallen ihrer Zusammensetzung nach in drei Untergruppen:

a) Anorganische Stoffe.
b) Organische Stoffe.
c) Mischungen von anorganischen und organischen Stoffen.

Die anorganischen Kesselsteinverhütungsmittel bestehen im allgemeinen aus Soda oder Ätznatron. Ferner werden Mittel empfohlen, die Bariumchlorid, Phosphate, Wasserglas (Natriumsilikat!), chromsaure Salze, Oxalate usw. enthalten.

Die für eine rationelle Reinigung benötigten Mengen dieser Stoffe werden meistens zu gering angegeben, damit ihre Anwendung nicht zu teuer erscheint. Dementsprechend ist ihre Wirkung ungenügend, und es fallen im Kessel Stein und Schlamm in reichlicher Menge aus.

Die organischen Kesselsteinverhütungsmittel enthalten Gerbstoffe, Pflanzenextrakte, Schleimstoffe, Dextrin, Stärke u. dgl. Ihre Wirkung ist ebenfalls sehr zweifelhaft, außerdem verursachen sie eine Verschmutzung des Kesselinhaltes, die zum mindesten eine Erhöhung des Schäumens und Spuckens verursachen kann. Bei der kritischen Betrachtung dieser Kesselsteinverhütungsmittel kommt man zu dem Ergebnis, daß von ihrer Verwendung dringend abzuraten ist, denn einerseits ist ihre Wirkung in der Regel ungenügend, anderseits ihr Preis viel zu hoch und vor allem ersetzen sie nie eine Enthärtungsanlage.

Die Verwendung von Anstrichmittel ist ebenfalls nicht allgemein anzuempfehlen, jedenfalls darf sie nur mit größter Vorsicht gehandhabt werden.

In den letzten Jahren sind verschiedene Wege zur Herbeiführung von schlammartigen Ausscheidungen im Kessel wissenschaftlich erforscht und auch im Betrieb erprobt worden. Es handelt sich im wesentlichen um folgende Verfahren:

1. Verschiebung der chemischen Gleichgewichte.
2. Kolloidchemische Verfahren.
3. Mechanische Verfahren.
4. Elektrische Verfahren.

A. Verschiebung der chemischen Gleichgewichte.
(Korrektiv-Verfahren.)

Dieses typische Korrektivverfahren beruht auf den Lehren der physikalischen Chemie und bezweckt, die chemischen Gleichgewichte beim Ausfällen der Härtebildner im Kessel derart zu beeinflussen, daß kein Steinbelag, sondern Schlamm entsteht. Das zuerst bekannt gegebene Verfahren ist die von Hall vorgeschlagene Sodabehandlung des Kesselinhaltes. Seine Grundlagen sind eingangs geschildert worden (S. 8). Sie beruhen, wie die Abb. 5 zeigt, darauf, den Sodagehalt des Kesselwassers derart auf den Sulfatgehalt des Kesselwassers und die Betriebstemperatur abzustimmen, daß der Schnittpunkt der Löslichkeitskurve von Gips und Kalziumkarbonat stets oberhalb der gegebenen Betriebstemperatur zu liegen kommt. Hall hat auf Grund physikalisch-chemischer Berechnungen, auf die hier nicht eingegangen werden kann, die für wechselnde Sulfatgehalte und wechselnde Betriebsdrücke (= Temperaturen) die notwendigen Sodazusätze bildlich dargestellt. Abb. 66 zeigt dieses vom Verfasser wesentlich erweiterte Schaubild.

Neuere Arbeiten über die Löslichkeit von Kalziumkarbonat scheinen diesem Verfahren den theoretischen Boden zu entziehen, jedoch müssen die entsprechenden Befunde noch überprüft werden. Jedenfalls ist einstweilen noch das Soda-korrektivverfahren bei Kesseldrücken bis 15 atü anzuempfehlen. Oberhalb 15 atü tritt die hydrolytische Spaltung des Soda in verstärktem Maße auf, so daß die Wirksamkeit dieses Stoffes als Stein-verhütungsmittel entsprechend abgeschwächt wird. Aus diesem Grund hat Hall die Verwendung von Natriumtriphosphat vorgeschlagen, ein Verfahren, das sich auch in Europa weiter zu verbreiten beginnt. Allerdings scheinen die Betriebsergebnisse nicht immer zufriedenstellend zu sein[1].

Das Phosphatverfahren beruht auf ähnlichen physikalisch-chemischen Überlegungen wie das Sodakorrektivverfahren, die Berechnung der notwendigen Zusatzmengen von Natriumphosphat, die sich

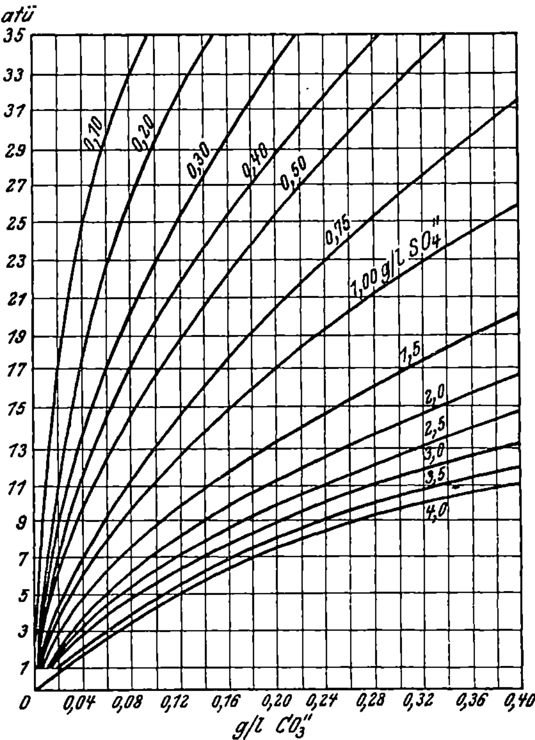

Abb. 66. Soda-Korrektiv-Verfahren. Benötigte Soda-Mengen in Abhängigkeit vom Kesseldruck und von der Sulfat-Konzentration des Kesselwassers (nach Hall).

nach der Sulfatkonzentration und der Temperatur des Kesselwassers richtet, ist nur etwas umständlicher als beim Sodaverfahren.

Splittgerber hat aus dem amerikanischen Schrifttum folgende Anhaltspunkte für die benötigten Zusatzmengen Phosphat zusammengestellt (s. Tabelle).

Kesseldruck at	Notwendiger Phosphatüberschuß (PO₄''') in °/₀ der vorhandenen Sulfatmenge (SO₄'')
11	0,5
21	10
91	14

Ein weiterer Vorteil des Phosphatkorrektivverfahrens soll nach

---

[1] Auf der Hochdrucktagung (1929) der Vereinigung der Elektrizitätswerke berichtete M a r g u e r r e über die 100 at-Anlage im Großkraftwerk Mannheim. (2 Steilrohrkessel einfacher Bauart mit Kohlenstaubfeuerung.) Die Kesselrohre neigten schon bei ganz geringem Steinbelag, wie er bei undichten Kondensatoren auftreten kann, sehr leicht zum Durchbrennen. Auffallenderweise gelang es nicht, durch Phosphatbehandlung der Steinschwierigkeit Herr zu werden. Es bildete sich vielmehr ein stark eisenhaltiger Schlamm, der gleichfalls zu Rohrschäden führte. Wärme, **52**, 225 (1929).

neueren Forschungsergebnissen darin bestehen, daß Natriumphosphat die Korrosion und die Laugenbrüchigkeit verhindern bzw. herabmindern soll. Für den Betrieb der Hochleistungskessel mit geringem Wasserraum ist die Phosphatbehandlung günstiger als das Sodaverfahren und auch als das Einhalten des Sodasulfatverhältnisses, da geringere Mengen Natriumphosphat notwendig sind, und daher die Neigung des Kesselinhaltes zum Spucken herabgesetzt wird.

Eine Anlage[1] zur Ausführung des Phosphatkorrektivverfahrens im Anschluß an eine Kalk-Soda-Enthärtung zeigt Abb. 67. Die Natriumphosphatlösung wird aus einem besonderen Behälter dem Entlüftungsvorwärmer in Mengen zugeführt, die zur Bindung der Resthärte

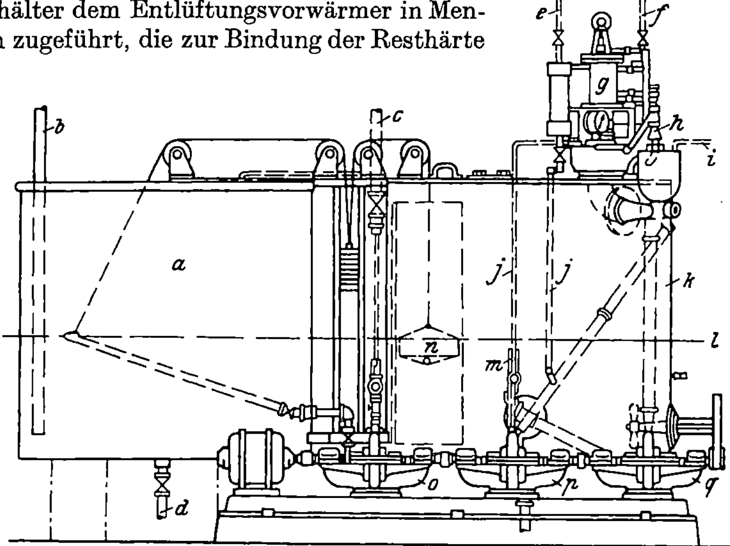

Abb. 67. Kalk-Soda-Reiniger mit Phosphat-Korrektiv-Verfahren.

a Phosphatbehälter. *b* Füllrohr. *c* Rohwasserzufluß. *d* Entleerungshahn. *e* Verbindungsleitung zur Hochdruckseite der Staurandscheibe in der Rohwasserleitung. *f* Verbindungsleitung zur Niederdruckseite derselben Staurandscheibe. *g* Zuteilvorrichtung für die Chemikalien. *i* Verdünnungswasser. *j* Entlüftungsrohre. *k* Kalk-Soda-Behälter. *l* Spiegel der Lösung. *m* Entleerungsleitung. *n* Schwimmer. *o* Phosphatpumpe. *p* Chemikalienpumpe. *q* Chemikalienumwälzpumpe.

des gereinigten Wassers und zur Erhaltung des erforderlichen Phosphatüberschusses im Kessel genügen. Notwendig ist, daß die Zugabe von Natriumphosphat erst zugesetzt wird, wenn Kalk- und Soda ihre ausfällende Wirkung beendet haben. Eine wichtige Bedingung für den Erfolg dieses Verfahrens ist also die ausreichende Bemessung der Reaktionsbehälter und ferner eine peinliche Betriebsüberwachung.

Kalk-Soda-Reiniger mit anschließendem Phosphat-Korrektiv-Verfahren nach Art der auf Abb. 67 wiedergegebenen Anlage sind in verschiedenen amerikanischen Kesselanlagen bis zu 42 at Dampfdruck erfolgreich in Betrieb. Eine Hauptbedingung für das einwandfreie Arbeiten solcher Anlagen ist die zuverlässige, gleichmäßige und vollständige Kalk-Soda-Behandlung, während die gleiche Genauigkeit bei

---

[1] Yoder, J. D.: Ind. Chem. **21**, 829 (1929).

der Bemessung des Phosphatzusatzes nicht erforderlich ist. Jedoch muß der Phosphatzusatz genügend hoch sein, um die zur Verhinderung von Steinansätzen im Kessel notwendige Gleichgewichtskonzentration dauernd einzuhalten.

Die Anlage der Abb. 67 besteht außer den nicht eingezeichneten Reaktionsbehältern aus den Kalk-Soda-Behältern (rechte Seite) und dem links neben ihm stehenden Phosphatbehälter, der die gleiche Höhe hat, wie die Kalk-Soda-Behälter. Mit Hilfe eines Schwimmers und einer Kette mit Gewichtsausgleich ist in dem Phosphatbehälter ein Schwingrohr aufgehängt, dessen offenes Ende in der Höhe des Spiegels der Lösung in dem Behälter für Kalk und Soda liegt. Der Behälter für Phosphatlösung muß in gleichem Maße aufgefüllt werden, wie Kalk, Soda und Wasser dem anderen Behälter zugeführt werden. Kalk und Soda werden dem Zustrom des Rohwassers verhältnismäßig gleich bemessen.

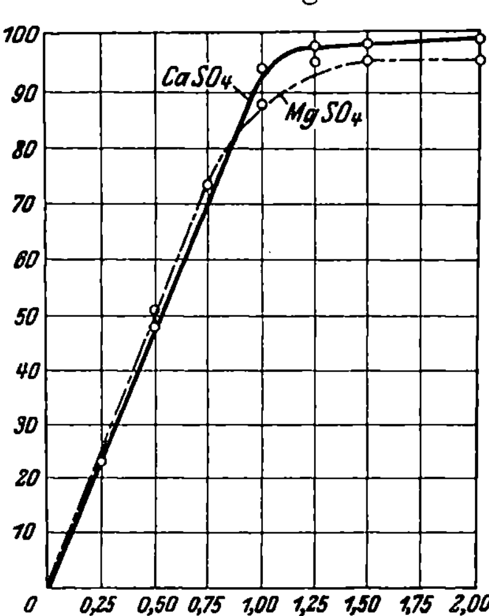

Abb. 68. Fällungskurven des Sulfat-Ions durch Baryumaluminat.

Die Phosphatlösung verbraucht sich in Abhängigkeit von der Wasserzuführung zum Kalkbehälter. Der auf der Kalklösung befindliche Schwimmer bewirkt eine entsprechende Absenkung des Schwingrohres im Phosphatbehälter und läßt Phosphat in die Phosphatpumpe strömen, die es in die Rohrleitung hinter dem Filter oder in den Entlüftungsvorwärmer befördert.

Ein Bariumaluminat-Korrektivverfahren hat Verfasser auf Grund größerer Untersuchungen vorgeschlagen[1].

Die Verwendung dieser Verbindung als einfaches Enthärtungsreagenz, also wie Kalk und Soda, in entsprechenden Reinigeranlagen stößt auf folgende Schwierigkeiten: Zunächst ist das technische Bariumaluminat keine eindeutig bestimmte chemische Verbindung, so daß die Berechnung der notwendigen Zusatzmengen stets etwas unsicher ist.

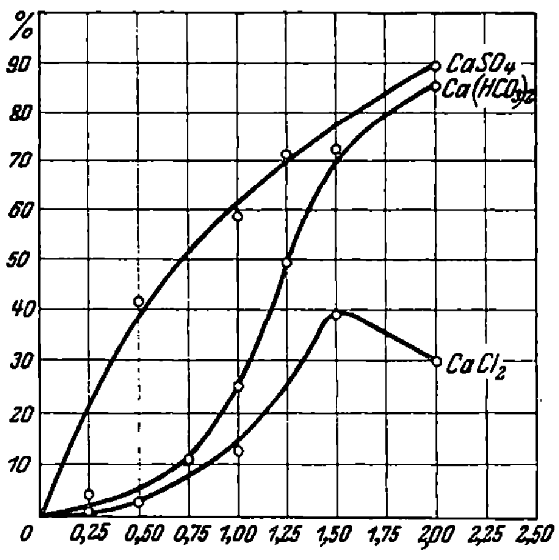

Abb. 69. Fällungskurven der Kalziumsalze durch Baryumaluminat.

---

[1] Stumper, R.: Wärme 53, 33 u. 53 (1930).

Allerdings kann man sich nach dem BaO-Gehalt richten, der wie Abb. 68 zeigt (auch in alkalischer Lösung), die Sulfate fast quanitativ ausfällt, während der Aluminatrest die Kalzium- und Magnesiumkationen nur teilweise ausfällt. Der Vorteil des Aluminates besteht nicht so sehr in seiner chemischen Wirkung, sondern in seiner Eigenschaft bei der Entstehung von Tonerdehydrat als oberflächenaktives Flockungsmittel zu wirken. Wie sich die Fällung der Kalk- und Magnesiasalze durch steigende Zusätze von Baryumaluminat stellt, darüber geben die Abb. 69 und 70 Aufschluß. Auf der Abszisse sind die Vielfachen der theoretisch erforderlichen Mengen Bariumaluminat aufgetragen, auf der Ordinate die ausgefällten Mengen CaO

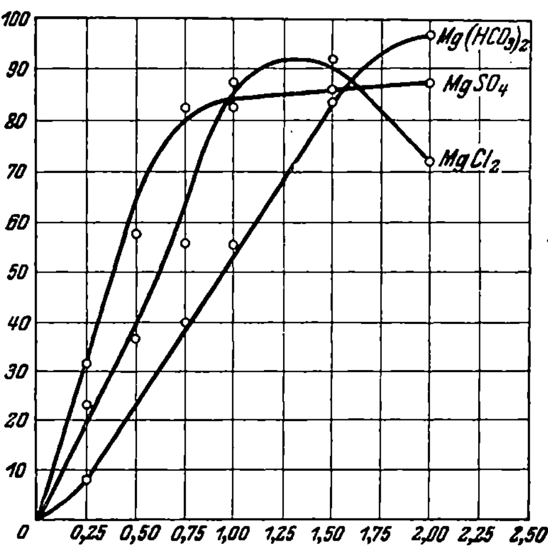

Abb. 70. Fällungskurven der Magnesiumsalze durch Baryumaluminat.

und MgO in Prozent der Ausgangskonzentration. Man erkennt, daß die Ausfällung der Magnesia weit vollständiger vor sich geht, als die der Kalksalze. Aus diesem Grunde, verbunden mit dem verhältnismäßig hohen Preis des Bariumaluminats, ist dieses Verfahren in der Praxis wohl nur als Korrektivverfahren anzuempfehlen, also im Anschluß an eine passende Vorreinigung.

Das Wesen des Bariumaluminat-Korrektivverfahrens ist aus dem Gleichgewichtsschaubild Abb. 71 zu entnehmen. Die Abbildung enthält die Löslichkeitskurven der betreffenden Stoffe: Kalziumsulfat,

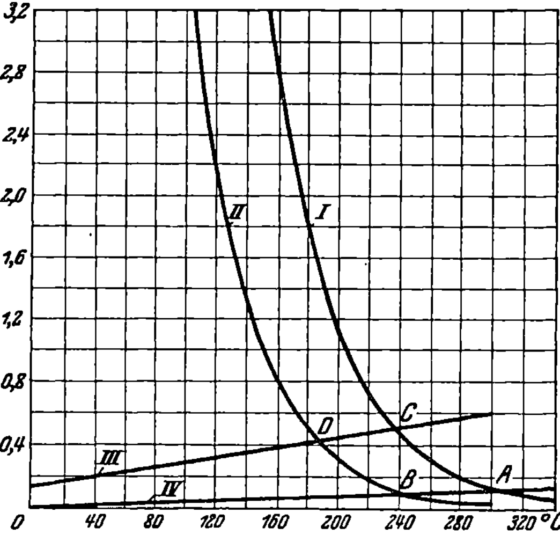

Abb. 71. Gleichgewichtsschaubild des Baryumaluminat-Korrektivverfahrens.

Kalziumkarbonat und Bariumsulfat in Milliäquivalente pro Liter in Abhängigkeit von der Temperatur. Linie I ist die Löslichkeitskurve des Gipses in reiner Lösung, Linie II die des gleichen Steinbildners in einer

Natriumsulfatlösung von 3 g/l Na_2SO_4. Linie III zeigt die Temperaturabhängigkeit des Kalziumkarbonates. (Diese Linie ist nach den neueren Arbeiten theoretisch wohl nicht mehr als richtig anzusehen.) Linie IV ist die Löslichkeitskurve des Bariumsulfats. Zur Umrechnung der Löslichkeitswerte von Milliäquivalenten in Milligramm pro Liter sind die entsprechenden Zahlenwerte für den Gips mit 68, für das Kalziumkarbonat mit 50 und für das Bariumsulfat mit 116,7 zu multiplizieren. Bariumkarbonat, das bei der Einwirkung von Bariumaluminat auf die vorübergehende Härte oder den Sodaüberschuß entsteht, braucht nicht berücksichtigt zu werden, da es eine gewisse Löslichkeit besitzt und sich mit den Sulfaten zu Baryumsulfat umsetzt. Die komplexen Kalzium- und Magnesiumaluminate, die bei dieser Behandlung ausfallen, können ebenfalls vernachlässigt werden.

Das Gleichgewichtsdiagramm erlaubt nun folgende Schlüsse über die Beziehungen zwischen den Bestandteilen des Bodenkörpers $CaSO_4$, $CaCO_3$ und $BaSO_4$ einerseits und der darüberstehenden Lösung anderseits zu ziehen.

a) System $CaSO_4$ + $CaCO_3$.

Diese Gleichgewichtsbeziehungen wurden oben des näheren erörtert. Im Punkt C ist das Verhältnis der Konzentrationen von Sulfat- und Karbonationen konstant. Links vom Schnittpunkt ist das Kalziumkarbonat und rechts vom Schnittpunkt das Kalziumsulfat die beständige Phase.

Durch Erhöhung der SO_4-Konzentration wird der Schnittpunkt beider Löslichkeitslinien nach niedrigeren Temperaturen verlegt und damit der Gipsabscheidung Vorschub geleistet. Durch den Bariumzusatz verringert sich infolge $BaSO_4$-Bildung die Sulfatkonzentration und somit verringert sich auch die Gefahr einer Gipsausscheidung, was einer Verschiebung des Schnittpunktes nach rechts gleich kommt. Soda-, Natriumphosphat- und Bariumaluminatbehandlung wirken also im gleichen Sinne kesselsteinverhütend.

b) System $CaSO_4$ + $BaSO_4$.

Der Schnittpunkt der beiden Löslichkeitskurven liegt in reinen Lösungen bei A ($\simeq 310°$ C = 100 atü). Erst oberhalb dieser Gleichgewichtstemperatur ist $CaSO_4$ der beständige Bodenkörper, unterhalb derselben aber $BaSO_4$. Durch Erhöhung der Sulfatkonzentration wird das Beständigkeitsgebiet des $CaSO_4$ nach niedrigeren Temperaturen verlegt, dem man durch Einhalten eines Bariumüberschusses entgegen arbeitet, wodurch gleichzeitig die Löslichkeit des Bariumsulfats herabgesetzt und das Beständigkeitsgebiet dieses Stoffes vergrößert wird. Es ist von Wichtigkeit, daran zu erinnern, daß die Löslichkeit des Bariumsulfats mit steigender Temperatur zunimmt und daher dieser Stoff im Kessel als Schlamm und nicht als Stein ausfällt.

c) System $CaCO_3$ + $BaSO_4$.

Die Löslichkeitskurven beider Stoffe verlaufen divergent, es tritt also zwischen ihnen keine chemische Wechselwirkung ein.

Die Behandlung des Wassers mit Bariumsalzen läßt sich, wie diese Darlegungen beweisen, ebenso wie die Soda- und Phosphatbehandlung als Korrektivverfahren ausarbeiten. In Frage kommen Bariumkarbonat, Bariumhydrat und Bariumaluminat. Von diesen Bariumverbindungen ist das Aluminat wegen seiner anderen günstigen Eigenschaften zweifellos vorzuziehen. (Flockungsmittel für die Niederschläge, Öle und auch für die Kieselsäure.)

B. Kolloidchemische Verfahren.

Verschiedene organische und anorganische Kolloide üben eine kesselsteinverhütende Wirkung aus, indem sie die entstehenden unlöslichen und steinbildenden Niederschläge adsorbieren und von der Kesselwand ablenken, oder auch in dem Entwicklungsgang des Ausfällungsprozesses fester Stoffe die Teilchen im kolloidalen Dispersitätsgrad abfangen und in diesem Gebiet stabilisieren. Es spielen hierbei aber nicht nur kolloidchemische Vorgänge eine Rolle, sondern auch wirkliche chemische Umsetzungen, wobei die Abbauprodukte der organischen Stoffe (wie Gelatin, Tannin usw.) wirksam werden. Die Wirkungen dieser Kesselsteinverhütungsmittel sind recht verwickelt und noch keineswegs soweit wissenschaftlich erforscht, um eine allgemeine Anempfehlung zu erlauben. Auch ist die Verwendung von kolloidchemischen Kesselsteinverhütungsmitteln offenbar ein zweischneidiges Schwert, indem den etwaigen günstigen Einflüssen gleichzeitig ein störender und gefährlicher Mißstand, das Schäumen des Kesselinhaltes, entgegensteht.

Ein Wasserbehandlungsverfahren auf kolloidchemischer Grundlage hat Reschke ausgearbeitet. Es ist ein Gerbstoffverfahren, verbunden mit Kesselwasserrückführung. Dieses Verfahren ist von K. Hofer[1]

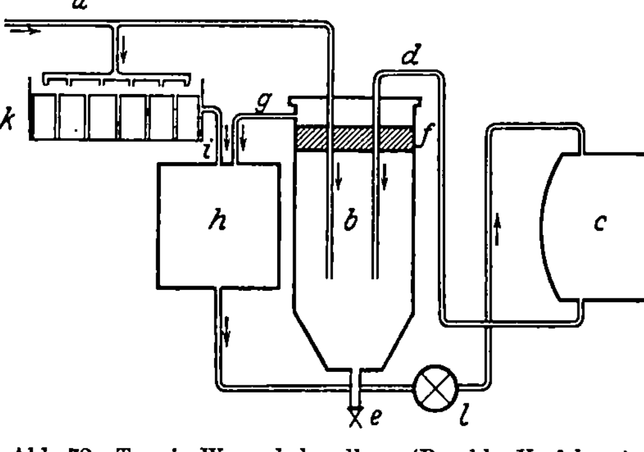

Abb. 72. Tannin-Wasserbehandlung (Reschke-Verfahren).

untersucht worden. Aus seinem Untersuchungsbericht seien nachfolgende Angaben entnommen:

Der Verlauf der Gerbsäureaufbereitung ist in Abb. 72 schematisch wiedergegeben. Aus der Hauptleitung a fließt das erforderliche Rohwasser dem Reaktionsbehälter b zu, dem gleichzeitig aus dem Kessel c durch die Leitung d gerbstoffhaltiges Wasser, das gewisse Mengen Schlamm enthält, zugeführt wird. Die im Kesselwasser kolloidal verteilten gerbstoffhaltigen Stoffe reagieren in dem Behälter zu einem gewissen Teil mit den Steinbildnern des Rohwassers. Der sich am Boden absetzende Schlamm kann von Zeit zu Zeit durch das Schlammablaßventil entfernt werden. Der

---

[1] Hofer, K.: Glückauf 1929, Nr 16.

Reaktionsbehälter ist so groß bemessen, daß für die sich abspielenden chemischen und kolloidchemischen Vorgänge etwa eine Stunde Zeit zur Verfügung steht. Durch das Klärfilter *f*, das der Überlaufleitung *g* vorgeschaltet ist, tritt eine vollständige Trennung der noch mitgerissenen Niederschlagsmengen vom Speisewasser ein, das in den Sammelbehälter *h* gelangt, in dem gleichzeitig durch die Leitung *i* aus dem Gerbstofflösebehälter *k* geringe Mengen stärker gerbstoffhaltiges Wasser zufließen. Aus dem Sammelbehälter strömt nunmehr das teilweise gereinigte, gerbstoffhaltige Speisewasser der Pumpe zu und fließt von dort in den Kessel. Hofer hat die Wirkungsweise dieses Verfahrens an Flammrohrkesseln von rund 10 at Betriebsdruck und einer Verdampfziffer von 20 kg/m^2 untersucht. Die Ergebnisse lassen sich dahin zusammenfassen, daß es durch das Reschke-Gerbstoff-Wasseraufbereitungsverfahren gelingt, neben der Verhütung von Steinansatz die Schlammbildung im Kessel auf ein Mindestmaß zu beschränken, indem einmal durch Benutzung eines Reaktionsbehälters die die Bikarbonate bildenden Bestandteile und zu einem gewissen Teil auch der Gips und das Magnesiumhydroxyd vor dem Kessel ausgeschieden werden. Ferner wird der im Kessel gebildete Schlamm durch dauernde Rückführung und Filterung ebenfalls dauernd in bestimmter Menge entfernt. Diesem Verfahren scheint also eine gewisse Wirksamkeit nicht abzusprechen zu sein. Allerdings fragt es sich, ob es für Hochleistungskessel und überhaupt für alle empfindlichen Kesseltypen (Schrägrohr- und Steilrohrkessel) in Frage kommt.

Es sei noch hinzugefügt, daß das Bariumaluminatverfahren nach der Ansicht des Verfassers zweckmäßig auf ähnliche Weise durchgeführt werden soll, wobei der Reaktionsbehälter am besten unter die gleichen Druck- und Temperaturverhältnisse, wie sie im Kessel selbst herrschen, gestellt wird, etwa in Verbindung mit einem Wärmespeicher.

C. Mechanische Verfahren.

Die mechanischen Verfahren zur Kesselsteinverhütung bestehen im wesentlichen in einer Verhinderung der Dampfblasenbildung an der Heizfläche, selbst durch Steigerung der Umlaufgeschwindigkeit des Wassers durch Erteilen einer Rotationsbewegung an das Wasser in den Heizrohren oder schließlich durch Ablenkung der Blasenbildung von den Heizflächen ins Innere der Wassermasse durch Keimwirkung. Um diese Vorgänge verständlich zu machen, seien die entsprechenden Ausführungen aus meiner Schrift: Die physikalische Chemie der Kesselsteinbildung und ihrer Verhütung (Stuttgart: F. Enke 1930) hier kurz wiedergegeben.

Die Tatsache, daß die Entweichung des Dampfes die Ursache der Konzentrationssteigerung des Kesselwassers ist, genügt keineswegs für unser Verständnis der Kesselsteinbildung. Vielmehr treten bei der Bildung und dem Weiterwachsen der Dampfblasen physikalisch-chemische Begleiterscheinungen auf, deren Wichtigkeit zuerst W. Otte[1] klar er-

---

[1] Otte, W.: Mitt. Verein. Großkesselbesitzer 1928, Nr 17. — Z. bayr. Revisionsvereins **31**, 241 (1927).

kannt hat und auf die E. P. Partridge[1] seine neue Theorie der Kesselsteinbildung gründet.

Die Verhütung des Kesselsteins besteht grundsätzlich darin, daß die
schwerlöslichen Bestandteile des Wassers in einem Zustande der Verdünnung gehalten werden, der möglichst weit unterhalb der Sättigung
liegt. Es besteht nun aber die überraschende Tatsache, daß die Ausfällung in vielen Fällen auch dann bereits ein-
tritt, wenn das Wasser noch weit von dem Zustand der Sättigung entfernt ist. Wie dies möglich ist, ergibt sich aus der Betrachtung der Vorgänge, die sich bei der Bildung und dem Wachs-
tum der Dampfblasen an der Heizfläche abspielen (Abb. 73). Die kleine Dampfblase haftet
mit ihrer kreisförmigen Basis, die in der Zeichnung
als gerade pq erscheint, an der Heizfläche, die an
der Berührungsfläche also nicht von Wasser be-
spült wird. Beim Anwachsen der Blase auf das
Volumen B wird der in der Zeichnung durch die
beiden Dreiecke $pp'r$ und $qq's$ als Meridianschnitt
gekennzeichnete ringförmige Flüssigkeitskörper völlig verdampft, wobei
die Verdampfungsrückstände, gleichgültig, ob sie aus leicht oder schwer-
lichen Salzen bestehen, zu-
nächst als mikroskopisch dünne, scheibenförmige Kruste,
die Otte als „Steinspur“ bezeichnet, an der Heizfläche
haften bleiben. Entfernt sich
die Blase schließlich unter
der Einwirkung des mit ihrem
Volumen wachsenden Auftriebes a und der Strömungsener-
gie Z des umlaufenden Wassers, so werden die leicht
löslichen Bestandteile der
Steinspur sofort, die schwerlöslichen je nach Dicke des
Belages und Lösungsvermögen
des Kesselwassers bei längerer
Berührung mit demselben all-
mählich wieder aufgelöst. Bei
nicht genügend langer Wasser-
berührung bilden sich über
der alten Steinspur neue Blasen, deren unlösliche Reste,
im immer wiederholtem Spiel
sich überlagernd, zur Bildung

Abb. 73. Blasenbildung an der Heizfläche.

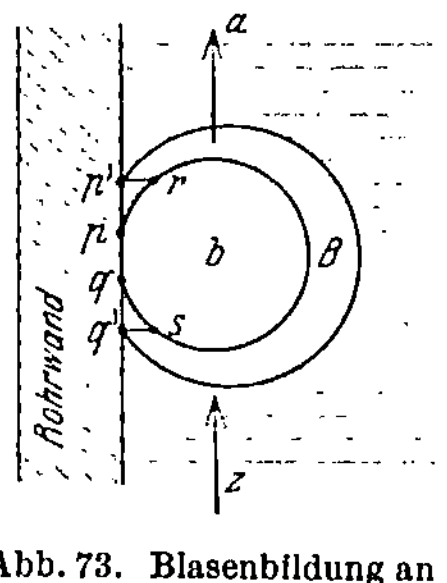
V = 75 ×

Abb. 74. Steinspur unterhalb Dampfblasen.
(Beginn der Abscheidung.)

---

[1] Partridge, E. P.: Amer. Soc. Mech. Engg. 1929, Rochester Meeting (Sonderdruck).

einer Kesselsteinschicht führen. Die Steinspuren kleiner Blasen, die infolge der erwähnten Einwirkung des Auftriebes und des Wasserumlaufes frühzeitig von ihrer Entstehungsstelle abgetrieben werden, sind naturgemäß dünner und werden leichter von dem sie bespülenden Kesselwasser zur Auflösung gebracht. Steinbildung tritt in diesem Falle also nicht bzw. nicht so rasch ein. Hieraus ergibt sich als erste Forderung die Wasserbewegung im Kessel, insbesondere aber an den thermisch am meisten beanspruchten Heizflächenteilen so lebhaft zu gestalten, daß die Dampfblasen so schnell wie möglich von ihrer Entstehungsstelle getrieben werden. Diese Forderung verschärft sich weiterhin durch die Tatsache, daß an diesen thermisch hoch beanspruchten Rohrteilen der Wasserdampf mit dem Eisen in chemische Wechselwirkung (Anpassungen) tritt. Das geeignetste Mittel hierfür ist ein möglichst intensiver Wasserumlauf.

Im Sinne dieser Ausführungen hat Otte eine Kesselbauart (Dreitrommelkessel) entworfen, für die in erster Linie das Bestreben zur Schaffung eines günstigen und energischen Wasserumlaufes kennzeichnend ist. Der moderne Kesselbau steht übrigens ganz im Zeichen des Wasserumlaufes. Hinzuzufügen wäre, daß eine weitere Möglichkeit zur raschen Entfernung der

V = 75 ×

Abb. 75. Steinabscheidung unter Dampfblasen.
(Aufnahme 4 Minuten später als Abb. 74.)

Dampfblasen darin besteht, dem Wasser eine rotierende Bewegung zu erteilen, was grundsätzlich auf zwei Wegen zu erreichen ist: durch Rotieren der Wasserrohre selbst oder, in stillstehenden Rohren, durch Übertragen einer Rotationsbewegung auf das Wasser mittels geeigneter Anordnungen (Düsen, helikoidaler Eintritt des Wassers usw.). Der erstere Weg ist durch den Atmoskessel verwirklicht, der zweite praktisch bisher noch nicht beschritten worden. Otte hat seine Überlegungen theoretisch abgeleitet. Den unmittelbaren Beweis für die Richtigkeit dieser Überlegungen erbrachten, unabhängig von ihm, die Amerikaner E. P. Partridge und A. H. White. Durch geeignete Versuchsbedingungen gelang es diesen Forschern, die Entstehung der Steinspur in einer Gipslösung direkt zu photographieren. Die nebenstehenden Abb. 74 und 75 zeigen zwei dieser Aufnahmen. Abb. 74 stellt die von 2 Dampfblasen hinterlassenen ringförmigen

Steinspuren dar. Auf der folgenden Abb. 75 ist das Aussehen der Heizfläche 4 Minuten später wiedergegeben. Man sieht ohne weiteres, daß die Gipskristalle von der Steinspur aus weiterwachsen. Die beiden Aufnahmen wurden an einer gesättigten, lufthaltigen Gipslösung erhalten. Entgaste Gipslösungen zeigen dieselbe Erscheinung, allerdings nicht so augenfällig. In ungesättigter Lösung werden, wie beide Autoren angeben, die Steinspuren wieder aufgelöst (wenn die Dampfentwicklung nicht so stark ist, daß die Zeit zwischen zwei Blasenbildungen zur vollständigen Auflösung der Steinspur nicht ausreicht).

Mit diesen Erörterungen ist der Einfluß der Dampfentwicklung auf die Entstehung der festen Phase noch nicht erschöpfend dargestellt. Die Erfahrung lehrt nämlich, daß Dampfblasen auch im Inneren der Wassermasse entstehen und nicht allein an der Heizfläche. Man kann in diesem Sinne zwei weitere Fälle unterscheiden.

1. Dampfentwicklung an suspendierten festen Stoffteilchen.

Die mechanischen Verunreinigungen des siedenden Wassers bilden Entstehungspunkte von Dampfblasen. Abb. 76 zeigt diese Verhältnisse.

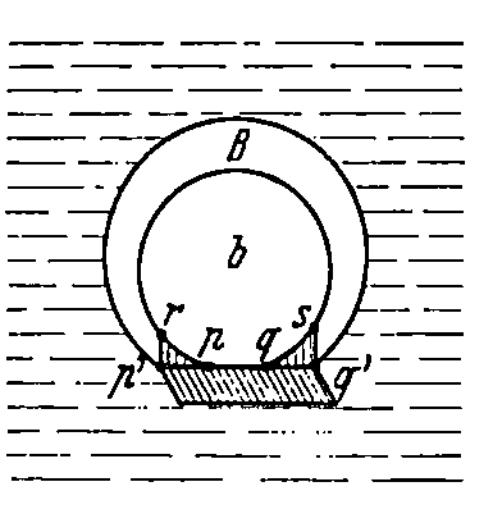

Abb. 76. Dampfentwicklung an Schwebestoffen.

An den kleinen Schwebestoffen entsteht zunächst eine kleine Blase b, die weiterwächst und bei einem bestimmten Volumen B die den Dreiecken $pp'r$ und $qq's$ entsprechende Steinspur auf dem festen Stoffteilchen hinterläßt, das also auf diese Weise weiterwächst. Die Lostrennung der Blase von den Stoffteilchen kann entweder durch mechanische Einflüsse in der bewegten Wassermasse erfolgen oder aber an der Oberfläche des Wasserspiegels unter dem Einfluß der Oberflächenspannung. Als Anreiz der Blasenbildung wirken auch die im Wasser entstehenden Gasbläschen (Kohlensäure, Luft), was zur nächsten Möglichkeit oder Dampfblasenentstehung überführt.

2. Autonome Dampfentwicklung.

Die Dampfblase kann auch ohne äußeren Anreiz, also weder an der Heizfläche noch an einem festen Stoffteilchen, entstehen. Dies trifft besonders bei plötzlicher Druckabnahme im Kessel ein. Auf Abb. 77 ist diese Blasenbildung schematisch dargestellt. Die kleine Blase b wächst zur größeren Blase B an, wobei die unlöslich werdenden Stoffe an die Hülle der Dampfblase gedrängt werden.

Auf Grund dieser Erwägungen kommen wir zu folgenden Ergebnissen:

Die in den vorhergehenden Abschnitten geschilderten physikalischchemischen Vorgänge bei der Stein- und Schlammbildung im Dampfkessel spielen sich hauptsächlich in den Grenzschichten zwischen Dampf und Wasser der Dampfblasen ab. Eine Dampfentwicklung erfolgt auf drei verschiedenen Weisen: 1. Dampfentwicklung an der Heizfläche,

2. durch feste Verunreinigungen angeregte Dampfentwicklung im Inneren der Wassermasse und 3. selbständige Dampfentwicklung ohne Anreiz.

Hiervon ist die Dampfentwicklung an der Heizfläche in bezug auf Kesselsteinbildung die ungünstigste, weil hier der Stein unmittelbar an die Heizoberfläche abgelagert wird. Die beiden anderen Entstehungsarten geben nur zu Schlamm Anlaß, der allerdings unter gewissen Bedingungen Kesselstein bilden kann, aber jedenfalls nicht die ungünstigen Eigenschaften hat wie der Kesselstein.

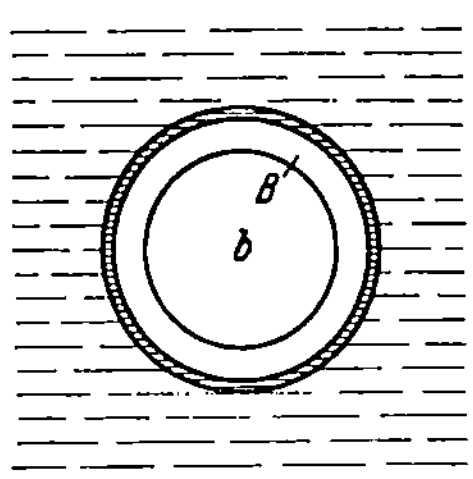

Abb. 77. Autonome Dampfentwicklung.

Hieraus folgt deshalb die Nutzanwendung, Wege und Mittel zu suchen, um die Dampfblasenentwicklung an den Heizflächen auf ein Mindestmaß einzuschränken und dafür die Blasenbildung im Inneren des Kesselinhaltes tunlichst zu fördern und zu beschleunigen. Zwei Wege haben wir hierfür kennengelernt.

1. Steigerung des Wasserumlaufes, also Beschleunigung der Geschwindigkeit des Wassers.

2. Rotation des Wassers, also Schaffung einer möglichst hohen Tangentialkomponente der Bewegungsenergie des Wassers im Wasserrohr.

Ein anderer Weg scheint in der Zugabe von Schwebestoffen oder sogar von Kolloiden zu bestehen, doch fehlen hierüber die genauen versuchsmäßigen Angaben. Es ist nicht ausgeschlossen, daß die Wirkung der kolloidalen Kesselsteinverhütungsmittel zum Teil auf der Keimwirkung für die Dampfblasenbildung beruhen und damit erst mittelbar die Ausfällung der Steinbildner im Innern der Wassermasse anstatt an den Heizflächen hervorrufen, jedoch fehlen hierüber wiederum die genauen Forschungsergebnisse.

Die kontinuierliche Kesselwasserabführung ist ebenfalls als eine Art von mechanischer Kesselsteinverhütungsmaßnahme anzusehen, da hierdurch die Konzentrationssteigerung des Kesselinhaltes verhindert wird. Es läßt sich gewissermaßen auf diese Weise zwischen der Speisewasserzuführung und der Kesselwasserabführung eine Gleichgewichtslage der Konzentration des Kesselwassers einstellen, die etwa dauernd unter der Sättigungsgrenze der Steinbildner, insbesondere von Gips und Silikaten liegt, und deshalb die Steinbildung vermindert. Im allgemeinen liegt der Hauptzweck der Kesselwasserabführung aber nicht in der Steinverhütung, sondern in der Vermeidung des Siedeverzuges und des Schäumens und ferner in der Ausnützung der überschüssigen Fällungsreagenzien im Kesselwasser. Es ist vielleicht nicht uninteressant, die Kesselwasserabführung im besonderen Hinblick auf die Steinverhütung durchzuführen. Hierüber fehlen wiederum, wie in so vielen Fragen der Dampfkesselchemie, die notwendigen Untersuchungen.

D. Elektrische Verfahren. Elektrolyt-Kesselschutz.

Die im Wasser gelösten Stoffe werden unter dem Einfluß eines elektrischen Stromes in anderer Form ausgeschieden, als dies ohne Elektrolyse der Fall ist, und zwar scheiden sich die Steinbildner bei Stromdurchgang durch den Kesselinhalt vorwiegend als Schlamm aus. Es ist daher auch eine große Reihe von elektrolytischen Kesselschutzverfahren bekannt gegeben worden, deren praktische Ergebnisse aber bisher nicht den Erwartungen entsprochen haben. Vor allem sind die bisherigen Versuchsergebnisse sehr unregelmäßig ausgefallen, ohne daß man sich über das Versagen genaue Rechenschaft ablegen konnte. Aus diesem Grunde ist es heute verfrüht, auf diese Verfahren einzugehen. Jedoch soll das keineswegs den Eindruck erwecken, als ob die elektrischen Kesselsteinverhütungsverfahren grundsätzlich erfolglos seien. Die Vorgänge beim Stromdurchgang durch beheizte Kessel sind äußerst verwickelt, und erst wenn sie theoretisch genügend geklärt sind, können sie mit Erfolg in der Praxis angewandt werden.

E. Das Entsalzen des Kesselinhaltes.

Die Bedeutung des Salzgehaltes im Kesselwasser haben wir bereits wiederholt besprochen. Es sei bloß daran erinnert, daß hohe Salzgehalte Siedeverzug, Spucken, Schäumen, Rostangriff und auch Steinablagerungen begünstigen. In diesem Zusammenhang sei auf eine Tatsache hingewiesen, die Verfasser häufig beobachtet hat, und die in Widerspruch mit der Theorie steht. Die chemische Untersuchung des Kesselinhaltes führt nämlich sehr oft zu Sulfat- und Kalziumgehalten, die viel höher liegen, als es der Löslichkeit des Gipses für die gegebene Temperatur entspricht. Diese Unterschiede können mitunter ein Vielfaches der theoretisch zu erwartenden $Ca^{\cdot\cdot}$- und SO_4''-Gehalte ausmachen. Wenn man auch weiß, daß Gips in Kochsalzlösungen, ferner in kolloidalen Lösungen viel löslicher ist, als in reinem Wasser, so reicht meines Erachtens dies noch keineswegs aus, um die angegebenen anormalen Befunde zu erklären. Man muß annehmen, daß Gips selbst im Kessel zur Bildung stark übersättigter Lösungen neigt, obgleich auch diese Erklärung noch nicht befriedigt. Entsprechende Versuche müssen den wahren Sachverhalt klarstellen. Die durch mitgerissenes Wasser hervorgerufenen Verstopfungen und Aufreißer der Überhitzerrohre, ferner die Salzablagerungen in den Turbinenlauf- und Leiträdern und ihre Folgeerscheinungen, Korrosion, Erosion, Stillegung, seien ebenfalls hier bloß kurz erwähnt. Es ist deshalb in den neuzeitlichen Kesselbetrieben und bei allen Kesselbauarten ein kontinuierlicher Laugenabfluß anzuraten, weil hier die Rückgewinnung der Wärme des abgelassenen Kesselwassers möglich ist.

Über die Ermittlung der abzulassenden Kesselwassermengen macht R. Klein[1] die nachfolgenden Angaben:

Nach erreichter Grenzkonzentration des Kesselwassers, über die wir S. 54 unterrichtet worden sind, muß mit der abzulassenden Laugenmenge dauernd die gleiche Salzmenge abgeführt werden, wie sie mit

---

[1] Klein, R.: Wärme **53**, 377 u. 398 (1930).

der gespeisten Wassermenge in den Kessel eintritt. Es besteht daher die Gleichung:

$$(D + L) \cdot S = L \cdot g$$

Dabei bedeuten: D das verdampfte Speisewasser in m³/h,
L die Laugenmenge in m³/h,
S der Salzgehalt des Speisewassers in g/m³,
g der Grenzwert (Salzgehalt) des Kesselwassers.

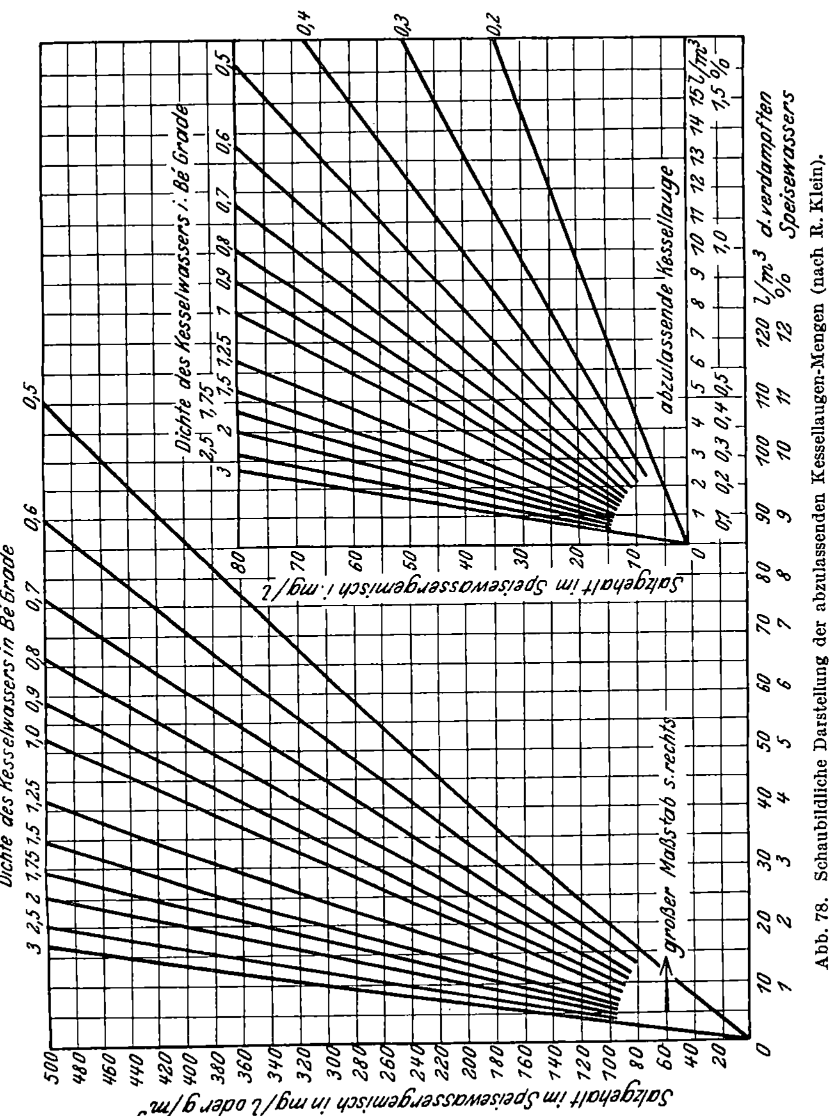

Abb. 78. Schaubildliche Darstellung der abzulassenden Kessellaugen-Mengen (nach R. Klein).

Die Grenzkonzentration ist zwar im allgemeinen von der Kesselbauart und von der Belastung abhängig, für moderne Kesselarten wird

1° Bé $= 10\,000$ g/m³ Gesamtsalze angegeben. (Für andere Verhältnisse können entsprechende Zahlen in die Gleichungen eingesetzt werden.)

Die Gleichung nach L aufgelöst ergibt die Laugenmenge in Kubikmeter je Stunde zu,

$$L = \frac{D \cdot S}{g - S}$$

oder L in Prozent der verdampften Speisewassermengen zu

$$L = \frac{100 \cdot S}{g - S}$$

oder L in Liter je 1 m³ verdampfte Speisewassermenge zu

$$L = \frac{S}{g - S} \, .$$

Zur schnellen Bestimmung der jeweils erforderlichen Laugenmenge bei verschiedenen Salzgehalten bis zu 500 g/m³ im Speisewasser und bei einer Dichte des Kesselwassers von 0,3—3° Bé, dient die graphische Zahlentafel (Abb. 78). Die Laugenmengen sind abzulesen in Prozent oder in l/m³ der verdampften Speisewassermenge.

Nach Splittgerber[1] errechnet sich die täglich abzulassende Kessellaugenmenge M nach der Formel:

$$M = \frac{J \cdot v \cdot a}{A} \, \text{m}^3/\text{Tag},$$

wenn A den Abdampfrückstand des Kesselinhaltes in g/m³ bzw. die mit 10 000 multiplizierten Baumégrade, a den Abdampfrückstand des Speisewassers in g/m², J den Wasserinhalt des Kessels in m³ und v das Vielfache seiner Verdampfung innerhalb 24 Stunden bedeuten.

R. E. Hall[2] und H. Manz[3] haben umfangreiche und genauere Formeln abgeleitet, die für den praktischen Betrieb jedoch keinen großen Wert haben.

VI. Richtlinien zur Beurteilung der Wässer und zur Auswahl der passenden Reinigungsverfahren.

A. Einteilung und Beurteilung der Wässer.

Die Beurteilung eines Wassers erfolgt auf Grund seiner chemischen Zusammensetzung. Die Analysenergebnisse sollen nach dem heutigen Stand unserer Kenntnisse in Ionenform[4], und zwar in Milliäquivalenten je Liter angegeben werden. Unter dem Äquivalentgewicht eines Ions versteht man bekanntlich sein Atom- bzw. sein Iongewicht, geteilt

---

[1] Splittgerber: Wärme **51**, 737 (1928).
[2] Hall, R. H,: Mining and Metallurgical Investigations. Bulletin No 24 (1927).
[3] Manz, H.: Wärme **51**, 726 (1928). (Sonderheft Speisewasser.)
[4] Es sei hier kurz daran erinnert, daß die Salze, Säuren und Basen in wässeriger Lösung in ihre Ionen zerfallen sind, und zwar in die positiv geladenen Kationen (z. B. H·, Ca··, Mg··, Na·) und in die negativ geladenen Anionen (z. B. HCO₃′, Cl′, SO₄″).

durch seine Wertigkeit, ein Milliäquivalent ist der tausendste Teil eines Äquivalenten. Neben dieser Darstellungsart ist die Mengenabgabe in Milligramm je Liter bzw. in Gramm je Kubikmeter anzuraten, da Abdampfrückstand, Grobdispersoide und organische Stoffe sich nicht nach Milliäquivalenten angeben lassen. Streng zu verwerfen ist aber die Angabe der Analysenbefunde in Härtegraden. Es ist ein Unsinn, Stoffe nach Härtegraden zu rechnen, die mit dem Begriff der Härte aber auch gar nichts gemein haben, z. B. die Angabe in Härtegraden, von Chlor, Sulfat, Kieselsäure, freier Kohlensäure u. dgl. m.

Selbst der Begriff der Härte ist als veraltet anzusehen und sollte aus dem Wortschatz des modernen Chemikers und des Ingenieurs verschwinden. Diesen Standpunkt kann man aber heute noch nicht folgerichtig durchführen, so daß man die Angabe der Härte einstweilen noch beibehalten muß.

Die beste, wissenschaftlich begründete und vorurteilsfreie Darstellungsweise der Wasseranalysen ist, wie gesagt, die Angabe nach Milliäquivalenten. Als wesentliche Vorteile dieser Darstellungsart seien angegeben: Die mit Leichtigkeit aufzustellenden Anionen-Kationenbilanzen gestatten eine schnelle Nachprüfung der Analysenwerte und somit einen raschen Einblick in die Genauigkeit der Analyse. Ferner erlauben diese Bilanzen durch eine einfache Subtraktion eine annähernd richtige Ermittlung der Alkaliionen (Na$\cdot$ und K$\cdot$), falls diese nicht analytisch ermittelt wurden, was ja meist der Fall ist. Wird der Gehalt an Alkaliionen analytisch ermittelt, so gibt die Anionen-Kationenbilanz manchmal wichtige Hinweise auf das Vorhandensein von Stoffen, die man sonst vielleicht übersehen hätte. Auf diese Weise wurde Verfasser wiederholt auf einen größeren Phosphat- und Nitratgehalt von Wässern aufmerksam gemacht, bei deren Analyse diese Stoffe jedenfalls nicht analytisch bestimmt worden wären.

Aus der Gegenüberstellung der Anionen- und Kationenkonzentrationen gewinnt man eine klarere Einsicht in des Verhalten des Wassers beim Kochprozeß, d. h. im Kessel, als es bei jeder anderen Darstellungsart der Fall ist, da man durch einfache Additionen und Subtraktionen die Mengen wirksamer Stoffe herausziehen kann. Vervollständigt man diese elementare Rechnung unter Berücksichtigung des Härtebegriffes (in neuerer Fassung als Ca$\cdot\cdot$, Mg$\cdot\cdot$ bzw. $HCO_3{}'$-Ionen), so wird es möglich, auf dieser Grundlage eine allgemeingültige vorurteilsfreie und auch richtige Einteilung und Bewertung der Wässer, insbesondere der Kesselspeisewässer aufzustellen.

In diesem Zusammenhang verdient ein grundsätzlicher Fehler hervorgehoben zu werden, der heute noch immer bei der Auswertung von Wasseranalysen gemacht wird. Es ist das Zusammenpaaren der Anionen- und Kationen zu bestimmten Salzen nach dem Vorschlag von Fresenius.

Hierbei soll man sich von der Stärke der Säuren und Basen leiten lassen und zuerst die stärksten Säuren mit den stärksten Basen und dann die minder starken Radikale in abnehmender Reihenfolge der Stärke miteinander kuppeln. Auf diese Weise wird auch heute noch sehr oft vorgegangen, indem man die Ionen $K^{\cdot}$ und NO_3' zu Kaliumnitrat, die Ionen $Ca^{\cdot\cdot}$ und SO_4'' zu Gips und schließlich die Ionen $Mg^{\cdot\cdot}$ und CO_3'' zu Magnesiumkarbonat zusammenkombiniert. Bei dieser Darstellungsart tritt der Kalk hauptsächlich als Kalziumsulfat und die Magnesia als Magnesiumkarbonat auf, was in der weitaus größten Mehrzahl der Fälle durchaus nicht zutrifft und daher unweigerlich zu grundfalschen Beurteilungen der Kesselspeisewässer führen muß. Daß selbst gute Kenner der Wasseraufbereitungsfrage (davon allerdings bloß die Verdampfer!) diesen Fehler (und noch andere chemische Ketzereien) begehen können, beweist uns H. Balcke[1].

Zur Bewertung und Einteilung der Wässer auf Grund der vorhandenen Kationen- und Anionenmengen und besonders ihrer Mengenverhältnisse hat Verfasser 1928 Vorschläge gemacht, die hier in erweiterter und wesentlich verbesserter Form wiedergegeben seien[2].

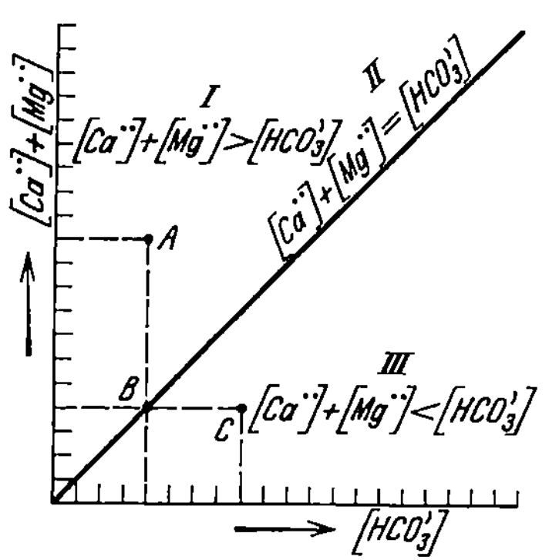

Abb. 79. Schematische Darstellung der drei Hauptgruppen von Wässern.

Punkt A:
$[Ca^{\cdot\cdot}] + [Mg^{\cdot\cdot}] = 11$ Milliäquivalente
$[HCO_3'] = 4$ „

Punkt B:
$[Ca^{\cdot\cdot}] + [Mg^{\cdot\cdot}] = 4$ „
$[HCO_3'] = 4$ „

Punkt C:
$[Ca^{\cdot\cdot}] + [Mg^{\cdot\cdot}] = 4$ „
$[HCO_3'] = 8$ „

Auf Grund der Äquivalent- bzw. der Milliäquivalentkonzentrationen der in den Wässern gelösten Salze unterscheiden wir zunächst drei Grundtypen, je nachdem die Summe der Kalzium- und Magnesiumäquivalente größer oder kleiner ist als die Bikarbonatkonzentration oder ob sie einander gleich sind. Dieselbe Einteilung kann man auch auf Grund des Härtebegriffes durchführen. Die drei Wassertypen sind dann jene, bei denen entweder die Summe Kalk- plus Magnesiahärte größer oder kleiner ist als die Karbonathärte oder ob beide Härtezahlen einander gleich sind. Die neue Einteilungsweise der Wässer ist auf Abb. 79 schematisch dargestellt, wobei die eingezeichneten Beispiele das Wesen der Einteilung kurz kennzeichnen.

Es ist ohne weiteres verständlich, daß in einem Wasser, das genau dieselbe Äquivalentkonzentration von Bikarbonat- und Kalzium- plus Magnesiumionen enthält, für das also die Beziehung:

$$[Ca^{\cdot\cdot}] + [Mg^{\cdot\cdot}] = [HCO_3']$$

zutrifft, beim Kochprozeß die Härtebildner $Ca^{\cdot\cdot}$ und $Mg^{\cdot\cdot}$ praktisch vollständig ausgeschieden werden. Ein Wasser, das der Beziehung:

$$[Ca^{\cdot\cdot}] + [Mg^{\cdot\cdot}] < HCO_3'$$

entspricht, wird nach dem Kochen ebenfalls keine $Ca^{\cdot\cdot}$- und $Mg^{\cdot\cdot}$-Ionen enthalten, dagegen aber eine dem Unterschied

$$[HCO_3'] - [Ca^{\cdot\cdot}] + [Mg^{\cdot\cdot}]$$

---

[1] Balcke, H.: Die neuzeitliche Speisewasseraufbereitung. O. Spamer, Leipzig (1930).
[2] Stumper, R.: Wärme 51, 717 (1828). Diese Vorschläge stellen wohlverstanden ein rohes Gerippe dar, das durch planmäßige Forschung noch zu ergänzen ist.

entsprechende Menge aus den überschüssigen Bikarbonationen entstandener Karbonationen (Soda). Was die Wässer mit dem Kennzeichen

$$[Ca^{··}] + [Mg^{··}] > [HCO_3{'}]$$

anbelangt, so müssen selbstverständlich die Kalzium- und Magnesiumionen sich in die vorhandenen Bikarbonationen bzw. in die entstehenden Karbonationen teilen, wobei Kalziumkarbonat und Magnesiumkarbonat oder richtiger ein basisches Magnesiumkarbonat $n\,MgCO_3 \cdot m\,Mg(OH)_2$ ausfallen und der Überschuß

$$[Ca^{··}] + [Mg^{··}] - [HCO_3{'}]$$

in Lösung bleibt. Es ist für die Beurteilung eines Wassers nicht gleichgültig, wie sich die Verteilung der gelösten $Ca^{··}$ und $Mg^{··}$-Ionen auf die beim Kochen entstehenden Karbonationen gestaltet. Diese Frage hat Verfasser an Hand von einer großen Reihe Wasseruntersuchungen verschiedener Herkunft zu lösen versucht. Als wichtiges Versuchsergebnis ergab sich die in Abb. 80 wiedergegebene Gesetzmäßigkeit. Diese Abbildung zeigt die Abhängigkeit der Zusammensetzung des beim Kochprozeß (bei 100°) natürlicher Wässer ausfallenden Niederschlages in Ab-

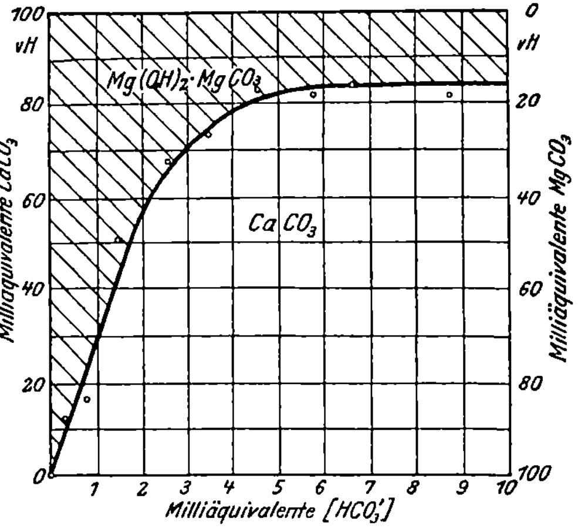

Abb. 80. Schaubildliche Darstellung der Zusammensetzung der beim Kochen des Wassers einfallenden Bodenkörpers in Abhängigkeit von der Bikarbonatkonzentration.

hängigkeit von der Bikarbonatkonzentration des Rohwassers. Auf der Abszisse sind die Milliäquivalente $HCO_3{'}$-Ion aufgetragen, und auf der Ordinate die Hundertteile $CaCO_3$ bzw. $MgCO_3$ im Gesamtniederschlag $CaCO_3 + MgCO_3 \cdot m\,Mg(OH)_2$, also die Verhältniszahlen

$$\frac{CaCO_3 \cdot 100}{CaCO_3 + n\,MgCO_3 \cdot m\,Mg(OH)_2} \quad \text{und} \quad \frac{n\,MgCO_2 \cdot m\,Mg(OH)_2 \cdot 100}{CaCO_3 \cdot + n\,MgCO_3 \cdot m\,Mg(OH)_2} \quad \text{ebenfalls}$$

in Milliäquivalenten gerechnet.

Durch die erhaltene Kurve wird die Abbildung in zwei Felder eingeteilt; das linke (obere) Feld entspricht dem basischen Magnesiumkarbonat, das rechte (untere) dem Kalziumkarbonat. Je niedriger der Bikarbonatgehalt des Wassers ist, desto weniger $CaCO_3$ und desto mehr Magnesiumkarbonat enthält der Niederschlag, oder anders ausgedrückt, desto mehr $Ca^{··}$-Ionen und desto weniger $Mg^{··}$-Ionen bleiben in dem abgekochten Wasser. Dieser Abfall tritt von 4,5 Milliäquivalenten $HCO_3{'}$-Ion an abwärts besonders stark auf, während oberhalb dieser Bikarbonatkonzentration die Zusammensetzung des entstehenden Niederschlages nun mehr wenig beeinflußt wird. Daß bei geringen

HCO_3' Konzentrationen der Anteil des ausfallenden Niederschlages an Magnesia größer wird als der an Kalk, beruht auf der Entstehung des unlöslichen Magnesiumhydrats durch Hydrolyse:

$$MgCO_3 + 2\,H_2O = Mg(OH)_2 + H_2CO_3.$$

Mit abnehmendem Bikarbonatgehalt werden die Gesamtmengen des ausfallenden Niederschlages, der Abnahme der HCO_3'-Konzentration entsprechend, kleiner, der prozentuale Gehalt an unlöslichem $Mg(OH)_2$ jedoch größer, so daß die Abbildung damit zur Genüge erklärt wird. Oberhalb des Wertes von 4,5 Milliäquivalenten Bikarbonation wird die Zusammensetzung des Niederschlages praktisch nur mehr wenig von dem HCO_3'-Gehalt beeinflußt, was aber nicht besagen soll, daß andere Faktoren diese Zusammensetzung unbeeinflußt lassen.

Die neue Einteilung und Bewertung der Wässer gestaltet sich nunmehr folgendermaßen:

1. Gruppe.

$$[Ca^{..}] + [Mg^{..}] > [HCO_3'].$$

Kennzeichnend für die Wässer dieser Art ist die Beziehung $[Ca^{..}] + [Mg^{..}] > [HCO_3']$, d. h. die Summe der Äquivalente Kalzium und Magnesium ist größer als die Äquivalentkonzentration der Bikarbonationen, oder, die Gesamthärte (Kalk + Magnesiahärte) ist größer als die Karbonathärte. Beim Kochen eines solchen Wassers fällt eine der Bikarbonatkonzentration entsprechende Menge Kalzium und Magnesium aus. Im abgekochten Wasser verbleibt eine der Differenz $[Ca^{..}] + [Mg^{..}] - [HCO_3']$ entsprechende Menge $Ca^{..}$- und $Mg^{..}$-Ionen in Lösung, vermehrt um eine dem eben vorliegenden Löslichkeitsgleichgewicht des Bodenkörpers entsprechende Menge dieser Ionen. Bezeichnet man mit $ca^{..}$ und $mg^{..}$ diese letzteren, so sind die Wässer der ersten Gruppe nach dem Abkochen gekennzeichnet durch die Beziehung

$$[Ca^{..}] + [Mg^{..}] - [HCO_3'] + ca^{..} + mg^{..}.$$

Im allgemeinen sind die beiden Additionsglieder $ca^{..}$ und $mg^{..}$ zu vernachlässigen. Sie haben eine gewisse Bedeutung bei Wässern, deren Differenz

$$[Ca^{..}] + [Mg^{..}] - [HCO_3]$$

klein ist, wo also die in Lösung bleibenden Mengen $Ca^{..}$- und $Mg^{..}$-Ionen gering sind und dementsprechend die Löslichkeit des Bodenkörpers ins Gewicht fallen muß. Die Mehrzahl der natürlichen Wässer fällt in die erste Gruppe (etwa 90—95%). Daraus entspringt die Notwendigkeit einer weiteren Unterteilung. Man kann diese Unterteilung in nachstehender Weise vornehmen:

1. Untergruppe: $[HCO_3'] = 0$.

Solche Wässer enthalten keine Bikarbonationen, mit anderen Worten, ihre vorübergehende Härte ist gleich Null. Beim Kochen eines solchen Wassers bleiben die Kalzium- und Magnesiumionen unverändert in Lösung. Es fällt nur dann Gips aus, wenn die Löslichkeitsgrenze des Gipses durch Eindampfen überschritten wird, was ja immerhin um so leichter antrifft, als die Löslichkeit des Gipses mit steigender Temperatur abnimmt. Von Wichtigkeit für die Beurteilung dieses Falles ist die Eindampfzahl, die angibt, wieviel mal ein bestimmtes Volumen Wasser durch Verdampfen eingeengt werden kann, bevor die Löslichkeitsgrenze des Gipses erreicht ist. (Vgl. Abb. 81.) Im Dampfkessel ist die Gipsausscheidung unvermeidlich, weil es ja unbedingt zu der Sättigungskonzentration kommen muß. Die Güte dieser Wässer hängt ab von deren Gehalt an Kalzium-, Magnesium-, Sulfat- und Chloridionen, indem sie die Kesselsteinbildung ($CaSO_4$) und die Abfressungen der Kesselbleche ($MgCl_2$, $CaCl_2$) bestimmen.

Zur Enthärtung solcher Wässer sind geeignet: das Sodaverfahren, bzw. wenn reichlich Magnesium vorhanden ist, ein kombiniertes Soda-Ätznatronverfahren oder ein Sodaverfahren mit Kesselwasserrückführung. Ferner ist das Austauschverfahren ganz besonders für diese Wässer geeignet.

Die Wässer dieser Art sind selten.

2. Untergruppe: $[Ca^{\cdot\cdot}] = 0$.

Das Wasser ist frei von Kalziumionen, enthält dagegen mehr Magnesiumionen als Bikarbonationen:

$$[Mg^{\cdot\cdot}] > [HCO_3{}'].$$

Ein solches Wasser gibt im Kessel einen weichen Steinansatz aus Magnesiumhydrat oder in Gegenwart von gelöster Kieselsäure einen harten, wärmestauenden Stein aus Magnesiumsilikat bzw. ein Gemisch beider Stoffe. Auf die Korrosionsgefahr ist besonders zu achten. Als Reinigungsverfahren kommt das Austauschverfahren und das Ätznatronverfahren in Betracht. Wässer dieser Art sind sehr selten.

3. Untergruppe: $[Mg^{\cdot\cdot}] = 0$.

Diese Wässer sind frei von Magnesiumionen, dagegen entsprechen sie der Bedingung:

$$[Ca^{\cdot\cdot}] > [HCO_3{}'].$$

Es scheidet sich demnach auch bei geringer Sulfatkonzentration im Kessel auf die Dauer ein harter gipshaltiger Stein aus. Zur Reinigung dieser Wässer sind das Austauschverfahren und eine Sodaenthärtung anzuraten. Auch diese Wässer sind selten anzutreffen.

Wenn auch typische Wässer der 1., 2. und 3. Untergruppe in der Natur selten vorkommen und eher als Grenzfälle zu betrachten sind, so verdienen sie dennoch unsere Beachtung, da man unter sie auch jene Wassersorten einreihen kann, deren $HCO_3{}'$- oder $Ca^{\cdot\cdot}$- oder $Mg^{\cdot\cdot}$-Konzentration zwar nicht gleich Null ist, aber doch praktisch zu vernachlässigen ist. Derartige Wässer sind schon weitaus häufiger anzutreffen, besonders solche mit vernachlässigbarem Magnesiumgehalt.

4. Untergruppe: $[HCO_3{}'] > 0$.

In diese Gruppe fällt die Mehrzahl aller natürlicher Wässer, die also beim Kochvorgang einen Teil der $Ca^{\cdot\cdot}$- und $Mg^{\cdot\cdot}$-Ionen als Karbonat ausscheiden und im abgekochten Wasser den entsprechenden Restbetrag $[Ca^{..}] + [Mg^{..}] - [HCO_3']$ an Härtebildnern enthalten. Wieviel Kalzium und Magnesium abgeschieden wird, hängt von dem Bikarbonatgehalt ab, der nicht nur die Menge der ausgeschiedenen Härtebildner bestimmt, sondern auch das Mengenverhältnis von $Ca^{..}$ und $Mg^{..}$ im Niederschlag. Hierüber unterrichtet die Abb. 80. Man ist unter Berücksichtigung dieser Abbildung berechtigt, die vorliegende Untergruppe weiter zu unterteilen, je nachdem die Bikarbonatkonzentration größer oder kleiner ist als 4,5 Milliäquivalente je Liter ($= 12,6°$ vorübergehende Härte).[1]

a) $[HCO_3'] < 4,5$ Milliäquivalente.

Beim Kochen dieser Wässer fallen aus:

an Kalziumionen: 0,85mal die Bikarbonatkonzentration und

an Magnesiumionen: 0,15mal die Bikarbonatkonzentration.

Im abgekochten Wasser bleiben also übrig, wenn $[Ca^{..}]$ und $[Mg^{..}]$, wie bisher üblich, die Kalzium- und Magnesiumionenkonzentrationen des Rohwassers in Milliäquivalenten je Liter bedeuten:

an Kalziumionen: $[Ca^{..}] - 0,85 \cdot [HCO_3']$ und

an Magnesiumionen: $[Mg^{..}] - 0,15 \cdot [HCO_3']$.

Man kann hieraus entnehmen, daß das Verhalten der Wässer dieser Art im Kessel davon abhängig ist, wie groß der Kalzium- und Magnesiumgehalt des Ausgangswassers ist und ferner wie das Mengenverhältnis beider Stoffe ist. So ist das Verhalten dieser Wässer verschieden, je nachdem $[Ca^{..}] = [Mg^{..}]$, $[Ca^{..}] > [Mg^{..}]$ und $[Ca^{..}] < [Mg^{..}]$ ist. Wässer mit der Beziehung $[Ca^{..}] = [Mg^{..}]$ enthalten nach dem Abkochen mehr Magnesium als Kalzium, sind also besonders im Hinblick auf die Korrosion zu behandeln. Das gleiche gilt für Wässer mit $[Ca^{..}] < [Mg^{..}]$. Dagegen ist bei Wässern mit $[Ca^{..}] > [Mg^{..}]$ auf die Kesselsteingefahr zu achten.

b) $[HCO_3'] < 4,5$ Milliäquivalente.

Beim Kochen von Wässern dieser Art fallen mit wechselndem Bikarbonatgehalt auch wechselnde Mengen Kalk und Magnesium aus, z. B. bei 1 Milliäquivalent HCO_3' fällt aus: 0,3 Milliäquivalent $Ca^{..}$ und 0,70 Milliäquivalent $Mg^{..}$, bei 3 Milliäquivalenten HCO_3' aber 2,1 Milliäquivalente $Ca^{..}$ und 0,9 Milliäquivalente $Mg^{..}$.

Man enthärtet die Wässer a und b der Untergruppe 4 nach den üblichen Verfahren, z. B. Kalk-Soda, Soda mit Rückführung, Permutit usw.

Weitere Gesichtspunkte zur Beurteilung der Wässer der 1. Gruppe, besonders der 4. Untergruppe sind:

---

[1] Neuere Untersuchungen des Verfassers lehrten, daß diesem Schaubild leider keine allgemeine Gültigkeit zukommt. Richtiger ist eine räumliche Darstellung, deren Koordinaten sind: Milliäquivalente HCO_3', Verhältniszahl $\frac{[Ca^{..}]}{[Mg^{..}]}$ des Wassers ist dann das Verhältnis $\frac{CaCO_3}{CaCO_3 + MgCO_3}$ im Bodenkörper. Weitere Untersuchungen hierüber sind in Angriff genommen. Trotz seiner beschränkten Gültigkeit (für bestimmte Wassergebiete) wird an Hand des Schaubildes gezeigt, in welcher Richtung die Lösung der angeschnittenen Frage grundsätzlich zu suchen ist.

a) **die Überschußzahl** $[Ca^{..}] + [Mg^{..}] - [HCO_3']$ **an Härtebildnern.** Je größer diese Zahl, desto größer die Gefahr der Steinbildung, besonders wenn $Mg^{..}$ gegenüber $Ca^{..}$ klein ist.

b) **Das Verhältnis der Kalzium- zu den Magnesiumionen im Roh- und im abgekochten Wasser.** Von diesem Verhältnis hängt die Wahl des Enthärtungsverfahrens ab; denn je mehr Magnesiumionen im Wasser vorhanden sind, desto schwieriger läßt sich die Enthärtung· durch Ausfällen durchführen. Magnesiareiche Wässer sind durch das Ätznatronverfahren, das Ätznatronkesselwasserrückführungsverfahren oder durch das Permutitverfahren zu enthärten.

c) Für die Bewertung eines Kesselspeisewassers ist die **Kenntnis des Sulfatgehaltes** sehr wichtig, gibt diese Zahl doch ein unmittelbares Maß für die Gipsbildung ab. Richtiger ist die **gleichzeitige** Berücksichtigung des SO_4''- und $Ca^{..}$-Gehaltes im abgekochten Wasser. Man kann an Hand dieser Werte und der Löslichkeit des Gipses bei der jeweiligen Temperatur des Kesselwassers eine Kennzahl errechnen, die angibt, welches Vielfache der Volumeneinheit verdampft (d. h. auf die Volumeneinheit eingeengt) werden muß, um die Löslichkeitsgrenze des Gipses für die gegebenen Betriebstemperaturen zu ·erreichen.

Zur Ermittlung dieser Kennzahl, die man zweckmäßig als **Eindampfzahl** (für Gips) $E\ CaSO_4$ bezeichnet, ist es notwendig zu kennen:

a) Die Löslichkeit des Gipses für den jeweils vorliegenden Fall $= L_T$,

b) den Gehalt an Gips im abgekochten Kesselspeisewasser $= P$.

Beide Zahlen können sowohl in Milliäquivalenten je Liter wie in mg/l angegeben werden. Der Gehalt an $CaSO_4$ errechnet sich mit Leichtigkeit auf Grund der chemischen Analyse, unter Berücksichtigung der in Abb. 80 dargestellten Ausfällungsgesetzmäßigkeit für $Ca^{..}$ und $Mg^{..}$. Hierbei geht man folgendermaßen vor: Man entnimmt dieser Abbildung an Hand der analytisch ermittelten HCO_3'-Konzentration die jeweilige Verteilung der $Ca^{..}$- und $Mg^{..}$- beim Ausfällen auf die HCO_3'-Ionen. Man erhält so die Zahlen $a\%$ für $Ca^{..}$ und $b\%$ für $Mg^{..}$. Es fallen also aus:

$$\text{an } Ca^{..}: \quad \frac{a}{100} \cdot [HCO_3'] \text{ Milliäquiv.}$$

$$\text{an } Mg^{..}: \quad \frac{b}{100} \cdot [HCO_3'] \text{ Milliäquiv.}$$

Im abgekochten Wasser verbleiben demnach:

$$\text{an Kalzium-Ionen}: [Ca^{..}] - \frac{a}{100}[HCO_3',] \text{ Milliäquiv.}$$

$$\text{an Magnesium-Ionen}: [Mg^{..}] - \frac{b}{100}[HCO_3'.] \text{ Milliäquiv.}$$

Bekannt ist ferner der Gehalt an Sulfationen $[SO_4''.]$ Diesen paart man in zweckentsprechender Weise mit dem Restgehalt an Kalziumionen zusammen, wodurch man die beim Verdampfen der Wasser sich bildende Gipsmenge (je Liter) erhält. Es können hierbei 3 Sonderfälle auftreten, je nachdem die Restmenge $Ca^{..}$ größer, kleiner oder gleich ist dem Sulfatgehalt. Auf Grund der Tatsache, daß ein Äquivalent $Ca^{..}$ einem Äquivalenten SO_4'' entspricht, erhält man für diese 3 Fälle die folgenden $CaSO_4$-Gehalte:

a) $[SO_4''] <$ Rest $[Ca\cdot\cdot]$: der Gipsgehalt ist dann $P_{CaSO_4} = [SO_4'']$ äquiv./l.
b) $[SO_4''] =$ Rest $[Ca\cdot\cdot]$: „   „   „   „ $P_{CaSO_4} = [SO_4''] =$ Rest $[Ca\cdot\cdot]$ äquiv./l.
c) $[SO_4] >$ Rest $Ca\cdot\cdot]$: der Gipsgehalt ist dann $P_{CaSO_4} =$ Rest $[Ca\cdot\cdot]$.

Ist die im Wasser vorhandene Gipsmenge P bekannt (in Milliäquivalenten oder in mg/l), so ergibt sich die Eindampfziffer E zu

$$E = \frac{L^t_{CaSO_4}}{P}.$$

Die untenstehende Abb. 81 gibt die Abhängigkeit der Eindampfziffer von der Kesselwassertemperatur für verschiedene $CaSO_4$-Gehalte (5—200 mg/l) des Wassers wieder. Man sieht, daß die Eindampfziffer immer größer wird, je kleiner der Gipsgehalt des Wassers ist, und daß die Eindampfziffer um so kleiner wird, je höher die Temperatur, d. h. der Kesseldruck ist. Die praktische Bedeutung der Eindampfziffer besteht darin, daß sie ein unmittelbares und allgemeines Maß für die Steinbildung und damit auch für die Brauchbarkeit bzw. die Güte eines Wassers für jeden vorliegenden Fall abgibt. Und zwar ist die Güte des Wassers im allgemeinen proportional der Eindampfziffer. Wässer, deren Eindampfziffer gleich 1 ist, sind für die gegebene Kesselwassertemperatur an $CaSO_4$ gesättigt, sie scheiden also sowohl beim Erhitzen über die gegebene Betriebstemperatur wie bei der geringsten Konzentrationssteigerung (Verdampfung) bei der gegebenen Betriebstemperatur bereits Gips aus. Ist die Eindampfziffer kleiner als 1, so heißt das, daß sie bei der Betriebstemperatur des Kesselinhaltes an $CaSO_4$ übersättigt sind und daher schon beim einfachen Erhitzen bis auf diese Temperatur $CaSO_4$ ausscheiden. Infolge der besonderen Wichtigkeit der Eindampfziffer 1 ist diese in der Abbildung als Parallele zur Abszisse eingetragen worden. Man sieht ohne weiteres ein, daß das Wesen der Speisewasseraufberei-

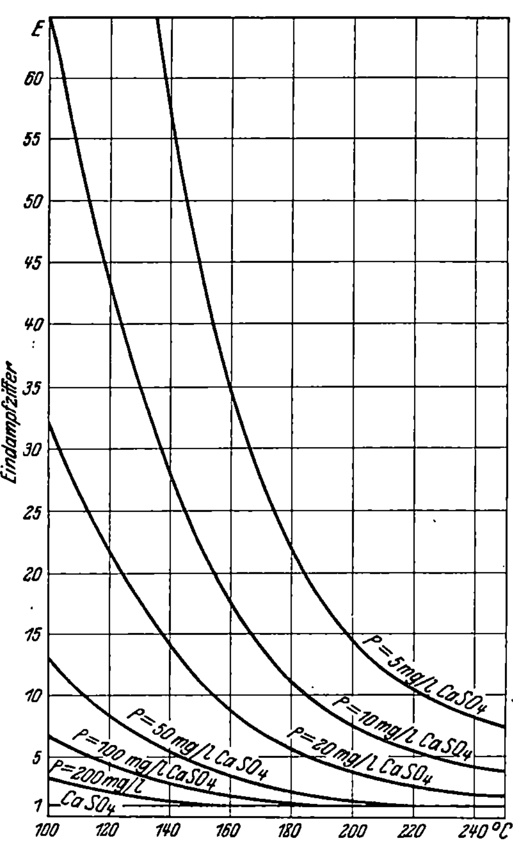

Abb. 81. Abhängigkeit der Eindampfzahl von der Temperatur und dem Gipsgehalt.

tung, soweit sie die Gipssteinbildung anbelangt, darin besteht, Wässer mit möglichst hoher Eindampfziffer zu schaffen, was man erreichen kann: a) durch Verringerung der $Ca^{..}$-Konzentration, b) durch Verringerung der SO_4''-Konzentration und c) durch gleichzeitige Verringerung der $Ca^{..}$- und SO_4''-Konzentration.

Beispiel: Zu berechnen ist die Eindampfziffer für ein Wasser folgender Zusammensetzung:

$Ca^{..}$ = 1,1415 Milliäquivalent = 22,87 mg/l
$Mg^{..}$ = 0,7188 ,, = 8,74 ,,
HCO_3' = 0,5500 ,, = 33,55 ,,
SO_4'' = 1,0178 ,, = 49,40 ,,

und für den Kesseldruck von 15 atü (entsprechende Temperatur = 200°)
Löslichkeit des $CaSO_4$ bei 200° = 76 mg/l = 1,1176 Milliäquivalent.

Gemäß Abb. 80 verteilen sich die $Ca^{..}$- und $Mg^{..}$-Ionen auf die 0,55 Milliäquivalente Bikarbonat folgendermaßen: 14% $Ca^{..}$ und 86% $Mg^{..}$.

Die ausfallende Menge $Ca^{..}$ beträgt demnach $0,55 \cdot \dfrac{14}{100} = 0,077$

Milliäquivalente. Es bleibt in Lösung die Restmenge $Ca^{..}$:
$$1,145 - 0,077 = 1,0645 \text{ Milliäquivalente/l.}$$

Hiervon entfallen 1,0178 Milliäquivalente $Ca^{..}$ auf das Sulfation zur Gipsbildung. Der Gipsgehalt des Wassers beträgt somit 1,0178 Milliäquivalente =

$$1,0178 \cdot 68 = 69,21 \text{ mg/l}$$
$$P = 69,21 = 1,0178$$
$$L_{CaSO_4}^{200°} = 76 = 1,1176$$

$$E\,\frac{76}{69,21} = 1,095 \text{ oder nach Milliäquivalenten gerechnet, } E = \frac{1,1176}{1,0178} = 1,097.$$

Die Eindampfzahl beträgt 1,096; d. h. beim Einengen von 1,096 m³ auf 1 m³ ist (bei 200°) die Löslichkeitsgrenze des Gipses erreicht, und es fängt von hier an Gips auszufallen. Macht man obige Rechnung, ohne Berücksichtigung unserer Abb. 80, so erhält man einen Restgehalt an $Ca^{..}$ von 1,1415 — 0,55 = 0,5915, was einer Eindampfzahl von rund 1,9 entspricht. Bei dieser Berechnung wird die Löslichkeitsgrenze des Gipses bei 200° erreicht, wenn rund 47% eines bestimmten Wasservolumens verdampft sind, während nach der richtigen Berechnungsweise dies schon bei einer Verdampfung von 8,2% eintritt. Für die Beurteilung der Wässer der 1. Gruppe sind selbstverständlich die übrigen Verunreinigungen ebenfalls heranzuziehen: Gesamtsalzgehalt, Kieselsäure, Chloride, Sauerstoff und Kolloide.

2. Gruppe.
$[Ca^{..}] + [Mg^{..}] = [HCO_3']$.

Für die Wässer dieser Art ist die Summe der Kalzium- und Magnesium-Ionenkonzentrationen gleich der Bikarbonatkonzentration. Solche Wässer sind selten in der Natur vorzufinden. Aus obiger Beziehung ist zu entnehmen, daß durch einfaches Kochen die Härtebildner vollständig oder genauer bis auf die durch die Löslichkeit des Niederschlages bedingte geringe Menge entfernt werden.

Das Verhalten eines solchen Wassers im Kessel ist in stärkerem

Maße von den anderen Begleitstoffen abhängig. Speist man beispielsweise ein Wasser dieser Art in ungereinigtem Zustande, so wird im Kessel Schlamm (Karbonate) abgesetzt. Enthält dieser Schlamm viel Kalziumkarbonat und ist im Wasser zugleich der Sulfatgehalt hoch, so kann auch ein gipshaltiger Kesselstein (ternäre Gipsbildung) entstehen nach der Gleichung:

$$CaCO_3 + SO_4'' \rightleftarrows CaSO_4 + CO_3''.$$

Da durch längeres Kochen die Härtebildner dieser Wässer ausgefällt werden, so sind sie am einfachsten thermisch zu enthärten, wobei zur Abkürzung der Reaktionszeiten starke Durchwirbelung und Ätznatronimpfung anzuraten ist. Diese Wässer lassen sich durch Säureimpfung für Kühlzwecke verwendbar machen.

3. Gruppe.
$$[Ca''] + [Mg''] < [HCO_3'].$$

Beim Abkochen eines Wassers dieser Art, werden die Härtebildner praktisch vollständig ausgefällt und es verbleibt im abgekochten Wasser ein der Differenz $[HCO_3'] - [Ca''] + [Mg'']$ entsprechender Überschuß an Karbonationen. Diese Wässer enthalten nämlich Natriumbikarbonat, das durch thermische Zersetzung in Soda übergeführt wird.

Das Wasser wird also sodahaltig und im Kessel ätznatronhaltig. Dadurch wird die Löslichkeit der ausgefällten Stoffe vermindert und in entsprechendem Maße die Schlamm- oder Steinbildung gefördert.

Wässer dieser Art haben seit der Entdeckung der Laugensprödigkeit der Kesselbleche ein sehr großes Interesse erlangt. Sie kommen in der Tat häufiger vor, als man bisher annahm, und sind im Kesselbetrieb auch nicht so einfach zu behandeln, wie es den Anschein hat. Alle nach dem Basenaustauschverfahren enthärtete Wässer gehören in diese Gruppe. Infolge der Anreicherung von Soda und Ätznatron im Kessel bedingen sie im Kessel außer der Laugensprödigkeit eine Reihe von Mißständen, unter denen besonders zu erwähnen sind: Schäumen, Stoßen, Anfressungen kupfer- und zinkhaltiger Legierungen, Unbrauchbarwerden der Wasserstandsgläser und anderes mehr. Die Entstehung von naszierender Kohlensäure im Kessel kann trotz alkalischer Reaktion des Kesselwassers zu örtlichen Anfressungen führen, wobei allerdings noch andere bisher nicht näher bekannte Begleitumstände (z. B. Gegenwart von Schlamm, Humusstoffe) erforderlich sind.

Wässer dieser Art sind ebenfalls in Kochern zu enthärten, sie verlangen ferner ein häufiges, eventuell dauerndes Ablassen des Kesselinhaltes und eine zweckentsprechende Behandlung des Kesselwassers (Soda-Sulfatverhältnis). Eine rationelle Aufbereitung dieser Wässer besteht in einer thermischen Enthärtung mit oder ohne Kesselwasserrückführung unter Zusatz im Reiniger eines Wassers der ersten Gruppe.

B. Die Eignung der verschiedenen Enthärtungsverfahren.

Bei der Wahl des Enthärtungsverfahrens muß nicht nur Rücksicht genommen werden auf die Rohwasserbeschaffenheit, weil sich nicht jedes

Verfahren für ein und dasselbe Wasser gleich gut eignet, sondern auch auf die jeweiligen Betriebsverhältnisse, weil von diesen — z. B. Kesselbauart, Belastung und anderes — die Grenzzahlen an Härte und anderen Beimengungen abhängig sind. Gegenüber der früheren, veralteten Wasserchemie, betont die neuzeitliche Theorie und Praxis gerade die Wichtigkeit der anderen Beimengungen gegenüber den Härtebildnern, so daß also, neben dem Enthärtungseffekt eines Verfahrens, auch die Mengenverhältnisse der anderen wichtigen Verunreinigungen, namentlich der Gase, der Kieselsäure und der Gesamtsalzkonzentration eine Rolle bei der Auswahl des Verfahrens spielen.

Es lassen sich deshalb allgemeine Richtlinien für die Wahl eines Reinigungsverfahrens nur bis zu einem gewissen Grade angeben. Im Einzelfall muß das eingehende Studium der vorliegenden Wässer und der Betriebsverhältnisse durch einen Sachverständigen (z. B. das Institut für Wasser- u. Korrosionschemie Dr. K. Hofer, Düsseldorf) den Entscheid liefern. Einige allgemeine Anhaltspunkte bei der Auswahl eines Enthärtungsverfahrens mögen nachstehend Platz finden:

Kalk bzw. Ätznatron allein eignet sich zur Reinigung von Wässern mit ausschließlicher vorübergehender Härte und für Wässer mit geringer bleibender Härte aber mit höherer vorübergehender Härte. Diese Wässer eignen sich ebenfalls vorzüglich zur thermischen Enthärtung.

Soda allein kommt in Frage für Wässer mit überwiegender bleibender Härte bei gleichzeitigem geringem Gehalt an Magnesiumsalzen und an Bikarbonaten.

Ätznatron ist das einfachste Enthärtungschemikal bei Wässern, deren bleibende und vorübergehende Härte annähernd einander gleich sind, da aus den Bikarbonaten mit dem Ätznatron Soda entsteht, das zur Fällung der vorübergehenden Härte dient.

Das Kalk-Sodaverfahren ist ziemlich allgemein anwendbar, besonders aber für Wässer mit hoher vorübergehender Härte. Enthält das Wasser wenig Bikarbonate, dagegen viel Magnesia, so kann statt Kalk-Soda auch Ätznatron und Soda verwendet werden.

Die Kesselwasserrückführungsverfahren sind nicht angezeigt bei Wässern mit höherem Magnesiagehalt (in diesem Falle ist das Soda-Rückführungsverfahren ungeeignet, das Ätznatron-Rückführungsverfahren jedoch nicht so sehr) und auch nicht für Hochdruckkessel, deren Salzgehalt nicht unnötig erhöht werden darf.

Das Permutitverfahren liefert das weichste chemisch enthärtete Wasser. Unter der Voraussetzung sehr guter Wartung und besonders rechtzeitiger Regeneration wird mit diesem Verfahren auch im Dauerbetrieb ein Wasser mit einer Härte von 0,1—0,3° erzielt, ein Wasser, das also praktisch bis auf die Enthärtung der Verdampfung herankommt. Gegenüber den anderen Verfahren ist bei der Permutitenthärtung besonders auf die Kieselsäure zu achten.

Wässer mit hohem Bikarbonatgehalt eignen sich wegen der Sodaanreicherung im Kessel weniger zum Permutitverfahren.

Bei den Verdampfverfahren liegt die Grenze der Anwendbarkeit ohne Vorreinigung etwa bei 10 Härtegraden (deutsche Härte), besonders wenn diese hauptsächlich aus Karbonaten besteht. Ist die Härte größer, so muß den Verdampfern eine Vorreinigung bzw. das Impfverfahren vorgeschaltet werden.

Die Tatsache, daß kein Verfahren absolut einwandfrei ist, hat zu Kombinationen geführt, wovon etwa folgende Anordnungen besondere Aufmerksamkeit verdienen:

Thermisch-chemische Verfahren,

Vorenthärtung mit Kalk-Soda, sodann Nachenthärtung mit Permutit,

Kalk-Soda-Impfung-Permutit,

Impfung-Permutit,

Kalk-Soda-Enthärtung-Verdampfen,

Impfung-Verdampfen,

Permutit-Verdampfen.

VII. Kurze Anleitung zur chemischen Prüfung des Wassers, der Fällungschemikalien und des Kesselsteins.

Eine gesunde Wasserwirtschaft im Dampfkraftbetrieb kann nur dann gewährleistet werden, wenn die in Frage kommenden Wasser regelmäßig untersucht werden. Nur die laufende und zielbewußte chemische Prüfung des gesamten Wasserkreislaufes gestattet es, die Wasserreinigungs- und Enthärtungsanlagen in gutem Zustande zu erhalten und über die Vorgänge in der Kesselanlage und im Maschinenraum unterrichtet zu sein. Die chemische Prüfung hat sämtliche Phasen des Wasserkreislaufes zu erfassen, beim Rohwasser angefangen und beim kondensierten Dampf aufgehört. Es ist selbstverständlich nicht notwendig, von jedem Wasser täglich eine Gesamtanalyse anzufertigen, es genügt die Ermittlung der wichtigsten Verunreinigungen. Monatlich einmal soll jedoch eine Gesamtanalyse des Rohwassers und des gebrauchsfertigen Speisewassers gemacht werden. Täglich sind zu untersuchen:

a) Rohwasser auf Härte und Schlammgehalt.

b) Aufbereitetes Wasser: Härte, Alkalität (Natriumbikarbonat, Soda, Ätznatron), Chloridgehalt und Sauerstoff.

c) Kondenswasser: Abdampfrückstand, Härte und Sauerstoff.

d) Gebrauchsfertiges Speisewasser (wie aufbereitetes Zusatzwasser).

e) Kesselwasser: Dichte, Härte, Soda, Ätznatron, Sulfat und Chlorid, daraus sind zu berechnen: Soda-Sulfat-Verhältnis und Natronzahl. Bei kieselsäurereichen Speisewasser ist der Kieselsäuregehalt im Kesselwasser ebenfalls täglich zu ermitteln.

f) Wertbestimmung der Sodalösung und des Kalkwassers bei Kalksodareinigern.

Periodisch (etwa jede Woche oder alle 10 Tage) sind außerdem folgende Untersuchungen vorzunehmen:

a) Rohwasser: Chlorid-, Nitrat-, Sulfat- und Kieselsäuregehalt, Permanganatverbrauch, freie Kohlensäure und Sauerstoff.

b) Speisewasser: Kieselsäure, Permanganatverbrauch.

c) **Kesselwasser:** Eisen- und Schlammgehalt, Permanganat-Verbrauch.

d) Wertbestimmung der angelieferten Reinigungschemikalien.

Diese Angaben haben selbstverständlich keine allgemeine Bedeutung: je nach den Betriebsverhältnissen sind die chemischen Kontrollanalysen öfter oder weniger oft durchzuführen. Oberster Grundsatz für die Wasserwirtschaft ist und beibt jedoch stets, die Prüfung der Wässer so oft wie praktisch nur möglich vorzunehmen.

Es würde zu weit führen, die einschlägigen Untersuchungsmethoden an dieser Stelle einzeln zu beschreiben. Im Nachstehenden wird keine Darstellung der chemischen Schnellmethoden zur Überwachung der Reiniger gegeben, wie sie für Kleinbetriebe in Frage kommt, da in nächster Zeit ein deutsches Einheitsverfahren bekanntgegeben wird. Vielmehr müssen wir uns auf die wichtigsten Untersuchungen beschränken, und zwar kommen in Frage: 1. Gesamtanalyse des Wassers, 2. Wertbestimmung der Reinigungschemikalien und 3. Untersuchung von Kesselstein. Letztere Untersuchung ist etwas eingehender behandelt worden, weil im Schrifttum nirgends Angaben über die Kesselsteinuntersuchung auszufinden sind und Verfasser von verschiedener Seite um Mitteilung eines erprobten Analysenganges gebeten wurde. Wegen der wichtigen Rückschlüsse, die eine einwandfreie Kesselsteinanalyse, auf die Vorgänge im Kessel zu ziehen erlaubt, sei daher eine kurze Beschreibung dieser Prüfungsmethode hier beigefügt.

A. Gesamtanalyse des Wassers.
1. Härte nach Blacher.

Erforderliche Chemikalien:
> Wässrige Methylorange-Lösung (0,2 %)
> Alkoholische Phenolphtalein-Lösung (1 %)
> $^1/_{10}$ n-Salzsäure
> $^1/_{10}$ n-Kaliumpalmitat-Lösung
> $^1/_{10}$ n-Natronlauge.

Zu 100 cm³ des (eventuell filtrierten) Wassers werden 2 Tropfen Methylorangelösung gegeben und mit $^1/_{10}$-N-Salzsäure bis zum Farbumschlag (gelbbraun) titriert. Nachdem man aus dem Wasser die durch diese Filtration freigewordene Kohlensäure durch ein 5 Minuten langes Durchblasen von Luft mittels Handgebläse oder Druckluft verjagt hat, gibt man gegebenenfalls noch genügend $^1/_{10}$-N-Salzsäure hinzu, um die zurückgebildete Gelbfärbung wiederum in gelbbraun überzuführen. Der Gesamtsäureverbrauch, mit 2,8 multipliziert, zeigt dann die vorübergehende (Karbonat-) Härte in deutschen Härtegraden an. Nun versetzt man das Wasser mit 5—6 Tropfen Phenolphtaleinlösung, stumpft den Säureüberschuß durch 1—2 Tropfen $^1/_{10}$-N-Natronlauge ab, was man an der schwachen Rosafärbung des Wassers erkennt. Darauf titriert man sofort mit $^1/_{10}$-N-Kaliumpalmitatlösung bis zur bleibenden karminroten Färbung. Die Anzahl verbrauchter Kubikzentimeter Kaliumpalmitatlösung mit 2,8 multipliziert, zeigt die Gesamthärte an.

2. Gang einer Gesamtanalyse.
Physikalische Untersuchung.

Das Wasser erleidet bei längerem Stehen häufig Änderungen seiner äußeren Beschaffenheit und chemischen Zusammensetzung. Es ist deshalb notwendig, das Wasser an der Entnahmestelle auf Temperatur, Farbe, Geruch und Karheit zu prüfen. Der Gehalt an freier Kohlensäure und an Sauerstoff erfährt am raschesten weitgehende Änderungen, so daß für die Bestimmung dieser Gase Sonderproben in fest verschlossenen Glasstöpselflaschen entnommen werden müssen.

Zur laufenden Kontrolle des Gesamtsalzgehaltes von Wassern hat sich die Ermittlung des elektrischen Leitvermögens als sehr wichtig erwiesen. Für etwas größere Anlagen, die geschulte Chemiker zur Verfügung haben, empfiehlt sich die Anschaffung einer solchen Apparatur, am vorteilhaftesten einen der neuerdings im Handel befindlichen Universalmeßapparate, die nicht nur die Leitfähigkeit zu bestimmen erlauben, sondern daneben auch für andere elektrometrische Messungen, wie potentiometrische Titrationen, p_H-Bestimmung, Messung der Dielektrizitätskonstante (z. B. für Wasserbestimmung in Ölen, Pulvern usw.), verwendet werden können[1]. Ein solcher Apparat hat dem Verfasser vorzügliche Dienste bei physikalisch-chemischen Untersuchungen über die Enthärtungsreaktionen geleistet, so daß sie nicht nur für die Betriebslaboratorien, sondern auch für die Forschungsstätten in Frage kommen. Gute Dienste leistet auch das Interferometer.

Chemische Gesamtuntersuchung.

1. Reaktion. Die Reaktion des Wassers ermittelt man qualitativ mit Lakmuspapier. Wird das blaue Papier rot, so reagiert das Wasser sauer, wird das rote blau, so ist es alkalisch. Bei Doppelfärbung ist das Wasser amphoter.

Diese qualitativen Angaben wurden in letzter Zeit durch die Messung der Wasserstoffionenkonzentration[2] (p_H) ersetzt, die ein qualitatives Bild von der Reaktion des Wassers abgibt. Elektrometrisch wird diese Bestimmung mit dem eben angeführten Apparat ausgeführt. Für den Betrieb genügt jedoch die schnellere und hinreichend genaue kolorimetrische Methode nach L. Michaelis. Als Indikator benötigt man hierzu die beiden Stammlösungen:

Stammlösung I: 0,3 g m-Nitrophenol in 100 cm³ dest. Wasser
„ II: 0,1 g p-Nitrophenol „ „ „ „ „

Hiervon stellt man folgende dauernd haltbare Reihen her. In eine Reihe von auskalibrierten gleichen Reagenzgläsern werden die in den beiden nachstehenden Tabellen genannten Mengen der zehnfach mit

---

[1] Ein solches, vom Verfasser erprobtes Universalinstrument ist das Triodometer von Dr. Erhardt. (Hersteller F. K. Retsch, Laboratoriumsbedarf, Düsseldorf, Birkenstraße 2, von dem auch die weiter unten beschriebenen Apparate für Wasseranalyse usw. in gebrauchsfertigem Zustand bezogen werden können).

[2] Es sei bemerkt, daß der Neutralpunkt des Wassers bei $p_H = 7$ liegt.
$$p_H > 7 = \text{alkalische Reaktion}$$
$$p_H < 7 = \text{sauere Reaktion.}$$

$^1/_{10}$-n-Natriumkarbonatlösung verdünnten Stammlösungen eingefüllt, jedes Röhrchen mit $^1/_{10}$-n-Karbonatlösung auf 7 cm³ aufgefüllt, luftdicht verschlossen und mit dem entsprechenden, der Tabelle zu entnehmenden p_H-Vermerk versehen.

I. Reihe für m-Nitrophenol. (p_H-Skala: 8,4 bis 6,8.)

Glas Nr	I	II	III	IV	V	VI	VII	VIII	IX
Indikatorlösung cm³	5,2	4,2	3,0	2,3	1,5	1,0	0,66	0,43	0,27
Etikettierung p_H	8,4	8,2	8,0	7,8	7,6	7,4	7,2	7,0	6,8

II. Reihe für p-Nitrophenol. (p_H-Skala: 7,0 bis 5,4.)

Glas Nr	I	II	III	IV	V	VI	VII	VIII	IX
Indikator cm³	4,05	3,0	2,0	1,4	0,94	0,63	0,40	0,25	0,16
Etikettierung p_H	7,0	6,8	6,6	6,4	6,2	6,0	5,8	5,6	5,4

Zur Messung gibt man 6 cm³ des zu untersuchenden Wassers in ein gleichkalibriges Reagenzglas, fügt 1 cm³ einer der beiden unverdünnten Stammlösungen der Indikatoren hinzu und probiert aus, welches Röhrchen der betreffenden Indikatorreihe farbgleich ist mit der Wasserprobe. Bei gefärbten Wassern kann man diese mit 2—4 Volumen destilliertem Wasser verdünnen. Für natürliche Wasser reicht der Anwendungsbereich der beiden Indikatoren (p_H: von 8,4—5,4) im allgemeinen aus.

Die **aggressive Kohlensäure** ermittelt man qualitativ auf folgende Weise.

a) **Wässer mit 5—20° Karbonathärte:** Eine frisch geschöpfte klare Wasserprobe von 100 cm³ versetzt man mit 2 Tropfen Kupfervitriollösung (10 g $CuSO_4 \cdot 5\,H_2O$ mit destilliertem Wasser zu 100 cm³ lösen). Wird innerhalb einer halben Minute eine Trübung eben sichtbar, so ist keine oder nur eine sehr geringe Menge angreifende CO_2 vorhanden.

b) **Wasser mit weniger als 5° Karbonathärte:** Zur Wasserprobe von 100 cm³ gibt man 10 Tropfen alkoholischer Alizarinlösung (1 g trockenes Alizarin mit 100 cm³ starkem Alkohol öfters durchschütteln und tags darauf filtrieren). Der Gehalt an aggressiver CO_2 ergibt sich aus nachstehender Farbskala:

Färbung:	Angreifende CO_2:
Bläulichrot	keine
Kupferrot	geringe Menge
Rötlichgelb	ziemlich viel
Reingelb	viel.

2. Grobdispersoide. Je nach dem Gehalt an suspendierten Stoffen — die man nach Trübungsgrad und Bodensatz abschätzt —, werden nach gehörigem Umschütteln $^1/_2$ bis mehrere Liter durch einen geglühten und gewogenen Filtertiegel mit Hilfe einer Saugpumpe filtriert. Man trocknet bei 110° und erhält aus der Gewichtsdifferenz die Gesamtmenge der Suspensa. Darauf glüht man den Tiegel und erhält aus der neuen Gewichtsdifferenz die Menge der anorganischen Suspensa. Der Unterschied gegenüber der Gesamtmenge gibt annähernd den Gehalt an organischen Grobdispersoiden. Die gefundenen Mengen werden, wie übrigens alle anderen, auf mg/l bzw. g/m³ umgerechnet.

3. Abdampfrückstand. Glührückstand und Glühverlust. Man dampft 500—1000 cm³ des filtrierten Wassers in einer geglühten und gewogenen Platinschale ein und trocknet bis zur Gewichtskonstanz bei 180°. Die ermittelte Gewichtszunahme entspricht dem Abdampfrückstand. Die Schale wird dann bei etwa 800° geglüht, man wägt nochmals und erfährt so den Glührückstand. Glühverlust = Abdampfrückstand-Glührückstand.

4. Kieselsäure. Den Glührückstand benutzt man zur Bestimmung von Kieselsäure, Eisen und Tonerde, Kalk und Magnesia., Man nimmt den Glührückstand mit Salzsäure (spezifisches Gewicht 1,19) auf, dampft zur Trockene, wiederholt diese Operation noch einmal und trocknet den Rückstand $^1/_2$—1 Stunde im Trockenschrank bei 120—130°. Hierauf nimmt man 50 cm³ mit verdünnter Salzsäure auf und filtriert durch ein mitteldichtes Filter. Ist eine genaue Angabe des Kieselsäuregehaltes erwünscht, so muß das Filtrat nochmals eingedampft und die in Lösung gebliebene Kieselsäure abgeschieden werden. Beide Rückstände vereinigt man; verascht im Muffelofen und wägt die Kieselsäure als SiO_2 aus. Das Filtrat wird weiter aufgearbeitet zur Bestimmung von Eisen und Tonerde, Kalk und Magnesia.

4 a. Schnellbestimmung der Kieselsäure. Für die Betriebsüberwachung eignet sich vorzüglich die nachstehende kolorimetrische Schnellmethode der SiO_2-Bestimmung. Sie beruht darauf, daß Molybdänsäure mit Kieselsäure eine gelbgefärbte Komplexverbindung eingeht.

Benötigte Chemikalien:
Reines, gepulvertes Ammoniummmolybdat,
Salzsäure (10%, spez. Gew. 1,05),
Kaliumchromatlösung 5,3 g K_2CrO_4 pro Liter dest. Wasser (im Dunkeln aufbewahren!).

Man gibt in einen Zylinder 100 cm³ des zu untersuchenden Wassers, fügt 1 g feinstgepulvertes Ammoniummolybdat und 5 cm³ 10%ige Salzsäure hinzu. Die Flüssigkeit wird dann umgeschwenkt, bis das Molybdat vollständig gelöst ist. In einen zweiten gleichkalibrigen Zylinder gibt man 105 cm³ des zu untersuchenden Wassers und träufelt aus einer Präzisionsbürette, die $^1/_{100}$ cm³ abzuschätzen erlaubt (Teilung in 0,05 oder 0,02 cm³) soviel Kaliumchromatlösung hinzu, bis Farbengleichheit beider Flüssigkeiten erreicht ist. Die hierzu benötigten cm³ der Chromatlösung, zehnfach genommen, entsprechen dem SiO_2-Gehalt des Wassers in mg/l. Die Genauigkeit dieser Methode ist ± 1—2 mg/l SiO_2.

5. Eisen und Tonerde. Hierzu versetzt man das saure Filtrat mit 10—20 cm³ einer 10%igen Chlorammoniumlösung und fällt die Sesquioxyde mittels Ammoniak in der Siedehitze. Der Ammoniaküberschuß darf nur ganz gering sein. Man filtriert ab, verascht den Rückstand und wägt als Fe_2O_3 und Al_2O_3 aus.

6. Kalk. Im Filtrat der vorhergehenden Bestimmung wird der Kalk in ammoniakalischer Lösung mit Ammonoxalatlösung gefällt, der Niederschlag von Kalziumoxalat, nach mehrstündigem Absetzenlassen auf der Wärmeplatte (Warmbad), abfiltriert, gut ausgewaschen und geglüht. Das erhaltene Gewicht ergibt unmittelbar die CaO-Menge, die auf den entsprechenden Extrakt pro Liter umgerechnet wird.

7. Magnesia. Das Filtrat der Kalkbestimmung wird stark ammoniakalisch gemacht und die Magnesia mittels Natriumphosphat (ein Löffelchen voll Salz Na_2HPO_4) gefällt. Man schüttelt kräftig um, läßt über Nacht bzw. 8—12 Stunden stehen und filtriert den Niederschlag von Magnesiumammonphosphat ab, wäscht mit verdünntem Ammoniak aus, den man glüht und als Magnesiumpyrophosphat zur Wägung bringt. Die gefundene Menge $Mg_2P_2O_7$ mit 0,3621 multipliziert ergibt die entsprechende MgO-Menge.

Aus Kalk- und Magnesiagehalt errechnet man alsdann die Gesamthärte, die mit der nach Blacher ermittelten Gesamthärte (auf 0,1—0,2° d. H.) übereinstimmen muß.

8. Sulfatgehalt. 200—500 cm^3 des filtrierten Wassers werden in einem Becherglas, eventuell nach Eindampfen auf 200 cm^3, mit 1—2 cm^3 konzentrierter Salzsäure angesäuert. In der Siedehitze fällt man dann die Sulfate mit überschüssigem Chlorbaryum. Der Niederschlag wird unter Zugabe von etwas Filterbrei abfiltriert, geglüht und als $BaSO_4$ ausgewogen. Umrechnungsfaktoren:

$$SO_3 = 0,34239 \ BaSO_4$$
$$SO_4 = 0,3114 \ BaSO_4.$$

9. Chloride. 100 cm^3 Wasser werden nach Zugabe von 1 cm^3 einer 10%igen Kaliumchromatlösung mit einer eingestellten Silbernitratlösung, wovon 1 cm^3 1 mg Cl entspricht titriert, bis die gelbe Färbung in braunrötlich umschlägt. Bei Kesselwasser genügen 10—20 cm^3, die man mit destilliertem Wasser zu 100 cm^3 verdünnt, wobei der Cl-Gehalt selbstverständlich auf mg/l umzurechnen ist.

10. Organische Substanz (Permanganatverbrauch). Die organischen Stoffe des Wassers werden von Kaliumpermanganat oxydiert, so daß der Permanganatverbrauch ein relatives Maß für den Gehalt an organischen Stoffen abgibt. Man verfährt folgendermaßen: 100 cm^3 des Wassers (bei stark verunreinigten Wassern und Kesselwasser entsprechend weniger, wobei mit destilliertem Wasser zu 100 cm^3 zu ergänzen ist) werden in einem mit Chromschwefelsäure ausgekochten und gut nachgereinigten Erlenmeyerkolben mit 5 cm^3 verdünnter Schwefelsäure angesäuert und zum Sieden erhitzt. Dann setzt man je nach dem Gehalt an organischen Stoffen 5—20 cm^3 $^1/_{100}$-N-Permanganatlösung zu, kocht genau 10 Minuten und fügt je nach dem benötigten Permanganatzusatz 5—20 cm^3 $^1/_{100}$-N-Oxalsäure hinzu. Den Überschuß an Oxalsäure titriert man mit $^1/_{100}$-N-Permanganat zurück und rechnet die verbrauchten Kubikzentimeter Permanganat in mg/l $KMnO_4 \cdot$ (1 cm^3 $^1/_{100}$-n-Permanganat $= 0,31608$ mg $KMnO_4$ oder 0,08 mg O_2).

11. Sauerstoff. Der Gehalt an gelöstem Sauerstoff wird nach Winkler auf folgende Weise titrimetrisch ermittelt.

Benötigte Reagenzien:

1. Jodkaliumhaltige Natronlauge. Zu 100 cm^3 einer 36 %igen reinster Natronlauge gibt man 10 g reinstes, zerriebenes Jodkalium.

2. Mangansulfatlösung. 48 g reinstes $MnSO_4$ löst man in 100 cm³ abgekochten destillierten Wasser.

3. Titerflüssigkeit: Natriumthiosulfat $^1/_{100}$ n.

4. Stärkelösung (frisch zubereitet).

In einer Flasche, deren Inhalt durch Auswägen mit destilliertem Wasser bei 20° genau bekannt ist, läßt man mittels eines Gummischlauches, der bis zum Boden der Flasche reicht, das zu untersuchende Wasser in langsamen Strahl einlaufen und während 5 Minuten aus der Flasche überlaufen. Hierauf gibt man mit einer lang gestielten Pipette 1 oder 2 cm³ der jodkaliumhaltigen Natronlauge hinzu und dann mit einer gleichen Pipette 1 cm³ der Mangansulfatlösung. Das verdrängte Wasser 2 bzw. 3 cm³ bringt man bei der Berechnung des O_2-Gehaltes vom Volumen der Flasche in Abzug. Die Flasche wird mit dem schräg abgeschliffenen Glasstöpsel luftdicht verschlossen und tüchtig umgeschüttelt. Die hierbei auftretende Färbung des Manganhydroxydniederschlages erlaubt bereits einen Schluß auf den O_2-Gehalt: Bleibt der Niederschlag weiß, so ist kein oder nur Spuren von Sauerstoff vorhanden. Je mehr Sauerstoff vorhanden ist, desto tiefer wird die Braunfärbung des Niederschlages. Diesen läßt man absitzen, gibt dann mittels einer langstieligen Pipette 5 cm³ konzentrierte Salzsäure in die Flasche, verschließt und löst den Niederschlag durch mehrmaliges Umschwenken.

Der Inhalt der Flasche wird in eine geräumige Porzellanschale gegossen. Man titriert dann nach Zusatz der Stärkelösung mit $^1/_{100}$-n-Thiosulfatlösung bis zur Blaufärbung. Wenn man hierzu n cm³ $^1/_{100}$-N-Thiosulfatlösung verbraucht und V das Volumen der Flasche bedeutet, so errechnet man den Sauerstoffgehalt des Wassers nach den Gleichungen

1. $\dfrac{n \cdot 1000 \cdot 0{,}0558}{V-2}$ cm³/l Sauerstoff (0° u. 760 mm Hg).

2. $\dfrac{n \cdot 1000 \cdot 0{,}08}{V-2}$ mg/l Sauerstoff.

Die Volumenberichtigung bei Angabe von 3 cm³ der für Kaliumnatronlauge ist selbstverständlich: $V-3$.

12. Freie Kohlensäure. 100—200 cm³ des zu untersuchenden frischen Wassers werden im langsamen Strahl (an der Kolbenwandung entlang) in ein Kölbchen eingegossen, man setzt 1 cm³ Phenolphtaleinlösung hinzu und titriert mit $^1/_{10}$-n-Ätznatronlauge bis zur bleibenden Rotfärbung (1 cm³ $^1/_{10}$-n-NaOH = 4,4 mg CO_2).

13. Nitrate. Für die Prüfung auf Nitrate genügt im allgemeinen ein qualitativer Hinweis. Man mischt hierzu in einem Reagenzglas 3 cm³ konzentrierte Schwefelsäure mit 1 cm³ des zu untersuchenden Wassers, kühlt die heiß gewordene Lösung ab und gibt einige Körnchen Brucin oder Diphenylamin hinzu. Das Vorhandensein von Nitraten äußert sich in einer Rotfärbung der Flüssigkeit bei der Brucinzugabe, in einer Alaunfärbung bei der Diphenylaminreaktion. Bei eisenhaltigen Wässern muß die Probe vorher mit nitrathaltiger Natriumlauge entsäuert und abfiltriert werden.

14. Alkalität. Für die Überwachung der Reinigeranlagen ist die Ermittlung der Alkalität des gereinigten Wassers, neben der Härtebestimmung, von ausschlaggebender Bedeutung. Hierzu verfährt man folgendermaßen: .

Erforderliche Reagenzien:

$^1/_{10}$-Salzsäure
Phenolphtaleinlösung (1% ige alkoholische Lösung)
Methylorangelösung (0,2% ige wässrige Lösung).

Man mißt 100 cm³ des aufbereiteten Wassers ab, bringt es in einen Erlenmeyer und gibt 2—3 Tropfen Phenolphtalein hinzu. Rotfärbung zeigt die Gegenwart von Karbonat- bzw. Hydroxylionen an. Darum wird mit $^1/_{10}$-n-Salzsäure bis zur Entfärbung titriert. Die hierfür verbrauchten Kubikzentimeter werden notiert. Zu derselben Wasserprobe gibt man 2 Tropfen Methylorange und titriert mit der $^1/_{10}$-n-Salzsäure weiter bis zum Farbumschlag in gelbbraun. Die Gesamtanzahl Kubikzentimeter verbrauchter $^1/_{10}$-n-HCl wird ebenfalls notiert. Man bezeichnet die Phenolphtaleinalkalität mit p und die Methylorangealkalität mit m (in Kubikzentimeter $^1/_{10}$-n-HCl), die man zur Umrechnung in Härtegradäquivalente mit 2,8 multiplizieren kann. Diese Zahlen bezeichnet man mit P und M. Je nach dem Verhältnis der Zahlen p und m zueinander, wechselt die chemische Eigenart des gereinigten Wassers und man kann deshalb aus diesen Zahlen ableiten, wie die Reinigung gearbeitet hat.

Hierbei sind folgende Fälle zu unterscheiden (P und M in Härtegraden):

1. P = M. Die Alkalität des Wassers besteht ausschließlich aus Hydroxylionen, also entweder aus Ätznatron NaOH oder aus Kalk $Ca(OH)_2$ (oder beiden nebeneinander). Um zu erfahren, welcher Sonderfall vorliegt, zieht man die Härtezahl des Wassers in Betracht:

a) M = H: Ausschließlich Gegenwart von Kalk. Der Reiniger arbeitet mit Kalküberschuß und Sodamangel.

b) M < H: Gleichzeitige Gegenwart von Kalk und Ätznatron. Der Reiniger arbeitet mit einem Überschuß an Kalk und Soda.

1. $P = \dfrac{M}{2}$. Die Alkalität besteht ausschließlich aus Karbonaten. Falls die Härte 1—3° nicht überschreitet, liegt Kalzium- bzw. Magnesiumkarbonat vor und der Reinigungseffekt ist als gut zu bezeichnen.

2. $P > \dfrac{M}{2}$. Wenn die Phenolphtaleinalkalität größer ist als die Hälfte der Methylorangealkalität, so enthält das Wasser neben den Karbonaten noch Hydroxylionen. Der Reiniger arbeit mit Kalküberschuß.

4. $P < \dfrac{M}{2}$. In diesem Fall enthält das Wasser noch Bikarbonate. Der Reiniger arbeitet mit Kalkmangel.

5. P = O und M > O. Ausschließliche Gegenwart von Bikarbonaten. Der Reiniger arbeitet mit Kalkmangel.

Um aus den Alkalitätswerten p und m die Gehalte an tatsächlich vorhandenen Salzen zu erhalten, verfährt man nach folgenden

Formeln. Für die gleichzeitige Gegenwart von Ätznatron und Soda:

$$p - (m - p) \cdot 40 = \text{mg/l NaOH (Ätznatron)}$$
$$(m - p) \cdot 106 = \text{mg/l } Na_2CO_3 \text{ (Soda).}$$

Für die gleichzeitige Gegenwart von Soda und Bikarbonaten:

$$106\, p = \text{mg/l } Na_2CO_3 \text{ (Soda)}$$
$$(m - 2\, p)\ \ 84 = \text{mg/l NaH } CO_3 \text{ (Natriumbikarbonat).}$$

B. Wertbestimmung der Reinigungschemikalien und ihrer gebrauchsfertigen Betriebslösungen.

1. Gebrannter Kalk. Der bei der Kalk-Soda-Reinigung oder bei anderen Kalk-Reinigungsverfahren gebrauchte Rohkalk wird auf seinen Ätzgehalt (CaO) untersucht. Hierzu werden von dem sachgemäß entnommenen Durchschnittsmuster 100 g rasch abgewogen und mit destilliertem Wasser gelöscht. Den entstandenen Kalkbrei spült man in einen Meßkolben von 500 cm³ über und füllt mit destilliertem Wasser zur Marke auf. Nach kräftigem Durchmischen entnimmt man mit der Pipette unter dauerndem Umschwenken 100 cm³ der Aufschlämmung und gibt diese in einen zweiten Meßkolben von 500 cm³, den man zur Marke auffüllt. Von dieser gut durchgemischten Flüssigkeit pipettiert man 25 cm³, entsprechend 1 g des Ausgangsmaterials, heraus, gibt diese Menge in ein 200 cm³-Kölbchen, fügt 75—100 cm³ destilliertes Wasser und einige Tropfen Phenolphtalein-Lösung hinzu und titriert mit n-Salzsäure bis zum Verschwinden der Rotfärbung.
1 cm³ der n-Salzsäure = 0,028 g = 2,8 % gebrannter Kalk (CaO).

2. Kalkwasser. Die Kalkwasserprobe wird dem Kalksättiger und zwar am Ausflußrohr entnommen. 100 cm³ des Kalkwassers werden nach Zugabe von Phenolphtalein mit $^1/_{10}$ n-Salzsäure bis zur Entfärbung titriert. 1 cm³ der $^1/_{10}$ n-Salzsäure = 0,0028 g CaO oder unmittelbar 28 mg CaO je Liter Kalkwasser.

3. Soda. 53 g eines Durchschnittsmusters der Soda löst man im 1000 cm³-Meßkolben in destilliertem Wasser, füllt zu einem Liter auf und entnimmt nach gutem Durchmischen 100 cm³ dieser Lösung, die man mit einer 1 n-Schwefelsäure (oder Salzsäure) in Gegenwart von Methylorange titriert. Nach Erreichung des Umschlagpunktes bläst man CO_2-freie Luft durch die Flüssigkeit und titriert, falls die Lösung sich dabei wieder reingelb färbt, mit der Säure bis zum Umschlagpunkt weiter. Die verbrauchten Kubikzentimeter der n-Säure entsprechen unmittelbar dem Prozentgehalt der Soda an Na_2CO_3.

4. Soda-Lösung. Den Na_2CO_3-Gehalt der betriebsfertigen Sodalösung kann man titrimetrisch ermitteln. Einfacher ist jedoch die Bestimmung des spezifischen Gewichtes der Lösung mit der Spindel (in der auf 15° abgekühlten Probe). Nachstehende Tabelle erlaubt aus dem ermittelten spezifischem Gewicht den Soda-Gehalt in g/l abzulesen.

Spezifische Gewichte der Soda-Lösungen.

Spez. Gewicht 15°	Na$_2$CO$_3$ g/l	Spez. Gewicht 15°	Na$_2$CO$_3$ g/l	Spez. Gewicht 15°	Na$_2$CO$_3$ g/l
1,0141	11,1	1,0468	44,5	1 0830	77,8
1,0153	14,8	1,0508	48,2	1,0871	81,5
1,0192	18,5	1,0548	51,9	1,0912	85,2
1,0231	22,2	1,0588	55,6	1,0953	88,9
1,0270	25,9	1,0628	59,3	1,0994	92,6
1,0309	29,6	1,0688	63,0	1,1035	96,3
1,0348	33,3	1,0708	66,7	1,1076	100,0
1,0388	37,0	1,0748	70,4		
1,0428	40,7	1,0789	74,1		

5. Ätznatron (kaustische Soda). 40 g der Durchschnittsprobe des Ätznatrons löst man im Meßkolben zu 1 Liter, entnimmt 100 cm^3 der Lösung und titriert diese mit n-Säure in Gegenwart von Methyl-orange. Die verbrauchten Kubikzentimeter entsprechen dem NaOH-Gehalt in Prozent.

6. Ätznatron-Lauge. Den NaOH-Gehalt dieser Lauge ermittelt man mittels der Spindel, wobei aus nachstehender Tabelle die entsprechenden NaOH-Gehalte in g/l zu entnehmen sind.

Spezifische Gewichte der Ätznatron-Lösungen.

Spez. Gewicht der NaOH-Lösung	NaOH-Gehalt g/l	Spez. Gewicht der NaOH-Lösung	NaOH-Gehalt g/l	Spez. Gewicht der NaOH-Lösung	NaOH-Gehalt g/l
1,052	47,3	1,134	134,9	1,231	253,6
1,060	55,0	1,142	145,0	1,241	267,4
1,067	62,5	1,152	153,5	1,252	281,7
1,075	70,7	1,162	166,7	1,263	296,8
1,083	79,1	1,171	177,4	1,274	311,7
1,091	88,0	1,180	188,8	1,285	327,7
1,100	96,6	1,190	201,2	1,297	344,7
1,108	105,3	1,200	213,7	1,308	361,7
1,116	114,9	1,210	226,4	1,320	380,6
1,125	124,4	1,220	239,7		

C. Gesamtanalyse des Kesselsteines.

Im allgemeinen enthält der Kesselstein, wie wir eingangs dieser Schrift gesehen haben, folgende Stoffindividuen:

Gips: CaSO$_4$ (als Anhydrit CaSO$_4$ und Halbhydrat CaSO$_4 \cdot {}^1\!/_2$ H$_2$O)
Kalziumkarbonat: CaCO$_3$ (als Kalzit oder Aragonit)
Kalziumhydrat: Ca(OH)$_2$
Kalziumsilikat: CaSiO$_3$
Magnesiumhydrat: Mg(OH)$_2$
Magnesiumkarbonat: MgCO$_3$
Magnesiumsilikat: MgSiO$_3$
Eisenoxyd: Fe$_2$O$_3$.

Daneben können noch andere anorganische Stoffe sowie organische Verunreinigungen in den Kesselablagerungen vorkommen. Die chemische Analyse gibt uns nur die Mengen der vorhandenen Basen- und Säure-radikale an, also CaO, MgO, Fe$_2$O$_3$, CO$_2$, SO$_3$ und SiO$_2$; ferner den Wasser-gehalt. Aus diesen Angaben muß der Chemiker sinngemäß die Zusammensetzung nach Stoffarten zurückrechnen, was immer etwas Willkürliches ist. Es ist zu hoffen, daß mit der Zunahme physikalischer Methoden im chemischen Laboratorium bald das alte Problem der einwandfreien unmittelbaren Bestimmung der Stoffindividuen in Gemischen gelöst wird, was ja durch X-Strahlenanalyse heute schon zum Teil verwirklicht wird. Für die Erfassung der Vorgänge im Kessel ist es nicht gleichgültig zu wissen, welche Stoffarten im Steinbelag vorliegen. Wenn es auch für die Praxis genügt, einen ungefähren Einblick in die tatsächliche Zusammensetzung des Steinbelages — also etwa wie wir sie aus der chemischen Analyse zusammenkombinieren — zu haben, so bleibt es der kommenden Forschung vorbehalten, hierüber genauere Unterlagen zu schaffen. Nachstehend wird der allgemeine Untersuchungsgang eines komplexen Kesselsteines dargelegt. Es wird dabei angenommen, er enthalte folgende Stoffe: Öl, Wasser, Kalk, Magnesia, Eisenoxyd, Tonerde, Karbonate, Sulfate und Silikate.

Was die Probenahme des Steines betrifft, so sei gesagt, daß seine Zusammensetzung in ein und demselben Kessel recht schwankend ist. Benutzt man doch die chemische Analyse der Steinbeläge eines Kessels, um auf den Wasserumlauf zurückzuschließen. Die Entnahme von Kesselsteinproben soll deshalb sinngemäß erfolgen. Stets soll die genaue Entnahmestelle angegeben werden. Außerdem sollen genaue Angaben über Kesselbauart, Betriebsverhältnisse, Druck, Betriebszeit, mittlere Belastung der Kessel, ferner auch die Wasserverhältnisse mitgeliefert werden.

Jede Steinprobe wird im Porzellan-, dann im Achatmörser fein zerrieben und bei 100—105° getrocknet. Man bewahrt die analysenfertige Probe in einer festverschlossenen Pulverflasche auf.

1. Öl. Qualitativ prüft man auf Öl, indem man in einem Reagenzglas etwas von der Steinprobe mit Äther behandelt: eine Gelbfärbung des Äthers zeigt einen Ölgehalt an. Erhitzt man ferner etwas Kesselsteinpulver auf dem Platinblech, so entweichen bei Vorhandensein von Öl (Schmieröl), Dämpfe mit kennzeichnendem Geruch.

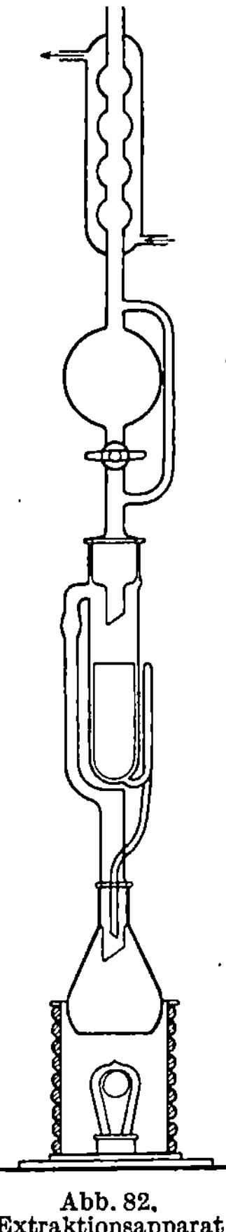

Abb. 82. Extraktionsapparat nach Soxhlet.

Die mengenmäßige Ermittlung des Öles erfolgt im Soxhletapparat, von dem Abb. 82 eine zweckmäßige Bauart darstellt. Man bringt eine genaue abgewogene Menge des trockenen Steinpulvers (5—20 g) in eine gewogene Extraktionshülse, verschließt diese mit einem Wattebausch und setzt die Hülse in die Extraktionsröhre. Hierauf füllt man das Extraktionsrohr bis an das seitliche Heberrohr mit Äther und setzt den Kühler auf. Man gibt noch 50 cm³ Äther in den Kolben, setzt den ganzen Apparat auf das Heizbad (Wasserbad oder schwache, elektrische Kohlenfadenlampe). Man läßt die Extraktion solange in Betrieb, bis der Äther sich in der Extraktionsröhre nicht mehr gelb färbt, macht zur Sicherheit noch 2—3 zusätzliche Extraktionen und gewinnt den Äther bei der letzten Destillation durch Zudrehen des Absperrhahnes in der Kugel zurück. Die Hülse wird im Wägegläschen bei 100° getrocknet und ausgewogen. Die Gewichtsdifferenz ergibt die Menge extrahierten Öles, die man durch Auswägen des Kolbens, den man vorher getrocknet und gewogen hatte, nachkontrolliert.

Das auf diese Weise entölte Steinpulver dient zur weiteren Analyse.

2. Kieselsäure. 2,5 g der extrahierten und getrockneten Substanz werden in einer Porzellanschale mit 50 cm³ Salzsäure (spezifisches Gewicht 1,12) gelöst, zur Trockne eingedampft, mit konzentrierter Salzsäure angefeuchtet, ein zweites Mal eingedampft und $^1/_2$—1 Stunde bei 120° erhitzt. Nach dem Erkalten feuchtet man den Rückstand mit konzentrierter Salzsäure an, gibt 100 cm³ destilliertes heißes Wasser bei, kocht einmal auf und filtriert den Rückstand ab, wobei man das Filtrat in einen Meßkolben von 500 cm³ auffängt. Der Rückstand wird mit heißer verdünnter Salzsäure, dann mit heißem Wasser bis zum Verschwinden der Chlorreaktion ausgewaschen und geglüht. War die Substanz nicht ganz gelöst, was nach man dem Eindampfen und Auflösen feststellt (sandige Körnchen), so schließt man diesen Rückstand mit Natriumkaliumkarbonat im Platintiegel auf. Der Aufschluß darf nicht auf der Gasflamme, besonders nicht in gasgeheiztem Aufschlußöfchen erfolgen, da in reduzierender Atmosphäre die reduzierten Eisenoxyde sich mit der Platinwand legieren und der Analyse entziehen können. Man schließt deshalb am besten im elektrisch beheizten Muffelofen auf (eine $^1/_2$ Stunde bei 1000)°. Die erkaltete Schmelze wird mit Wasser und Salzsäure gelöst und die Kieselsäure wie oben unlöslich gemacht. Beide Filtrate vereinigt man.

Die reine Kieselsäure wird im Platintiegel verascht und ausgewogen. Nach dem Abrauchen derselben mit Flußsäure schließt man den eventuell übriggebliebenen Rückstand mit einigen Körnchen Kaliumbisulfat auf, löst die Schmelze in Salzsäure und bringt diese Lösung zu den vereinigten Filtraten, deren Volumen auf 500 cm³ gebracht wird.

Bei silikat- und sulfathaltigen Kesselsteinen schließt man am besten die Einwaage direkt mit Kalium-Natriumkarbonat auf, da beim Lösen Gips ungelöst bleiben kann, wodurch beim Glühen des Rückstandes Verluste an SO_3 entstehen.

3. Eisenoxyd und Tonerde. Von dem auf 500 cm³ verdünnten Filtrat werden 100 oder 200 cm³ (= 0,5 oder 1 g) abpipettiert, mit 2 Tropfen Methylorange versetzt, 2 g Chlorammon zugefügt und die Hydroxyde mit einem geringen Überschuß Ammoniak gefällt. Man kocht kurz auf und filtriert die Hydroxyde ab, löst den Niederschlag in etwas verdünnter Salzsäure und wiederholt die Fällung. Das Filtrat der neuen Filtration wird zu dem ersten Filtrat dieser Arbeitsstufe gegeben. Nach öfterem Auswaschen des Niederschlages mit heißem destilliertem Wasser trocknet man ihn, verascht ihn und bringt ihn als $Fe_2O_3 + Al_2O_3$ zur Wägung. Enthält der Kesselstein Phosphate, so vermehrt sich der Niederschlag um einen entsprechenden Betrag. War bei der Bestimmung der

Kieselsäure ein Aufschluß notwendig gewesen, so muß man vor dem Fällen der Sesquioxyde die saure Lösung zwecks Ausfällen des in Lösung gegangenen Platins mit Schwefelwasserstoff behandeln und dieses Platin abfiltrieren. Zur getrennten Bestimmung von Fe_2O_3 und Al_2O_3 löst man die geglühten Sesquioxyde in 30 cm³ konzentrierter Salzsäure, verdünnt mit kochendem Wasser, reduziert das Eisen mit Zinnchlorürlösung und titriert die abgekühlte Flüssigkeit nach Zugabe von 10 cm³ Quecksilberchloridlösung und 50 cm³ schwefelsaurer Mangansulfatlösung mit einer verdünnten Kaliumpermanganatlösung bis zur Rotfärbung. Den gefundenen Fe_2O_3-Gehalt bringt man von der Summe $Fe_2O_3 + Al_2O_3$ in Abzug und erhält so Al_2O_3. Die hierzu benötigten Reagenzien bereitet man sich folgendermaßen:

a) Zinnchlorürlösung: 10 g $SnCl_2$ werden in 500 cm³ Wasser gelöst, fügt 50 cm³ konz. Salzsäure und einige Körnchen metall. Zinn hinzu. Die Lösung soll unter einer CO_2-Atmospäre aufbewahrt werden.

b) Quecksilberchloridlösung: (1,5 %).

c) Mangansulfatlösung: Man löst 110 g Mangansulfat in 600 cm³ dest. Wasser, fügt 150 cm³ Phosphorsäure (spez. Gew. 1,70) und 130 cm³ konz. Salzsäure (spez. Gew. 1,84) hinzu und ergänzt mit dest. Wasser zu 1000 cm³.

d) Kaliumpermanganatlösung: (Titrierlösung.) Man verdünnt eine $^1/_{10}$ n-$KMnO_4$-Lösung derart, daß 1 cm³ Lösung 0,002 g Fe entspricht. Den Titer der Lösung bestimmt man mittels reinem Eisendraht (Fe-Gehalt 99,85 %) oder mit Eisenoxyd.

4. Kalk. Das schwach ammoniakalische Filtrat der Sesquioxyde wird mit 2 g Chlorammon versetzt, zum Sieden erhitzt und das Kalzium mit einer heißen Ammonoxalatlösung (10%) gefällt. Man läßt einige Minuten kochen und filtriert den Kalziumoxalazniederschlag nach vierstündigem Stehen auf der Wärmeplatte ab. Der Niederschlag wird mit heißem Wasser ausgewaschen, in einem Erlenmeyer mit 20 cm³ heißer verdünnter Schwefelsäure und 100 cm³ heißem Wasser gelöst und mit $^1/_{10}$-n-$KMnO_4$ bei 60° titriert. Der Kalktiter der Permanganatlösung ist gleich dem halben Eisentiter.

5. Magnesia. Das Filtrat der Kalkfällung wird abgekühlt mit 30 cm³ einer 10%igen Natriumphosphat- oder Ammonphosphatlösung und mit $^1/_{10}$ seines Volumen konzentriertem Ammoniak versetzt. Nach kräftigem längeren Umschütteln läßt man den Niederschlag 12 Stunden absitzen, filtriert ab, wäscht ihn mit 3%igem Ammoniak gut aus, verascht, glüht und bringt ihn als $Mg_2P_2O_7$ zur Wägung.

6. Sulfat. Von dem Filtrat der SiO_2-Bestimmung pipettiert man 100 oder 200 cm³ ab, neutralisiert mit Ammoniak und säuert schwach an (1 cm³ konzentriertes HCl auf 200 cm³ Flüssigkeit). Man erhitzt zum Sieden und fällt das Sulfation mit einer genügenden Menge 10%iger klarer Baryumchloridlösung. Nach 6—8stündigem Stehenlassen auf der Wärmeplatte (Wasserbad) filtriert man ab, wäscht zuerst mit heißer verdünnter Salzsäure, dann bis zum Verschwinden der Chlorreaktion mit heißem Wasser aus und bringt den schwach geglühten Niederschlag von Baryumsulfat zur Wägung.

7. Kohlensäure. Die Kohlensäure der Karbonate des Kesselsteines bestimmt man am einfachsten gasvolumetrisch mit Hilfe des auf Abb. 83

wiedergegebenen einfachen Apparates. Man verfährt folgendermaßen: 0,1977 g der getrockneten ölfreien Substanz werden in das Zersetzungskölbchen gebracht, dessen Trichter man mit Salzsäure (spezifisches Gewicht 1,10) füllt. Nachdem man das Entwicklungskölbchen mit der Meßröhre in Verbindung gesetzt und den entsprechenden Hahn geöffnet hat, läßt man die Salzsäure langsam in das Kölbchen eintreten. Wenn die Kohlensäureentwicklung aufgehört hat, bringt man den Inhalt des Kölbchen mit einer kleinen Flamme zum Sieden, läßt eine Minute kochen, entfernt die Flamme und füllt sogleich das Zersetzungskölbchen durch den Trichter mit 30%iger Kochsalzlösung. Man entfernt das Kölbchen, läßt Luft in die Meßröhre eintreten, um die Sperrflüssigkeit auf den Nullstrich der Skala zu bringen. Dann verschließt man den rechten Hahn und läßt das Gasgemisch zweimal die mit 30%iger Kalilauge die Absorptionsflasche

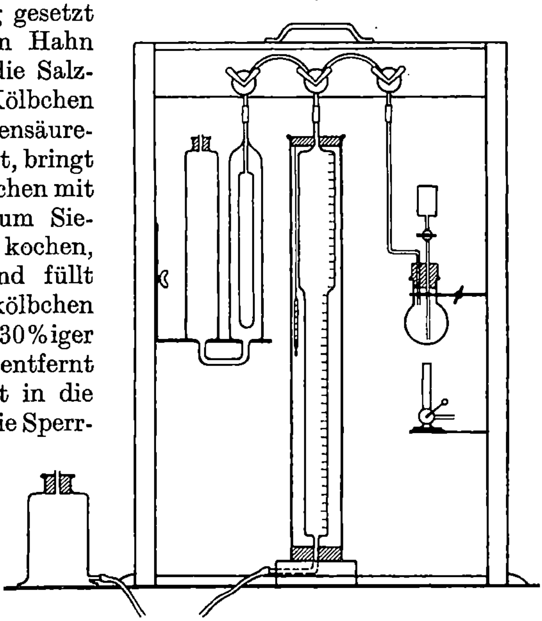

Abb. 83. Apparat zur gasvolumetrischen Bestimmung der Kohlensäure.

durchperlen. Nach der Absorption der Kohlensäure liest man das Gasvolumen V der Meßröhre ab, die Volumenabnahme ergibt den CO_2-Gehalt, der aber nach Temperatur und Barometerstand zu korrigieren ist. Das korrigierte Volumen V erhält man aus der Formel:

$$V^\circ = \frac{V\,(P{-}p)\cdot 273}{760\,(273 + t)}$$

V = abgelesenes Volumen,
P = Barometerstand in mm Hg.
p = Wasserdampfdruck der gesättigten Kochsalzlösung[1].

Den Dampfdruck der gesättigten Kochsalzlösung entnimm der nachstehenden Tabelle.

Dampfdruck der gesättigten Kochsalzlösung.

t °C	p mm Hg	t °C	p mm Hg	t °C	p mm Hg	t °C	p mm Hg	t °C	p mm Hg	t °C	p mm Hg	t °C	p mm Hg
10	7,34	13	8,95	16	10,86	19	13,10	22	15,73	25	18,84	28	22,48
11	7,93	14	9,55	17	11,52	20	13,93	23	16,70	26	19,99	29	23,83
12	8,38	15	10,18	18	12,30	21	14,80	24	17,74	27	21,21	30	25,25

Die Zahl der auf 0° und 760 mm reduzierten Kubikzentimeter CO_2 gibt bei der Einwaage von 0,1977 direkt die Prozente CO_2. Bei geringen

CO_2-Gehalten nimmt man ein entsprechendes Vielfache der Einwaage und rechnet den Befund sinngemäß in Prozent um.

8. Gleichzeitige Bestimmung des chemisch gebundenen Wassers und der Kohlensäure. Hierzu benutzt man die auf Abb. 84 schematisch wiedergegebene Apparatur, die im wesentlichen aus einem elektrisch heizbaren Marsofen mit angeschlossenen Absorptionsgefäßen und vorgeschalteten Luftreinigungsgefäßen besteht. Im einzelnen setzt sich die Apparatur aus folgenden Teilen zusammen:

1 Wattefilter zum Befreien der Luft von grobmechanischen Verunreinigungen;

2 Waschflaschen mit konzentrierter Schwefelsäure;

2 Waschflaschen mit 25 %iger Kalilauge;

1 große U-Röhre, die zur Hälfte mit scharfgetrocknetem Chlorkalzium und zur anderen Hälfte mit Natronkalk beschickt ist.

1 Marsofen mit Porzellanröhre (18 mm lichte Weite), Regulierwiderstand und Thermoelement;

1 U-Röhre, die zu $^2/_3$ mit in konzentrierter Schwefelsäure getränkte Bimssteinstückchen und zu $^1/_3$ (im hinteren, also der Wasserstrahlpumpe zugewendeten Drittel) mit Phosphorsäureanhydrid gefüllt ist;

2 U-Röhren, die mit Natronkalk gefüllt sind;

1 Blasenzähler und eine Wasserstrahlpumpe.

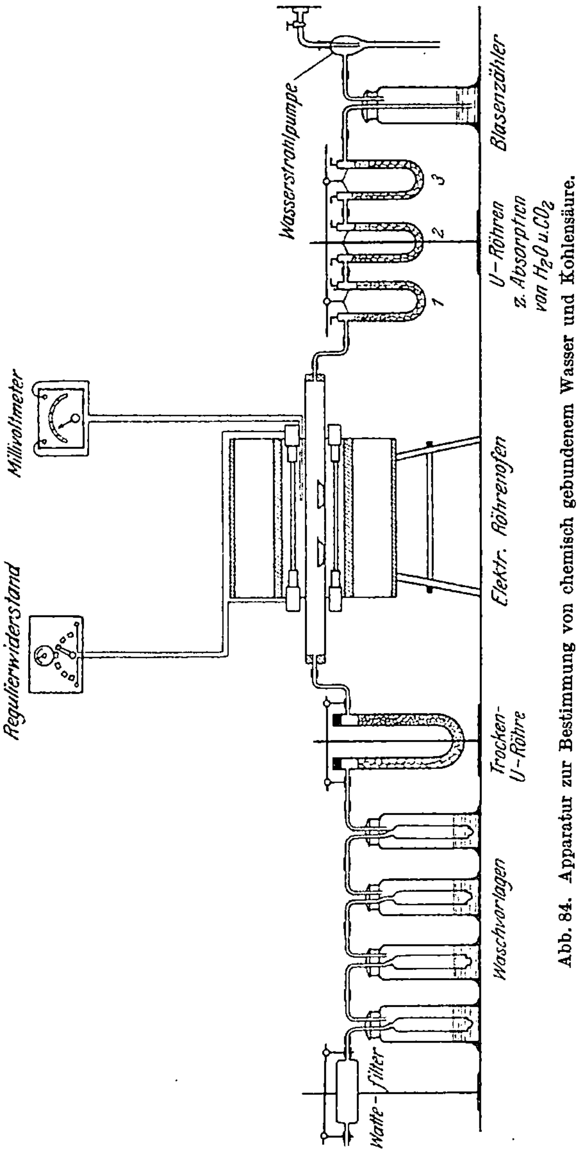

2,5 g der getrockneten, ölfreien Substanz werden in ein ausgeglühtes

Abb. 84. Apparatur zur Bestimmung von chemisch gebundenem Wasser und Kohlensäure.

Porzellanschiffchen gebracht und bis zur Mitte des Porzellanrohres des Ofens geschoben. Vor das Schiffchen setzt man ein zweites mit Bleisuperoxyd gefülltes Schiffchen, das dazu dienen soll, das etwa entweichende SO_3 zurückzuhalten. Hierauf verschließt man die U-Röhren, kontrolliert noch einmal alle Verbindungen und Hähne nach und beginnt mittels einer Saugpumpe Luft durch den Apparat streichen zu lassen. Man regelt den Luftstrom mit der Saugpumpe derart, daß die Luftblasen im Blasenzähler noch gut zu zählen sind. Dann schaltet man den Marsofen ein und bringt ihn mit einer Erhitzungsgeschwindigkeit von 8—10° je Minute auf 900°, auf welcher Temperatur er eine Stunde gelassen wird. Man läßt darauf den Ofen unter dauerndem Luftdurchgang erkalten und nimmt nach völligem Erkalten die Absorptionsröhren ab. Nachdem diese Röhren eine Stunde lang im Wägeraum den erforderlichen Temperaturausgleich erfahren haben, wägt man sie ab. Aus der Gewichtszunahme der ersten Röhre erhält man den Wassergehalt, aus der der beiden folgenden U-Röhren den Gehalt an CO_2.

Aus den gewonnenen Analysenergebnissen errechnet man die mutmaßliche Zusammensetzung nach Stoffindividuen. Im allgemeinen ist die folgende Reihenfolge der Berechnung praktisch zutreffend: man bindet die Kohlensäure an Kalk, den Rest Kalk an Schwefelsäureanhydrid, den Überschuß Kalk an Kieselsäure, die überschüssige Kieselsäure an Magnesia und die überschüssige Magnesia an Wasser (Reihenfolge der zusammenzupaarenden Stoffe: $CaCO_3$, $CaSO_4$, $CaSiO_3$, $MgSiO_3$ und $Mg(OH)_2$). Diese Berechnungsart ist je nach den Analysenbefunden zweckentsprechend umzuändern.

Für die Beurteilung des Kesselsteins ist die Porosität von großer Bedeutung. Man errechnet sie aus Raumgewicht R (= scheinbares spezifisches Gewicht) und Stoffgewicht S (wirkliches Gewicht), die beide in einem einfachen Volumenometer ermittelt werden, nach der Formel:

$$\text{Porosität} = \frac{S - R}{S} \cdot 100.$$

Um einen groben Einblick in die Zusammensetzung des Kesselsteins zu erhalten, genügt es, folgende Bestimmungen durchzuführen: Glühverlust, Unlösliches in Salzsäure, Kalk und Schwefelsäureanhydrid.

Schlußwort.

Vergegenwärtigt man sich das jetzige Entwicklungsstadium der Speisewasserfrage, so kann man feststellen, daß im Vergleich mit dem Stand dieser Frage vor fünf bis zehn Jahren ein recht beträchtlicher Fortschritt unserer theoretischen und praktischen Kenntnisse zu verzeichnen ist:

1. Die Hauptaufgabe der Speisewasserpflege besteht in der Schaffung eines in jeder Beziehung einwandfreien Speisewassers. Sie erstreckt sich nicht nur auf die Überwachung der Beschaffenheit des Speisewassers, sondern auch auf jene des Kesselinhaltes, wobei auf die Einhaltung bestimmter Grenzgehalte der schädlichen und störenden Beimengungen geachtet wird. Die Überwachung der Dampfkraftanlagen im Hinblick auf eine gesunde Wasserwirtschaft hat den gesamten Wasser- und Dampffluß zu umfassen.

2. Die Enthärtung des Speisewassers, die früher bei chemischer Reinigung nur bis auf 5—3° d. H. ging, wird durch die verbesserten neuzeitlichen Verfahren und die schärfere Betriebsüberwachung allgemein unter die früheren Mindestwerte gebracht. Durch Kesselwasserrückführung sind die alten Soda- und Kalk-Soda-Verfahren verbessert worden, so daß in jetzt geführten Anlagen eine Resthärte von unter 1° d. H. im Dauerbetrieb gewährleistet werden kann. Allerdings haben diese Verfahren den Nachteil, daß ein Teil des salzreichen Kesselinhaltes in den Kessel zurückgeleitet wird, so daß sie sich nicht für zum Spucken und Schäumen neigende Kesseltypen eignen. Auch für Hochdruckkessel sind sie im allgemeinen auszuschalten. Die chemischen Reinigungsverfahren sind, trotz der bisher erreichten Fortschritte, noch verbesserungsfähig, besonders in bezug auf konstruktive Einzelheiten.

Das Permutit-Verfahren bürgert sich überall immer mehr ein. Dieses Verfahren, gute Überwachung und genügende Anpassung an die Betriebsverhältnisse vorausgesetzt, ist von allen chemischen Enthärtungsverfahren durch den besten Enthärtungseffekt gekennzeichnet.

3. Die Verdampfer liefern das salzärmste Wasser, dessen Härte jedoch oftmals nicht niedriger als die des permutierten Wassers liegt. In Anbetracht der Salzarmut des Destillates ist das Verdampfverfahren überall am Platze, wo es sich nur wirtschaftlich verteidigen läßt. Dabei ist aber zu beachten, daß bei der Speisung von Wasser mit mehr als 10° d. H. das Wasser unbedingt chemisch vorgereinigt werden muß, bevor es in die Verdampfer eintritt.

4. Für größere Anlagen mehren sich immer mehr die kombinierten Reinigungsverfahren, z. B. die Anordnungen: Kalk-Soda-Verdampfung;

Impfung-Verdampfung; Permutit-Verdampfung; Kalk-Soda-Impfung-Permutit-Verdampfung u. a. m.

5. Zur Vermeidung von Störungen und Schäden wird der Kesselinhalt mit gewissen Chemikalien behandelt. Diese Bestrebungen haben zu den Korrektiv-Verfahren geführt, die auf physikalisch-chemischen Überlegungen beruhen. Von der Behandlung des Kesselinhaltes mit organischen Kolloiden dürfte jedoch im modernen Kesselbetrieb abzusehen sein, weil der entstehende Nutzen wohl durch größere Nachteile erkauft werden muß.

6. Infolge der geringen Resthärte der neuzeitlichen Speisewässer ist die Entkieselung eine der brennendsten Fragen geworden.

7. Eine andere Folge der geringen Resthärte des gereinigten Speisewassers ist die Verschärfung der Überwachung der Kondensatoren.

8. Der Kesselbau wird in letzter Zeit stark von der Speisewasserfrage beeinflußt, trachtet man doch danach, Kesseltypen zu schaffen, die gegenüber der Wasserbeschaffenheit so weit wie möglich unempfindlich sind.

9. Eine weitere Auswirkung der Speisewasserfrage ist die Bestrebung, rost- und korrosionsbeständige Werkstoffe zu schaffen, eine Bestrebung, die sich heute besonders deutlich im Überhitzerbau äußert.

Wenn auch in letzter Zeit bedeutsame Fortschritte in der Speisewasserfrage erzielt wurden, so darf trotzdem nicht verschwiegen werden, daß noch viele, sehr viele, ungelöste, wichtige Teilfragen auf ihre Lösung warten. Und es bleibt deshalb zu wünschen, daß allenthalben eine planmäßige Forschungsarbeit energisch gefördert werde, damit die Weiterentwicklung des Dampfkesselwesens nicht durch das Nachhumpeln der physikalisch-chemischen Erkenntnisse, sowohl auf dem Gebiete des Wassers wie auf dem der Werkstoffe, beeinträchtigt werde[1].

---

[1] Siehe hierzu den Aufsatz des Verfassers: „Gegenwartsaufgaben des Dampfkesselwesens" in Z. V. d. I. 75, 86 (1931).

Literaturverzeichnis.

Balcke, H.: Die neuzeitliche Speisewasseraufbereitung. Leipzig: O. Spamer 1930.

Berl, E., Staudinger u. Plagge: Untersuchungen über die Einwirkung von Laugen und verschiedenen Salzen auf Eisen. Forschungsheft 295 des VDI (Bach-Festschrift). Berlin: VDI-Verlag 1927.

Berl, E., u. van Taack: Über die Einwirkung von Laugen und Salzen auf Flußeisen unter Hochdruckbedingungen. Forschungsheft Nr 330 des VDI. Berlin: VDI-Verlag 1930.

Blacher, C.: Das Wasser in der Dampf- und Wärmetechnik. Leipzig: O. Spamer 1925.

Chemie-Hütte. 2. Aufl. Berlin: W. Ernst u. Sohn 1927.

Fischer, F.: Das Wasser. Leipzig: O. Spamer 1914.

Hall, R. E.: A Physico-chemical Study of Scale Formation and Boiler-Water conditioning. Bulletin 24 d. Mining and Metallurgical Investigations Carnegie Institute of Technology. Pittsburgh 1927.

Höhn, E.: Der Dampfbetrieb. Berlin: Julius Springer 1929.

Klut, H.: Untersuchung des Wassers an Ort und Stelle. 4. Aufl. Berlin: Julius Springer 1922.

Lunge-Berl: Chemisch-technische Untersuchungsmethoden. II. Auflage, Bd 1—4. Berlin: Julius Springer 1921—1924.

Michaelis, L.: Die Wasserstoffionen-Konzentration. 2. Auflage. Berlin: Julius Springer 1922.

Michaelis, L.: Oxydations- und Reduktionspotentiale. Berlin: Julius Springer 1928.

Moser, M.: Der Kesselbaustoff. 3. Aufl. Berlin: Julius Springer 1928.

Partridge, E. P.: Formation and properties of Boiler Scale. Engineering Research Bulletin No. 15. Michigan-Universität. Ann-Arbor 1930.

Spalckhaver-Schneiders: Die Dampfkessel. 2. Aufl. Berlin: Julius Springer 1924.

Stumper, R.: Die Chemie der Bau- und Betriebsstoffe des Dampfkesselwesens. Berlin: Julius Springer 1928.

Stumper, R.: Die physikalische Chemie der Kesselsteinbildung und ihrer Verhütung. (Sammlung chem. und techn. Vorträge.) Stuttgart: F. Enke 1930.

Tetzner, F.: Die Dampfkessel. 7. Aufl. Berlin: Julius Springer 1925.

Tillmanns, J.: Die chemische Untersuchung des Wassers und Abwassers. Halle: Knapp 1915.

Ulrich, M.: Werkstoff-Fragen des heutigen Dampfkesselbaues. Berlin: Julius Springer 1930.

Vereinigung der Großkesselbesitzer: Speisewasserpflege. Berlin: Selbstverlag 1925. — Zur Sicherheit des Dampfkesselbetriebes. Berlin: Julius Springer 1927. — Kesselbetrieb. Berlin: Julius Springer 1927. — Richtlinien über Anforderung, Bau und Betrieb von Wasserreinigern. Berlin: Beuth-Verlag 1930. —

Wärme. Sonderheft „Speisewasserpflege" 1928.

Zweite Weltkraftkonferenz 1930. Bd 7. Berlin: VDI-Verlag.

Sachverzeichnis.

Druckfehlerberichtigung.

Seite 11, Zeile 3 von unten, zu setzen, Wärmedurchgangszahlen statt Wärmeübergangszahlen;

„	34,	„ 9	„	oben	„	im kolloidalen statt und kolloidalen;
„	37,	„ 20	„	„	„	Arrhenius statt Arhenius;
„	38,	„ 3	„	unten	„	At statt at;
„	46,	„ 8+9	„	„	„	kg/m² • h statt kg/m²;
„	47,	„ 18	„	oben	„	kg/m² • h statt kg/m²;
„	51,	„ 1	„	unten	„	den Gehalt statt die den Gehalt;
„	51,	„ 21	„	„	„	aufbereitetes statt aufbereitet;
„	67,	„ 5	„	oben	„	von Aluminiumsalzen statt mit Aluminiumsalzen;
„	68,	„ 16	„	„	„	Rohwasser statt Rohrwasser;
„	75,	„ 21	„	„	„	Rohrschäden statt Rohschäden;
„	115,	„ 6	„	„	„	Drallbleche statt Grallbleche;
„	134,	„ 16	„	unten	„	der Dampfblasenentwicklung statt oder Dampfblasenentwicklung;
„	135,	„ 23	„	oben	„	Wirkungen statt Wirkung;
„	144,	„ 11	„	„	„	$>$ statt $<$.